科技农业
高效农业

鸡 的群发病 预防与治疗

主　编　李金兴　董晓光

副主编　陈宗刚　张　杰

编　委　金　悦　白大伟　李文清

　　　　王　祥　王凤芝　杨　红

　　　　陈亚芹　张秀娟　何青华

　　　　胡仁顺　唐燕飞

科学技术文献出版社

SCIENTIFIC AND TECHNICAL DOCUMENTATION PRESS

图书在版编目(CIP)数据

鸡的群发病预防与治疗/李金兴,董晓光主编.—北京:科学技术文献出版社,2012.9

ISBN 978-7-5023-7289-7

Ⅰ.①鸡… Ⅱ.①李… ②董… Ⅲ.①鸡病-防治 Ⅳ.①S858.31

中国版本图书馆 CIP 数据核字(2012)第 081868 号

鸡的群发病预防与治疗

策划编辑:孙江莉 责任编辑:杜新杰 责任校对:张吲哚 责任出版:王杰馨

出 版 者	科学技术文献出版社	
地 址	北京市复兴路 15 号　邮编 100038	
编 务 部	(010)58882938,58882087(传真)	
发 行 部	(010)58882868,58882866(传真)	
邮 购 部	(010)58882873	
官方网址	http://www.stdp.com.cn	
淘宝旗舰店	http://stbook.taobao.com	
发 行 者	科学技术文献出版社发行　全国各地新华书店经销	
印 刷 者	富华印刷包装有限公司	
版 次	2012 年 9 月第 1 版　2012 年 9 月第 1 次印刷	
开 本	850×1168　1/32 开	
字 数	212 千	
印 张	8.75	
书 号	ISBN 978-7-5023-7289-7	
定 价	18.00 元	

前　言

　　随着我国养殖业的发展,规模化鸡场越来越多。但由于集约化饲养管理经验的缺乏,防疫卫生环节的缺失,加上畜禽商品贸易的日益频繁,致使新的鸡病不断出现。并且在疾病的流行过程中,由于多种因素的影响,病原的毒力常发生变化,出现亚型株且变异速度明显加快;由于病原的抗原性、致病性及组织嗜性的变异,加上鸡群中免疫水平不高或不一致,致使某些鸡病在流行病学、症状和病理变化等方面出现非典型化变化,导致临床症状变得更加复杂,准确诊断难度加大;抗原结构的变异和血清型多变,使得传统病原血清型及耐药菌株日益增多,使一些疫苗的预防控制越来越困难。因此,未来鸡疾病无论在流行范围还是致病机理上都会越来越复杂,对兽医工作者的要求也会越来越高。

　　为了有效减少和预防鸡群发病的发生编写了本书。本书是笔者多年在生产一线积累的诊治经验集成,在陈宗刚教授和相关老师的指导下,对我国目前群发性鸡病的病因、临床症状、诊断、治疗及预防等方面进行了全面阐述,希望对从事养鸡行业的相关人员提供些许帮助。

　　由于笔者水平所限,书中错误和不足之处,恳请广大读者批评指正。对参阅相关文献的原作者在此表示感谢。

李金兴

目 录

第一章　鸡群发病的诊断

鸡群发病,顾名思义就是鸡群发病集中、症状相似、短时间内治疗困难、损失严重的一类疾病。因此,控制鸡的群发病关键是,首先要做好环境的综合控制,防止群发病的发生;其次,发现大群发病后,要迅速确诊、及时治疗,并根据鸡群发病情况进行特殊的饲养管理,以使鸡群早日恢复健康,减少损失。

第一节　鸡群发病的种类及特点

据有关资料不完全统计,对我国养鸡业构成威胁和造成危害的疾病已达 80 多种,流行面广、危害性大的群发鸡病涉及传染病、寄生虫病、营养代谢病和中毒性疾病。其中以传染病发病最多,约占疾病总数的 75％以上,所造成的损失也最大。

1. 传染病的特点

凡是由病原微生物引起,具有一定潜伏期和临床表现,并能传染的疾病称为传染病。传染病的表现虽然多种多样,但亦具有一些共同特点:

(1)有特定的病原微生物:每一种传染病都有它特定的病原体,没有这些病原体就不会发生这些传染病。如新城疫的病原体是新城疫病毒,鸡霍乱的病原体是巴氏杆菌等。

(2)有特异的潜伏期、临床症状和病理变化:凡是同一种传染病,不管在什么地方、什么季节发生,都具有大致相同的潜伏期、症状和病理变化,而不同种传染病的潜伏期、症状和病理变化却不同,如鸡法氏囊病的潜伏期是 2～3 天,而马立克氏病的潜伏期至少 3 周,它们的症状和病理变化也完全不同。

(3)有传染性和流行性:从传染病鸡体内排出的病原微生物,侵入另一易感的健康鸡体内能引起同样症状,是传染病的一个重要特征。当条件适宜时,在一定时间内,某一地区的易感鸡群可能有许多鸡被感染,致使传染病蔓延散播,形成流行。

(4)免疫状态发生改变:在发生传染病的过程中,鸡的机体由于受到病原微生物抗原成分的刺激,而产生相应的抗体或其他免疫状态的改变,使这些鸡在一定时间内甚至终生不再感染相同的传染病。

2. 寄生虫病的特点

凡寄生于机体的各种病原性寄生虫及其所引起的疾病称为寄生虫病。在寄生关系中,得到好处的一方称为寄生虫,受到危害的一方称为宿主。寄生虫病具有以下特点:

(1)寄生虫的类型:寄生虫可分为暂时性寄生虫和永久性寄生虫。暂时性寄生虫是指那些只有在营养需求时才与宿主接触的寄生虫,如蚊、虻等;永久性寄生虫是指那些长期,甚至终生居留在宿主体内或体表,以完成其整个生活过程中的各个发育阶段的寄生虫,如鸡虱、球虫等。

根据寄生虫的寄生部位,可分为外寄生虫和内寄生虫。外寄生虫是指寄生于宿主体表的寄生虫,内寄生虫指那些寄生在宿主内部器官或组织中的寄生虫。

(2)宿主的类型:根据寄生虫的发育特性及其对寄生生活的适应情况而将宿主分为终末宿主和中间宿主。寄生虫成虫寄生的宿主叫终末宿主,如鸡是鸡球虫的终末宿主。寄生虫幼虫寄生的宿主叫中间宿主,如蚂蚁、家蝇等是鸡绦虫的中间宿主。

3. 中毒病的特点

由毒物引起鸡群生理状态的失调而产生的病理改变及病态称为中毒或中毒病,常呈群体发病。临床上可分急性、亚急性和慢性

2

中毒。大量毒物短时间(一般在 24 小时内)进入鸡体内,很快引起中毒症状甚至致死者,称为急性中毒;小量毒物长期逐渐地进入体内,蓄积到一定程度才出现中毒症状的,称为慢性中毒;亚急性中毒介于急性中毒与慢性中毒之间。

4. 营养代谢病的特点

营养代谢病是指因鸡体所需的营养物质的量不足或缺乏,或因某些营养物质过量而干扰另一些营养物质的吸收,或因鸡体内的代谢过程异常改变,导致机体内环境紊乱所引起的疾病。多数鸡营养代谢病具有群发性,尤其是规模化和集约化饲养的鸡场。鸡营养代谢病具有以下特点:

(1)在一群鸡中,凡采食同一类型的饲料,饮用同一来源的水,接受同一种饲养管理方式的鸡,都可发生或轻或重的、非典型或典型症状的营养代谢病。

(2)常呈地方流行性,在同一地区或在同一类型土壤饲养的鸡群,均可表现或轻或重的营养代谢病。

(3)大多数鸡营养代谢病呈慢性经过,鸡体内各种生理和病理变化是逐渐发生的,由量变到质变,当遇到应激等突发因子作用,可呈急性暴发。

(4)营养代谢病用药物防治大多无效或收效甚微,只有施行病因治疗,并配合对症疗法,才能中止流行。

第二节 鸡群发病的征兆

鸡群发病都是有征兆的,因此,要求养殖者在每天巡视鸡舍和鸡群、检查记录时要注意鸡群的细微变化,以便进行有效防范,减少损失。

1. 饮水量的变化

一般来说,饮水量突然减少,则表示当天的采食量也可能减少,在确认不是人为或水槽漏水造成的,则鸡群可能正遭受应激或疾病因素的影响。

除突然的高温,否则饮水量的大幅增加,就须检查此批饲料的盐分含量是否过高。

2. 采食量下降

若没有高温天气,采食量减少 3% 以上时,表示将要有情况发生。采食量的下降则意味着 3～4 天以后产蛋率要下降,同时,蛋壳质量、平均蛋重、受精率、孵化率也要受影响。

3. 粪便

粪便的颜色、状态,都代表着鸡群的健康状况。一般除夏季高温天气,粪便比正常的稀以外,其余时间粪便稀都有可能是疾病引起的(如大肠杆菌、沙门菌以及病毒等),粪便的颜色黄绿色、血便等均是疾病的信号。

第三节　鸡群发病的诊断

发现鸡群有异常的征兆以后,要迅速确诊、及时治疗,以使鸡群早日恢复健康。

鸡疾病的诊断方法有多种,而实际生产中最常用的是临床检查技术、病理学诊断技术和实验室诊断技术。各种疾病的发生都有其自身的特点,只要抓住这些疾病的特点,运用恰当的诊断方法,就可以对疾病做出正确的诊断。

一、临床诊断

从症状推断某种可能的疫病,不能作为确诊的唯一依据,其目的是通过症状、发病经过、流行情况等做出初步诊断和处理。

有些症状是共通的,几乎鸡群发病都会出现,对于鉴别诊断没有多大意义,如精神不振、食欲下降等。同一疾病会出现多方面的症状,而同一症状可由多种疾病引起,这是从症状推断疾病时的难处,所以需要从多方面综合考虑,不能仅从症状判断某种疾病,才能做出比较接近实际的推断,症状仅仅是判断的重要依据之一。

(一)群体检查

鸡群发病初期发病鸡往往不易被发现,而一旦发现往往病情已较严重。因而,平时应注意观察鸡群情况。

观察鸡群一般选择在早上天亮后不久和傍晚或晚间进行。鸡群经一晚休息后,早上是采食、饮水、运动等最活跃的时候,较容易观察到鸡群的异常情况。晚上鸡群处于安静状态,除可以静听鸡群呼吸音外,还有利于捉鸡检查。

观察鸡群时,应缓慢接近鸡群,待鸡群无惊恐,恢复正常活动时进行。

1. 检查精神状况是否正常

健康的鸡精神活泼,听觉灵敏,白天视力敏锐,周围稍有惊扰便伸颈四顾,甚至飞翔跳跃。公鸡鸣声响亮,站立有神,翅膀收缩有力,紧贴躯干,行走稳健,食欲良好,神志安详。

病鸡一般有以下表现:

(1)精神沉郁:表现为食欲减少或没食欲,两眼半闭,缩颈垂翅,尾羽下垂,蹲伏在舍内一角或伏卧在产蛋箱内,体温显著升高。常见于某些急性传染病、寄生虫病、营养代谢病等,如新城疫、传染性法氏囊病、急性禽霍乱、球虫病、维生素 E/硒缺乏症等。

(2)精神极度委顿:表现为食欲废绝,缩颈闭目,蹲卧伏地、不愿站立,见于濒死期鸡。

(3)精神尚可但蹲伏于地:由传染病、营养代谢病或外伤等引起的腿部疾患,如病毒性关节炎等。

(4)精神尚可但少数鸡出现旁视:见于眼型马立克病、禽脑脊髓炎;也可见于大肠杆菌性眼炎、葡萄球菌性眼炎等。

(5)病鸡兴奋、不安、尖叫、两翅剧烈拍打向前奔跑:见于一氧化碳中毒、氟乙酰胺中毒等。

2. 营养程度

健康的鸡群整体生长发育基本均匀一致，表现肌肉丰满、皮下脂肪充盈、被毛光泽、躯体圆满而骨骼棱角不突出。

病鸡一般有以下营养不良表现：

(1)整群鸡表现为营养不良、生长发育缓慢：见于饲料营养配合不全或因饲养管理不善引起的营养缺乏症。

(2)整群鸡表现为大小不等，部分鸡营养不良、消瘦：表明有慢性消耗性疾病存在，如马立克病、淋巴白血病、慢性新城疫、慢性禽霍乱、体内外寄生虫病等。

3. 运动、行为、姿势

健康鸡活动自如，姿势自然、优美。病鸡则出现运动障碍，姿势异常。

(1)"劈叉"姿势：见于马立克病。

(2)"观星"姿势：见于维生素 B_1 缺乏症。

(3)"趾蜷曲"姿势：见于维生素 B_2 缺乏症。

(4)"企鹅式"站立或行走姿势：见于严重的肉鸡腹水综合征等；偶见于鸡卵黄性腹膜炎。

(5)"鸭式"步态：见于前殖吸虫病、球虫病、严重的绦虫病和蛔虫病。

(6)两腿呈"交叉"站立或行走姿势，运动时则跗关节着地：见于维生素 E 缺乏症、维生素 D 缺乏症；也可见于禽脑脊髓炎等。

(7)两腿行走无力，行走间常呈蹲伏姿势：见于笼养鸡产蛋疲劳综合征、细菌(如葡萄球菌、链球菌)性关节炎、传染性病毒性关节炎、肌营养不良、骨折、一些先天性遗传因素所致的小腿畸形等。

(8)"角弓反张"姿势：见于禽流感、曲霉菌病。

(9)趾骨发生弯曲或扭曲(滑腱症)：见于锰缺乏症。

(10)运步摇晃，呈不同程度的"O"型、"X"型外观或运动失调：

见于维生素 D 缺乏症、锰缺乏症、胆碱缺乏症、叶酸缺乏症、生物素缺乏症等。

(11)头部震颤、抽搐：见于传染性脑脊髓炎。

(12)扭头曲颈或伴有站立不稳及返转滚动的姿势：见于神经型新城疫、禽流感、严重的维生素 B_1 缺乏症、维生素 E 缺乏症等。

(13)甩头(摇头)、伸颈：见于鸡的呼吸困难或饮水中有异味。

4. 呼吸异常

健康的鸡呼吸频率每分钟 20～35 次，如果呼吸出现困难，呼吸浅表，呼吸次数增加，则为某些病鸡的临床表现，但也可为鸡活动加剧或气温升高时的正常生理变化。

(1)气喘、呼吸困难、咳嗽：见于支原体病、曲霉菌病、大肠杆菌病、肺型白痢病、滴虫病、嗜气管吸虫病、隐孢子虫病、衣原体病、波氏杆菌病以及氨气过浓所致的疾病，也偶见白喉型鸡痘和维生素 A 缺乏症等。

(2)咳嗽、气喘、有气管啰音：见于新城疫、支原体病、传染性支气管炎、传染性喉气管炎、传染性鼻炎。也可见于禽流感、慢性霍乱等。

(3)气喘、咳嗽、混合性呼吸困难：见于肺炎型白痢病、大肠杆菌病、曲霉菌病、隐孢子虫病、鸡舍内氨气过浓；也可见于衣原体病；偶见于"白喉型"禽痘、维生素 A 缺乏症。

5. 神经机能紊乱

由于致病因素的影响，使病鸡的中枢神经和外周神经干发生病理变化和机能障碍，从而出现神经机能紊乱。

(1)头颈弯曲、共济失调：见于新城疫、脑炎型雏鸡白痢、副黏病毒病、霉菌性脑炎、维生素 A 缺乏症等。也可见于禽流感、传染性鼻炎、慢性霍乱、李氏杆菌病、链球菌、肿头综合征、弓形虫病。

(2)头颈向后弯曲、角弓反张：见于病毒性肝炎、维生素 B_1 缺乏症。

（3）头颈振颤、共济失调：见于脑脊髓炎、链球菌病和低血糖症等。

（4）头颈麻痹、昏迷瘫痪：见于毒素中毒。

（5）伸颈麻痹、共济失调：见于叶酸缺乏症等。

6. 叫声异常

健康鸡鸣声清脆，雄鸡则鸣声响亮，进入产蛋高峰期的母鸡则发出明快的"咯咯"声。病鸡则鸣声低哑，或间杂呼吸啰音、呼噜、怪叫声。

（1）叫声嘶哑或间杂呼吸啰音、呼噜、怪叫声：见于白痢、副伤寒、马立克病、新城疫、传染性支气管炎、传染性喉气管炎、传染性鼻炎、大肠杆菌病、蛔虫病、气管比翼线虫病、火鸡波氏杆菌病。

（2）叫声停止，张口无音：临床上见于濒死期鸡。

7. 饮食状态的观察

食欲和饮欲是鸡对采食饲料及饮水的需求。在观察鸡的食欲和饮欲时，主要根据其采食的数量、采食持续时间的长短、嗉囊的大小等综合判定鸡的食欲和饮欲状态。同时，应注意饲料的种类及质量、饲养制度及饲喂方式以及环境条件等因素的影响。在病理状态下，食欲和饮欲可能发生减少、废绝、异嗜。

（1）食欲减少甚至废绝：是许多疾病的共同表现，在排除由于饲料品质不良（如发霉、腐败）、饲料或饲喂制度的突然改变、饲养环境的突然变换等条件而引起外，一般即为病态。

食欲减少或废绝，首先应考虑因消化器官本身的疾病而引起，如口腔、咽、食管的疾病，特别是胃肠的疾病。其次，食欲减退还见于热性疾病，尤其是伴有高热的疾病。

此外，矿物质和维生素缺乏、营养衰竭、代谢紊乱以及肝脏疾病时，也会引起鸡食欲减少或完全废绝。

（2）饮欲的改变：在排除由于气温和季节变化、饲料水分含量等环境、条件所引起外，饮欲增强，可见于一切发热性疾病、热应

8

激、球虫病的早期、腹泻、渗出性病理过程及鸡的食盐中毒等。饮水明显减少则预示水温度太低、药物有异味等。

（3）异嗜：其特征是病鸡喜食正常饲料成分以外的物质（如羽毛）。鸡的啄羽、啄肛、啄趾、啄蛋癖可视为一种特殊的异嗜或恶癖。其发生往往与饲料中某些营养物质（尤其是蛋白质及矿物质）缺乏、光照强度等有关。

8. 粪便异常

鸡的粪便中混有尿的成分，刚出壳尚未采食的幼雏，排出的胎粪为白色或深绿色稀薄液体。成年鸡正常的粪便呈圆柱状、条状，多为棕绿色，粪便表面附有少量的白色尿酸盐。一般在早晨单独排出来自盲肠的黄棕色糊状粪便，有时也混有少量的尿酸盐。粪便出现异常往往是疾病的征兆。

（1）粪便稀、呈青绿色或黄绿色：多见于新城疫、鸡住白细胞虫病、禽流感、副黏病毒病等，也见于慢性霍乱、伤寒和衣原体病等。

（2）粪便稀、呈灰白色，并混有白色米粒样物质：则为绦虫节片，常见于各种绦虫病。

（3）粪便稀、呈淡黄色：见于盲肠肝炎。

（4）粪便稀、呈水样白色：常见于传染性法氏囊病、初期的肾型传染性支气管炎。也见于因鸡闷热突然饮水量增多所致。

（5）粪便稀，混有黏稠半透明的蛋白或蛋黄：常见于卵黄性腹膜炎、输卵管炎和前殖吸虫病，也可见于新城疫等。

（6）粪便稀并混有小气泡：可见于维生素 B_2 缺乏症，也见于感冒受凉而引起的肠内容物发酵等。

（7）粪便呈稀软并混有暗红或紫色血黏液：多见于球虫病、线虫病，也见于盲肠肝炎、霍乱、伤寒、副伤寒和出血性肠炎。

（8）粪便呈血水样：多见于盲肠球虫病和磺胺药中毒、呋喃丹中毒、敌鼠钠中毒等。

（9）粪便稍软，且排出量多，周围带水：见于消化不良，饲料中麸皮或豆饼量高,或长期缺乏沙砾和食盐等。

(10)粪便呈乳白色奶油状:常见于鸡肾型传染性支气管炎、维生素 A 缺乏症、钙磷比例失调或使用磺胺药过量等。

(11)肉红色粪便:形状如同烂肉,这是由脱落的肠黏膜形成的。多见于患了球虫病、绦虫病、蛔虫病和肠炎恢复期的鸡。

(12)血液性粪便:粪便黑色或茶黑色,常见于上消化道出血;粪便红色或鲜红色,多见于下消化道出血。

(13)黄色硫磺粪便:粪便表面有层黄色或淡黄色的尿覆盖,是由于肝小叶受损从而影响胆汁排泄,导致胆红素进入血液,经尿排出而形成的,多见于盲肠炎、肝炎。

(14)绿色黏稠恶臭便:粪便呈现黑绿色,是由于胆汁和肠道脱落的组织细胞相混而成,多见于禽霍乱、新城疫、喉气管炎等。

(15)稀薄粪便:鸡消化正常,但粪便含水量多而不成形,多因天气炎热时饮水量骤然增加、饲料中含盐过多、轻度的大肠杆菌侵染、饲料中含轻微有毒物质所致。

(16)铁锈色水样便:呈铁锈色水样并混有尿酸盐,有时还掺有消化不彻底的饲料,是由于肠道严重出血造成的。多见于新城疫、早期中毒等引起消化道出血的疾病。

(17)牛奶样粪便:乳白色,稀水样,似牛奶倒于地面上,多见于黏膜充血、轻度肠炎。

(18)白色稀粪便:黏稠,常黏糊于鸡肛门,多见于鸡白痢。

(19)白色水样便:粪便呈水样,且混有白色的尿酸盐颗粒,多见于没有食欲、瘫痪及患有尿毒症的鸡。这是由于消化道内无食物、粪便是尿酸盐形成的。

(20)饲料便:即鸡排出的粪便和饲喂的饲料没有什么区别,见于肠毒症,也见于饲料中小麦的含量过高或饲料中的酶制剂部分或全部失效。偶见于鸡消化不良。

(21)黄绿色粪便,并有绿色干粪:见于败血型大肠杆菌病。

(22)黑色粪便:见于小肠球虫病、鸡肌胃糜烂症、上消化道的出血性肠炎。

(23)水样粪便:见于食盐中毒或肾型传染性支气管炎。也可见于由温度过高而引起鸡大量饮水后造成的水样粪便;蛋鸡进入产蛋高峰期时水样腹泻,可能是由于肠道对产蛋期饲料不适应(尤其是钙)或由于进入产蛋期机体内血流分布相对改变等因素所致。

(二)个体检查

鸡群观察后,挑出有异常变化的典型病鸡,做个体检查,以便进行疾病的鉴别。

1. 羽毛

羽毛是鸡皮肤特有的衍生物,刚出壳的雏鸡体表覆盖有均匀纤细的绒毛。成年健康鸡羽毛紧凑、平整、整洁、光滑且富有光泽。病鸡则羽毛逆立、蓬松,污秽,缺乏光泽,换羽提前或延迟。

(1)羽毛蓬松、污秽、无光泽:见于副伤寒、慢性禽霍乱、大肠杆菌病、绦虫病、蛔虫病、吸虫病、维生素 A 缺乏症、维生素 B_1 缺乏症等。

(2)羽毛蓬松、逆立:见于热性传染病引起的高热、寒战,如新城疫、传染性法氏囊病等。

(3)羽毛变脆、断裂、脱落:见于鸡啄癖、外寄生虫病(螨,疥癣)、锌缺乏症、生物素缺乏症等。也可见于鸡自身啄羽、笼养鸡颈部羽毛脱落是与鸡笼摩擦的结果。

(4)羽毛稀少或脱色:见于叶酸缺乏症;也可见于泛酸缺乏症、维生素 D 缺乏症。

(5)羽轴的边缘卷曲,且有小结节形成:见于锌缺乏症、维生素 B_2 缺乏症或某些病毒的感染。

(6)羽虱:检查时用手逆翻头部、翅下及腹下的羽毛,可见到淡黄色或灰白色的针尖大小的羽虱在羽毛、绒毛或皮肤上爬动。

(7)羽毛囊炎:见于皮肤型马立克病。

(8)羽毛生长延迟:见于叶酸、泛酸、生物素、锌、硒等的缺乏。

(9)翅羽毛管出血呈紫黑色:见于出血症。

2. 皮肤

鸡皮肤较薄,没有汗腺和皮脂腺,有尾脂腺。皮肤的颜色因品种而异。检查时用手逆翻躯体各部分的羽毛,观察皮肤的色泽及其体表的肿胀物及皮下组织状态。

(1)外伤:常见于母鸡的背部损伤,一般是在自然交配时被雄性抓伤。

(2)皮炎:传染性皮炎常引起皮肤坏死,如葡萄球菌感染、皮肤型禽痘;营养性皮炎(皮肤粗糙、有裂纹)见于生物素或泛酸缺乏症。

(3)皮肤肿瘤:见于皮肤型马立克病。

(4)皮下气肿:常发生在头、颈或身体的前部。见于剧烈活动等引起的气囊破裂使气体逸出至皮下所致。

(5)皮下水肿:见于雏鸡渗出性素质,多由硒/维生素E缺乏引起。

(6)皮下黏液性水肿:见于食盐中毒、饲料中棉籽饼的含量过高;颈部皮下黏液性水肿,见于禽流感。

(7)皮下弥漫性出血:见于维生素K缺乏、住白细胞虫病等。

(8)蓝紫色斑块(尤其在腹部皮肤):见于硒/维生素E的缺乏症、葡萄球菌感染、坏疽型皮炎。

(9)跖骨鳞片出血:见于禽流感。

3. 冠、肉髯、耳垂

鸡冠、肉髯及耳垂是由皮肤褶所形成的,鸡冠、肉髯、耳垂的异常变化有以下表现:

(1)鸡冠、肉髯色泽苍白:见于住白细胞虫病(白冠病)、马立克病、淋巴白血病、鸡传染性贫血、伤寒、副伤寒、慢性白痢、严重的绦虫病、蛔虫病、内出血(如肝破裂)、饲料中某些微量元素(如铁、钴)

12

的缺乏。另外,也见于产蛋高峰期的健康鸡。

(2)鸡冠、肉髯发绀,触之高热:见于鸡新城疫、禽流感、鸡传染性喉气管炎、禽霍乱、传染性鼻炎、李氏杆菌病、肉鸡腹水综合征等;也可见于盲肠肝炎、有机磷农药中毒。

(3)鸡冠、肉髯呈紫黑色,温度降低:见于濒死的鸡。

(4)鸡冠、肉髯呈樱红色:见于一氧化碳中毒。

(5)鸡冠、肉髯呈蓝紫色:见于鸡亚硝酸盐中毒、亚硒酸钠中毒、有机磷农药中毒、禽霍乱、成年鸡的维生素 B_1 缺乏。

(6)鸡冠、肉髯、耳垂有棕色或黑褐色结痂:见于皮肤型禽痘;也可由鸡的相互争斗啄伤所致。

(7)鸡冠、肉髯有一层黄白色鳞片状结痂,呈白色斑点或斑块状:见于皮肤真菌病(冠癣)。

(8)肉髯肿大、肥厚:见于慢性禽霍乱、鸡类脂肪中毒、结核菌素阳性试验;也可见于肉鸡肿头综合征。

(9)鸡冠、肉髯发育不良或缩小:见于马立克病、淋巴白血病或其他肿瘤性疾病、严重的寄生虫病、蛋白质缺乏症等。

4. 喙

喙是皮肤的衍生物,喙的异常变化有以下几种:

(1)橡皮喙:表现为喙柔软如橡皮一样富有弹性,可弯曲成相应的形状,见于佝偻病;也可见于腹泻或肠道寄生虫感染所致的钙磷吸收障碍。

(2)喙的灼伤:表现为喙上有一些结痂,见于喙被热(如烙铁)或化学物质灼伤。

(3)蛋鸡上喙过短或下颌过长:多由断喙时所切位置不当所致。

(4)喙尖色泽发紫:见于传染性喉气管炎、传染性支气管炎、出血症、禽霍乱、卵黄性腹膜炎;也可见于禽流感、维生素 E 缺乏症。

(5)喙的色泽浅淡:见于慢性传染病和寄生虫病以及营养代谢

病。如马立克病、蛔虫病、盲肠肝炎、裂口线虫病、球虫病、绦虫病、吸虫病以及硒/维生素 E 缺乏症等。

（6）喙变软、易扭曲：这是由于缺钙、缺磷或缺乏维生素 D 所致的佝偻病及笼养产蛋鸡的疲劳症的临床表现。也见于腹泻或肠道寄生虫感染所致的钙、磷及维生素 A、维生素 D 吸收障碍和氟中毒等。

5. 口腔及口角

健康鸡口腔湿润，黏膜呈灰红色，口腔内温度适宜，口腔及上腭裂无异物。病鸡则口腔温度、湿度、黏膜颜色、上腭等发生明显的变化。

（1）口腔内温度升高、干燥：见于急性热性传染病及口腔炎症，如鸡新城疫、禽流感、口炎等。

（2）口腔内温度过低：见于慢性传染病、寄生虫病以及慢性中毒所致的严重贫血；也可见于濒死期的鸡。

（3）口腔黏液、唾液分泌增加：见于鸡新城疫、传染性支气管炎、禽霍乱、有机磷农药中毒、口腔炎症。

（4）口腔流涎，并伴有大蒜味：见于散养鸡误食喷洒有机磷农药的蔬菜、谷物等引起的中毒。

（5）口腔或口角流血：见于敌鼠钠中毒、住白细胞虫病；偶见于鸡传染性喉气管炎。

（6）口腔或口角流出煤焦油样液体：见于鸡肌胃糜烂症。

（7）口腔黏膜有黄白色隆起的小结节：见于维生素 A 缺乏症、烟酸缺乏症。

（8）口腔黏膜形成黄白色干酪样假膜或溃疡：见于白色念珠菌病，也可见于白喉型禽痘。

（9）口腔上腭内有淡黄色干酪样物质：见于维生素 A 缺乏症、波氏杆菌病；偶见于传染性鼻炎。

（10）口腔外部及口角形成黄白色假膜：见于霉菌性口炎。

14

6. 眼睛

鸡的眼睛包括上下眼睑和第三眼睑以及眼球等。检查时应首先观察眼睛的形状和清洁度,健康鸡的眼睛圆而有神。

眼睛异常变化有以下表现:

(1)眼睑肿胀、流泪:见于传染性鼻炎、传染性喉气管炎、鸡瘟、禽流感、慢性禽霍乱、败血霉形体病、大肠杆菌病眼炎;鸡舍内福尔马林气体、煤油燃烧气体以及氨气的刺激。也可见于维生素 A 缺乏、嗜眼吸虫病、眼内线虫病。

(2)眼睑肿胀、瞬膜下形成球状干酪样物:见于霉菌性眼炎;眼结膜内有隆起的小溃疡灶及不易剥离的豆腐渣样渗出物,见于白喉型禽痘;眼结膜内有黄白色凝块,见于维生素 A 缺乏症。

(3)眼结膜充血、潮红:见于鸡的急性热传染病。

(4)眼结膜充血或眼内出血:见于住白细胞虫病;也可见于禽流感;偶见于眼睛外伤。

(5)眼结膜有黏性或脓性分泌物:大肠杆菌性眼炎、衣原性眼炎、副伤寒、生物素及泛酸缺乏症。

(6)眼结膜有出血斑点:见于禽流感。

(7)眼结膜苍白:见于慢性传染病及严重的寄生虫病,如马立克病、淋巴白血病、传染性贫血、伤寒、副伤寒、慢性鸡白痢、严重的绦虫病、蛔虫病、鸡的内出血(如肝破裂)。

(8)角膜混浊、流泪:见于氨气灼伤;也可见于维生素 A 缺乏。

(9)虹膜褪色、瞳孔缩小:见于马立克病,也可见于有机磷中毒。

(10)瞳孔散大:见于阿托品中毒,也可见于濒死期的鸡。

(11)瞳孔反射消失、晶状体浑浊:见于禽脑脊髓炎。

(12)眼的切迹综合征:表现为眼睑上出现一个小痂或糜烂,然后发展成裂纹,一侧还贴附着一小片肉,多见于笼养产蛋鸡,目前病因不清。

7. 鼻腔和鼻液

鸡有两个互相连通的狭窄而呈圆形的鼻孔,位于上喙基部背侧。检查时可用右手固定头部,先看两侧鼻孔周围是否清洁,然后用左手拇指和食指稍用力挤压两鼻孔,观察鼻孔内有无分泌物或异物。

鼻液异常变化有以下表现:

(1)鼻腔有多量黏液脓性或浆液性分泌物:见于传染性鼻炎、传染性支气管炎、传染性喉气管炎、大肠杆菌病、曲霉菌病、慢性禽霍乱、禽流感、慢性呼吸道病。

(2)鼻腔有牛奶样或豆腐渣样分泌物:见于维生素 A 缺乏症、传染性鼻炎。

8. 眶下窦

眶下窦又称上颌窦,为一略呈三角形的小腔,有口与鼻腔相通。眶下窦肿胀见于慢性呼吸道病、支原体病、传染性鼻炎。

9. 颈

鸡的颈部一般较长,由颈椎、肌肉、神经、皮肤和羽毛等组成,呈"S"形弯曲,运动灵活。

颈部的异常变化有以下表现:

(1)扭颈:见于神经型鸡新城疫、禽流感、大肠杆菌性脑膜脑炎、沙门菌性脑膜脑炎、寄生虫性脑膜脑炎、维生素 E 缺乏症等。

(2)软颈:见于鸡采食了含肉毒梭菌毒素的饲料或蝇蛆而引起的中毒。

(3)颈部皮下气肿:见于颈气囊或锁骨间气囊受外力作用破裂而使气体溢至皮下而引起。

(4)颈部肿胀物:见于颈部的纤维瘤。

(5)皮下或颈下出血:见于磺胺类药物中毒。

10. 嗉囊

鸡的嗉囊位于颈基部的胸腔入口之前,略偏于右侧,是食管扩大形成的,食物充满后呈纺锤形。检查时,用手触摸嗉囊内容物的数量及其性质,如水分、黏液、饲料、气体及异物等。健康鸡喂食后不久,嗉囊饱满而坚实,随后逐渐排空。

嗉囊的异常变化有以下几种:

(1)嗉囊积液、触之有波动感:见于鸡新城疫、传染性嗉囊炎、有机磷农药中毒;偶见于蛔虫引起的肠阻塞。

(2)嗉囊坚硬、缺乏弹性:见于嗉囊秘结、异物阻塞;也可见于隔日饲喂的鸡由于暴食过多干粉料所致。

(3)嗉囊触之有捏粉样感觉:见于禽霍乱、传染性法氏囊病、禽流感、食入易发酵的饲料。

(4)嗉囊空虚或食物不多:见于某些慢性疾病或饲料的适口性差或鸡处于疾病的严重期,如马立克病、盲肠肝炎等。

(5)嗉囊过度膨大或下垂:见于马立克病导致的迷走神经的机能失调。鸡在夏季过热天气,暴食或饮水过度时也可见到类似的情况。

11. 翅

鸡的翅又称前肢,平时褶皱成"Z"字形紧贴于胸廓,活动时则运动自如。

常见的异常变化有以下几种:

(1)翅下垂:表现为一侧或两侧翅下垂,甚至拖地,见于马立克病、翅关节炎;也可见于抓鸡方法不当或机械原因所致翅骨骨折或翅关节脱位。

(2)翅部皮下黑紫或皮下坏死:见于翅部受伤或由梭状芽孢杆菌、葡萄球菌等引起的感染。

12. 胸部及龙骨

鸡的胸部由胸椎、肋骨、胸骨和喙骨及锁骨、肌肉、神经等组成。

(1)胸部龙骨"S"状弯曲:见于维生素 D 缺乏,钙、磷缺乏或比例不当所致的雏禽佝偻病。

（2）胸腹侧部囊肿：见于鸡滑膜霉形体感染，也可见于由饲养管理不善（如鸡运动的平面不平整或硬刺引起的损伤或料槽太低，长期卧地吃料等）等引起的损伤。

13. 腹部

正常鸡的腹部丰满，温暖，柔软而有弹性。检查时主要是用手指触诊，以检查其温度、软硬度、弹性和腹腔内脏器官有无异常变化等。

腹部异常变化有以下几种：

（1）硬脐（脐带炎）：见于大肠杆菌、沙门菌、葡萄球菌等的感染。

（2）腹部膨大，触之有波动感：见于肉鸡腹水综合征、卵黄性腹膜炎的中后期、蛋鸡的输卵管积水所致的腹水等；腹部膨大，触之肝的固定位置大大超出胸骨后缘，甚至可达耻骨前缘，多因肝肿大所致，见于大肝大脾病；蛋鸡触之有软硬不均的物体，温度高且有痛感，见于腹腔中卵子变性所致卵黄性腹膜炎初期；触不到肌胃，多因鸡的腹部脂肪过多所致。此外在白痢、伤寒、支原体感染的病例中也可见到腹部膨大。

（3）腹部蜷缩：见于白痢、马立克病、盲肠肝炎、蛔虫病、绦虫病、吸虫病等。

（4）腹壁疝：临床上较少见。

14. 泄殖腔

泄殖腔是粪道、尿道、生殖道的共同开口。泄殖腔的检查是，检查者用左手抓住鸡的两腿，把鸡的两腿倒提起来，此时，应注意观察肛门周围的羽毛是否清洁，如果被稀粪污染（瘫痪鸡除外）是病态的标志。然后，用右手指翻开肛门进行检查，主要检查肛门黏膜的颜色、松紧程度、干湿程度和异物等，正处在产蛋期的高产母鸡，肛门呈白色，湿润而松弛；低产或休产鸡，肛门色泽淡黄，干燥而紧缩。

泄殖腔的常见异常变化有以下几种：

（1）泄殖腔周围或局部发红肿胀，并形成一种有韧性，似白喉样的假膜，将假膜剥离后，留下粗糙的出血面：见于鸡新城疫、鸡瘟、慢性泄殖腔炎。

（2）泄殖腔肿胀，周围覆盖有多量黏液状分泌物，其中有少量石灰质：见于前殖吸虫病。

（3）泄殖腔明显突出，甚至外翻，并且充血、肿胀、发红或发紫：见于高产母鸡或难产母鸡不断强烈努责而引起的泄殖腔脱垂；也可见于啄肛。

（4）泄殖腔周围的羽毛有稀粪粘污：见于白痢、副伤寒、新城疫、大肠杆菌病、传染性法氏囊病、某些寄生虫病等。

15. 关节

（1）关节肿胀、触之有热痛感：见于关节周围皮肤擦伤而引起的葡萄球菌、链球菌或大肠杆菌感染；也可见于慢性禽霍乱。如关节肿胀并沿肌腱扩散，则见于滑膜霉形体感染。

（2）胫跗关节肿大、畸形、长骨短粗质地坚硬：见于锰缺乏症、生物素缺乏症。

（3）骨关节肿大、骨质变软：见于佝偻病。

16. 跖骨

（1）跖骨上的鳞片隆起，有白色痂片：见于螨病。

（2）跖骨上的鳞片出血：见于禽流感。

17. 脚爪和肉垫

（1）脚爪皮肤干燥：见于 B 族维生素缺乏症或多种原因引起的腹泻。

（2）脚爪皮肤发紫或有出血点：见于鸡新城疫、禽流感、急性禽霍乱、雏鸡维生素 E 缺乏症。

（3）脚爪蜷曲、麻痹：见于维生素 B_2 缺乏症、马立克病；也可见于成年鸡维生素 A 缺乏症。

(4)脚爪皮肤结痂干裂或脱落:见于泛酸缺乏症。

(5)"红掌病":表现为脚垫皮层脱落,已露出真皮,呈红色,见于鸡生物素缺乏症或脚垫受强氧化剂(如高锰酸钾)等腐蚀所致。

(6)脚爪和肉垫肿胀化脓:多为脚爪受外伤后感染化脓菌(如葡萄球菌)、霉形体所致;鸡舍内垫料过湿也可见到类似的情况。

18. 蛋的形态异常或畸形蛋

(1)沙壳蛋:表现为蛋壳上发生白垩色颗粒状物沉积,蛋壳表面或两端粗糙:见于锌缺乏症、饲料中钙过量而磷不足;也可见于传染性支气管炎、新城疫等;偶见于母鸡产蛋时受到急性应激,使蛋在子宫内滞留时间长,蛋壳表面额外沉积多余的"溅钙"。

(2)薄壳蛋:常由产蛋母鸡的饲料中钙含量不足或钙磷比例失调,或环境急性应激等因素,影响蛋壳腺碳酸钙沉积功能所致。见于笼养产蛋鸡疲劳综合征、骨软症、热应激综合征;也可见于某些传染病和其他营养代谢病,如副伤寒、大肠杆菌病、白痢、新城疫、锰缺乏或过量等。

(3)软壳蛋:薄壳蛋产生的因素几乎都可能导致软壳蛋的出现。此外,还可见于锌缺乏症。

(4)粉皮蛋:表现为蛋壳颜色变淡或呈苍白色,见于新城疫、禽流感等;也可因蛋禽受营养或环境因素应激后,影响蛋壳腺分泌色素卵嘌呤的功能所致。

(5)双壳蛋(即具有两层蛋壳的蛋):见于母鸡产蛋时受惊后输卵管发生逆蠕动,蛋又退回蛋壳分泌部,刺激蛋壳腺再次分泌出一层蛋壳,从而成为双壳蛋。

(6)无壳蛋:见于由大肠杆菌或沙门菌所致的蛋鸡卵黄性腹膜炎;在蛋鸡内服四环素类药物或在产蛋时受到急性应激时也可见到类似的情况。

(7)血壳蛋:常由于蛋体过大或产道狭窄引起蛋壳表面附有片

带状血迹,见于刚开产的母鸡;也可由母鸡蛋壳腺黏膜弥漫性出血所致。

(8)裂纹蛋(蛋壳骨质层表面可见明显裂缝):见于锰缺乏症、磷缺乏症。

(9)皱纹蛋(即蛋壳有皱褶):见于铜缺乏症。

(10)血斑蛋:见于饲料中维生素 K 不足、苄丙酮豆素等维生素 K 类似物过量等。

(11)肉斑蛋:见于由大肠杆菌、沙门菌等引起的输卵管炎。

(12)小黄蛋(即蛋黄体较正常蛋黄小):见于饲料中黄曲霉毒素超标,从而影响肝脏对蛋黄前体物的转运,阻滞了卵泡的成熟。

(13)无黄蛋:见于异物(如寄生虫、脱落的黏膜组织)落入输卵管内,刺激输卵管的蛋白分泌部,使分泌的蛋白包住异物,然后,再包上壳膜和蛋壳形成很小的无蛋黄畸形蛋。也可见于某些病毒严重感染输卵管上部所致,在产蛋鸡多见。

(14)双黄蛋:见于食欲旺盛的高产母鸡,这是由于两个蛋黄同时从卵巢下行,同时,通过输卵管被蛋白壳膜和蛋壳包裹,从而形成体积特别大的双黄蛋。

二、病理剖检诊断

对外观检查不能确认的鸡只,要进行剖检检查,以便进一步明确疾病的种类。

(一)剖检检查

1. 鸡体剖检要求

(1)正确掌握和运用鸡体剖检方法:若方法不熟练,操作不规范、不按顺序,乱剪乱割,影响观察,易造成误诊,贻误防治时机。

(2)防止疾病散播:剖检时,如果剖检地点不合适、消毒不严格、尸体处理不当等,不仅引起病原在本场传播,而且能污染环境。所以,剖检地点必须远离鸡舍,注意严格消毒和病死鸡的无害化处理。

①选择合适的剖检地点：剖检尸体时选择在比较偏僻的地方进行，要远离生产区、生活区、公路、水源等，以免剖检后，尸体的粪便、血污、内脏、杂物等污染水源、河流，或由于车来人往等传播病原，造成疫病扩散。

②严格消毒：剖检前对尸体进行喷洒消毒，避免病原随着羽毛、皮屑一起被风吹起传播。剖检后将死鸡放在密封的塑料袋内，对剖检场所和用具进行彻底全面的消毒。剖检的污水和废弃物必须经过消毒处理后方可排放。

③尸体无害化处理：有条件的鸡场应建造焚尸炉或发酵池，以便处理剖检后的尸体，其地址的选择既要使用方便，又要防止病原污染环境。无条件的鸡场对剖检后的尸体要进行焚烧或深埋。

2. 病理剖检的准备

（1）剖检器械的准备：对于鸡剖检，一般有剪刀和镊子即可工作。另外，可根据需要准备骨剪、肠剪、手术刀、搪瓷盆、标本缸、广口瓶、消毒注射器、针头、培养皿等，以便收集各种组织标本。

（2）剖检防护用具的准备：工作服、胶靴、一次性医用手套或橡胶手套、脸盆或塑料小水桶、消毒剂、肥皂、毛巾等。

3. 病理剖检的程序

剖检病鸡最好在死后或濒死期进行。对于已经死亡的鸡只，越早剖检越好，因时间长了尸体易腐败，尤其夏季，易使病理变化模糊不清，失去剖检意义。如暂时不剖检的，可装入塑料袋内暂存放在 4℃冰箱内。解剖前先进行体表检查。

病理剖检一般遵循由外向内，先无菌后污染，先健部后患部的原则，按顺序、分器官逐步完成。活鸡应首先放血处死，死鸡能放出血的尽量放血。检查并记录患鸡外表情况，如皮肤、羽毛、口腔、眼睛、鼻孔、泄殖腔等有无异常。用消毒液将禽尸羽毛沾湿或浸湿，避免羽毛、尘屑飞扬，然后，将鸡尸放在解剖盘中或塑料布上。

（1）体表检查：选择症状比较典型的病鸡作为剖检对象，解剖前先做体表检查，即测量体温，观察呼吸、姿态、精神状况、羽毛光泽、头部皮肤的颜色，特别是鸡冠和肉髯的颜色，仔细检查鸡体的外部变化并记录症状。可采集血液（静脉或心脏采血），以备实验室检验。

①病鸡的体况：姿势，肥胖或消瘦，羽毛是否粗乱、污秽、有无光泽。

②面部、冠和肉髯：注意皮肤的颜色，是否苍白贫血或暗红，表面有无棕色的痘痂（鸡痘）或鳞片结痂，冠髯是否肿胀和有结节（传染性鼻炎、慢性鸡霍乱或禽痘）。

③口、鼻、眼：注意鼻孔和口腔有无分泌物（传染性鼻炎、传染性支气管炎），咽喉黏膜有无干酪样物质形成的假膜（白喉型禽痘）或白色针头状小结节（维生素 A 缺乏症）、注意虹膜的色泽和瞳孔的形状，眼部是否肿胀，眼睑内有无干酪样渗出物蓄积（黏膜型鸡痘、维生素 A 缺乏症）。

④肛门：肛门周围羽毛有无稀粪粘污，泄殖孔附近是否有粪污或白色粪便所阻塞。

⑤肿瘤：身体各部分都可能发生肿瘤，必须仔细检查，马立克病有时在皮肤上可以检查到肿瘤；鸡脚皮肤是否粗糙或裂缝，是否有石灰样物附着，脚底是否有趾瘤等。

⑥外寄生虫：鸡羽毛根部是否有虱卵缀着。如鸡有外寄生虫感染时，表现有羽毛粗乱。

（2）鸡体剖检方法：对濒死的鸡先用消毒药水将羽毛擦湿，防止羽毛及尘埃飞扬，然后放血致死（方法有两种：一种可在口腔内耳根旁的颈静脉处用剪刀横切断静脉，血沿口腔流出，此法外表无伤口；另一种为颈部放血，用刀切断颈动脉或颈静脉放血）。

将被检鸡仰放在搪瓷盘上，此时应注意腹部皮下是否有腐败而引起的尸绿。用力掰开两腿，直至同髋关节脱位，将两翅和两腿摊开,或将头、两翅固定在解剖板上。沿颈、胸、腹中线剪开皮肤,再从腹下部横向剪开腹部,并延至两腿皮肤。由剪处向两侧分离皮肤。剥开皮肤后,可看到颈部的气管、食道、嗉囊、胸腺、迷走神经以及胸肌、腹肌、腿部肌肉等。根据剖检需要,可剥离部分皮肤。此时,可检查皮下是否有出血、胸部肌肉的黏稠度,颜色是否有出血点或灰白色坏死点等。

皮下检查完后,在泄殖腔腹侧将腹壁横向剪开,再沿肋软骨交接处向前剪,然后,一只手压住鸡腿,另一只手握龙骨后缘向上拉,使整个胸骨向前翻转露出胸腔和腹腔,注意胸腔和腹腔器官的位置、大小、色泽是否正常,有无内容物(腹水、渗出物、血液等),器官表面是否有冻胶状或干酪样渗出物,胸腔内的液体是否增多等。

观察气囊,气囊膜正常为一透明的薄层,注意有无混浊,增厚或被覆渗出物等。如果要取病料进行细菌培养,可用灭菌消毒过的剪刀、镊子、注射器、针头及存放材料的器具采取所需要的组织器官。取完材料后可进行各个脏器检查。剪开心包囊,注意心包囊是否混浊或有纤维性渗出物黏附,心包液是否增多,心包囊与心外膜是否粘连等,然后顺次取出各脏器。

首先把肝脏与其他器官连接的韧带剪断,再将脾脏、胆囊随同肝脏一块摘出。接着,把食道与腺胃交界处剪断,将脾胃、肌胃和肠管一同取出体腔(直肠可以不剪断)。剪开卵巢系膜,将输卵管与泄殖腔连接处剪断,把卵巢和输卵管取出。雄鸡剪断睾丸系膜,取出睾丸。

用器械柄钝性剥离肾脏,从脊椎骨深凹中取出。

剪断心脏的动脉、静脉,取出心脏。

用刀柄钝性剥离肺脏,将肺脏从肋骨间摘出。

剪开喙角,打开口腔,把喉头与气管一同摘出;再将食道、嗉囊一同摘出。

把直肠拉出腹腔,露出位于泄殖腔背面的腔上囊(法氏囊),剪开与泄殖腔连接处。腔上囊便可摘出。

从两鼻孔上方横向剪断上喙部,断面露出鼻腔和鼻甲骨。轻压鼻部,可检查鼻腔有无内容物。

剪开眼下和嘴角上的皮肤,看到的空腔就是眶下窦。

将头部皮肤剥去,用骨剪剪开顶骨缘。颧骨上缘、枕骨后缘,揭开头盖骨,露出大脑和小脑。切断脑底部神经,大脑便可取出。

迷走神经在颈椎的两侧,沿食道两旁可以找到。坐骨神经位于大腿两侧,剪去内收肌即可露出。腰荐神经丛,将脊柱两侧的肾脏摘除便能显露出来。臂神经,将鸡背朝上,剪开肩胛和脊柱之间的皮肤,剥离肌肉,即可看到。

4. 病理剖检诊断

(1)皮下组织

①皮下水肿:常发生在胸、腹部及两腿之间的皮下,患部呈蓝紫色或蓝绿色,见于鸡的渗出性素质(硒/维生素 E 缺乏)。

②皮下出血:见于某些传染病,如禽霍乱、禽流感、大肠杆菌性败血症、传染性贫血等。

③皮下化脓或坏死:常发生在胸骨的前部,见于由葡萄球菌、链球菌或大肠杆菌引起的胸骨(龙骨)囊肿。

(2)肌肉

①肌肉苍白:常见于各种原因引起的内出血,如鸡住白细胞虫病、白痢、硒/维生素 E 缺乏、磺胺药中毒、肝脏破裂等。

②肌肉出血:大头针大小的出血点,见于鸡住白细胞虫病;胸肌、腿肌的条状出血,见于传染性法氏囊病、维生素 K 缺乏症;另外,在传染性贫血、禽霍乱、黄曲霉素中毒等也可见到。

③肌肉坏死:见于维生素 E 缺乏症;由葡萄球菌、链球菌等感染性炎症引起的坏死;由厌氧梭菌感染引起的腐败变质;由注射油乳剂疫苗不当所致的局部肌肉坏死。

④肌肉出现肿瘤:见于马立克病。

⑤腓肠肌断裂：见于病毒性关节炎。

⑥肌肉表面出现霉菌斑块：见于曲霉菌病。

⑦肌肉干燥无黏性：见于各种原因引起的失水或缺水，如肾型传染性支气管炎等。

(3)腹腔

①腹腔内腹水过多：见于腹水综合征、大肠杆菌病、肝硬化、黄曲霉素中毒；也可见于副伤寒等。

②蛋鸡输卵管积液（囊肿）：见于传染性支气管炎病毒、沙眼衣原体感染、禽流感病毒、EDS-76 病毒感染后的后遗症、大肠杆菌病、激素分泌紊乱等。

③腹腔内有血液或凝血块：见于各种原因引起的急性肝破裂，如副伤寒、成年鸡白痢、鸡住白细胞虫病等。

④腹腔有淡黄色或纤维素性或干酪样或胶冻样渗出物：见于由大肠杆菌或沙门菌引起的产蛋母鸡的卵黄性腹膜炎、败血霉形体、腹水综合征等。

⑤腹腔器官表面有许多菜花样增生物或大小不等的结节：见于马立克病、淋巴白血病；也可见于大肠杆菌性肉芽肿等。

(4)肝脏

①肝脏肿大，表面有圆形或不规则型的粟粒大至黄豆大小的坏死灶：见于盲肠肝炎（组织滴虫病）。

②肝脏肿大，表面有广泛密集的点状灰白色坏死灶：见于急性禽霍乱、细小病毒病。

③肝脏肿大，表面有散在的灰白色或灰黄色坏死灶：见于急性白痢、伤寒、副伤寒、链球菌病、大肠杆菌病；也可见于衣原体病、李氏杆菌病。

④肝脏肿大，表面有大小不等的肿瘤结节：见于马立克病、淋巴白血病、网状内皮增殖症。

⑤肝脏肿大，表面有灰白色斑纹：见于青年、成年鸡急性白痢、

伤寒等。

⑥肝脏肿大,有斑状出血:见于磺胺类药物中毒、雏鸡应激综合征等。

⑦肝脏肿大并出现肉芽肿:见于大肠杆菌性肉芽肿。

⑧肝脏肿大,表面有纤维素性物质覆盖(肝周炎):大肠杆菌病、霉形体病、肉鸡腹水综合征。

⑨肝脏肿大,呈青铜色或墨绿色:见于副伤寒、大肠杆菌病;也可见于葡萄球菌病、链球菌病。

⑩肝脏肿大,硬化,呈土黄色,表面粗糙不平:见于慢性黄曲霉毒素中毒。

⑪肝脏肿大,呈淡黄色或土黄色,质地柔软易碎:见于维生素E缺乏症;也可见于传染性贫血、住白细胞虫病、传染性法氏囊病。

⑫肝脏肿大,可延伸至泄殖腔处且质地柔软易碎:见于大肝大脾病。

⑬肝脏肿大,肝被膜下形成血肿:常由肝破裂引起,见于肝被膜下形成血肿,有时也见于胸部肌内注射疫苗不当刺破肝脏后引起的。

⑭肝脏萎缩,硬化:见于腹水综合征的晚期、成年鸡慢性黄曲霉毒素中毒。

⑮肝脏表面树枝状出血:见于出血症。

(5)胆囊及胆管

①胆囊、胆管内有寄生虫:见于散养鸡的次睾吸虫病。

②胆囊充盈、肿大:见于急性传染病,如禽霍乱、白痢、住白细胞虫病、某些药物中毒等。

③胆囊缩小、胆汁少、色淡或胆囊黏膜水肿:见于马立克病、严重的绦虫病、蛔虫病、吸虫病、蛋白质营养缺乏症等。

④胆汁浓、呈墨绿色:见于急性传染病死亡的病例,如急性禽霍乱、禽流感、大肠杆菌性败血症等。

⑤胆囊空虚、无胆汁：见于肉鸡猝死综合征。

（6）脾脏

①脾脏肿大、有原来的几倍甚至十几倍大：见于大肝大脾病。

②脾脏肿大、有散在的灰白色点状坏死灶：见于白痢、伤寒、副伤寒、禽霍乱、禽衣原体病；也可见于禽流感、鸡瘟、葡萄球菌病、住白细胞虫病等。

③脾脏肿大、表面有大小不等的肿瘤结节：见于马立克病、淋巴白血病、网状内皮增殖症。

④脾脏肿大、表面有灰白色斑驳：见于马立克病、淋巴白血病、网状内皮增殖症；也可见于白痢、伤寒、副伤寒、大肠杆菌性败血症、李氏杆菌病、螺旋体病、弯曲杆菌病等。

⑤脾脏表面树枝状出血：见于出血症。

（7）腺胃

①球状肿大：表现为腺胃肿胀得较肌胃还大，如其乳头并不肿胀，则见于饲料中纤维素缺乏，也有报道认为喂给大量劣质鱼粉时也会发生；如腺胃乳头肿大，见于传染性腺胃炎。

②腺胃乳头或黏膜出血：见于新城疫、禽流感，喹乙醇中毒、急性禽霍乱；也可见于传染性贫血等。

③腺胃黏膜溃疡、坏死：见于禽流感。

④腺胃乳头水肿、出血：见于马立克病，还可见于维生素 E 缺乏症、禽脑脊髓炎。

⑤腺胃膨大、胃壁增厚、切面呈煮肉样：见于内脏型马立克病、胃肠型的鸡传染性支气管炎。

⑥腺胃上的寄生虫：见于散养鸡的腺虫病、线虫病。

⑦腺胃与肌胃交界处形成出血带或出血点：见于传染性法氏囊病；也可见于禽流感、螺旋体病。

（8）肌胃

①肌胃穿孔：多因肌胃内存在的铁钉或其他异物在肌胃收缩

时,穿透肌胃壁所致,这种病常伴有腹膜炎。

②肌胃糜烂、角质膜变黑脱落:多见于饲喂变质鱼粉、蚕蛹、霉变饲料或胆汁反流引起胆酸或氧化胆酸的作用所致。也可见于硫酸铜中毒。

③肌胃角质膜易脱落、角质层下有出血斑点或溃疡:见于新城疫、住白细胞虫病;也见于禽流感、李氏杆菌病及某些中毒病。

④肌胃肌肉变性并有白色结节:多见于白痢。

⑤肌胃肌肉的肿瘤样变:见于内脏型马立克病。

⑥肌胃内的寄生虫:见于束首线虫;偶见于蛔虫。

⑦肌胃内空虚、角质膜呈绿色:见于鸡的慢性疾病,多由胆汁反流所致。

⑧肌胃、腺胃黏膜坏死:见于赤霉菌毒素中毒。

(9)肠道

①出血性肠炎:在小肠的上 1/3 肠壁肿胀,上有白斑或出血点,黏膜表面有血液,多见于由巨型艾美球虫引起的小肠球虫病;小肠后半部肿胀,肠腔内充满红色黏液,多见于由毒害艾美尔球虫引起的小肠球虫病;盲肠肿胀,充满鲜血液或血凝块,病鸡排出鲜血样粪便,多见于盲肠球虫病。此外,新城疫、禽流感、氟乙酰胺中毒、冠状病毒性肠炎也可见到类似的变化。

②坏死性肠炎:表现为肠道变色、肿胀、黏膜出血。

③溃疡性肠炎:急性病例为十二指肠出血,肠壁上有小出血点。慢性病例,从肠壁的浆膜和黏膜面上都能看到一种边缘出血的黄色小溃疡灶或呈圆形,凸起的较大溃疡,此种溃疡边缘常无出血,或由于溃疡的相互融合而形成一种大的固膜性坏死性斑块,多见于棒状杆菌病。

④十二指肠前段有芝麻粒大的出血点:见于副伤寒。也有人报道,在新城疫强毒感染后也可见此种病变。

⑤寄生于十二指肠和空肠内的寄生虫:有蛔虫、绦虫、线虫。

⑥寄生于盲肠内的寄生虫：有异刺线虫、组织滴虫、鸟类圆线虫。

⑦寄生于直肠内的寄生虫：有前殖吸虫。

⑧肠道黏膜坏死：见于慢性白痢、伤寒、副伤寒、大肠杆菌病、维生素 E 缺乏症等。

⑨小肠某节段肠管呈现出血发紫且肠腔内有出血黏液或暗红色血凝块：见于禽肠系膜疝、肠扭转。

⑩小肠肠管膨大、阻塞：见于禽的肠梗阻（常由饲料中的粗纤维和严重的蛔虫感染引起）。

⑪肠壁上有大小不等的肿瘤状结节：见于马立克病、淋巴白血病、网状内皮增殖症、绦虫病。肠壁上有出血小结节，可见于住白细胞虫病。

⑫小肠内含有黄色干酪样凝固渗出物：见于鸡瘟、白痢等。

⑬盲肠肿大，内含有黄色干酪样凝固渗出物：见于盲肠肝炎。

⑭盲肠不肿大，内含有干酪样凝性栓塞：见于慢性白痢、伤寒、副伤寒；也可见于恢复期的盲肠球虫病。

⑮直肠的条纹状出血：多见于新城疫。

⑯卵黄蒂出血：见于鸡瘟。

（10）心脏：心肌结节，这种病变主要见于大肠杆菌肉芽肿、马立克病、鸡白痢、伤寒、磺胺类药物中毒。心冠脂肪有出血点（斑），可见于鸡霍乱、禽流感、新城疫、伤寒等急性传染病，磺胺类药物中毒也可见此症状。心肌坏死灶，见于雏鸡和大小鸡的白痢、李氏杆菌和弧菌性肝炎；心肌肿瘤，见于鸡马立克病；心包有混浊渗出物，见于白痢、大肠杆菌病、支原体病。

（11）卵巢：产蛋鸡感染沙门菌后，卵巢发炎、变形或滤泡萎缩；卵巢水泡样肿大，见于急性马立克病和淋巴性白血病，卵巢的实质变性见于流感等热性疾病。

（12）输卵管：输卵管内充满腐败的渗出物，常见于鸡的沙门菌和大肠杆菌病;由于肌肉麻痹或局部扭转,可使输卵管充塞半干状蛋块;输卵管萎缩,则见于鸡传染性支气管炎和减蛋综合征;输卵管有脓性分泌物,多见于禽流感。

(13)肾脏:肾显著肿大,见于急性马立克病、淋巴细胞性白血病和肾型传染支气管炎;肾内出现囊胞,见于囊胞肾(先天性畸形)、水肾病(尿路闭塞),在鸡的中毒、传染病后遗症中也可出现;肾内白色微细结晶沉着,见于尿酸盐沉着症,输尿管膨大,出现白色结石,多由于中毒、维生素 A 缺乏症等疾病所致。导致肾脏功能障碍的疾病均可引起输尿管尿酸盐沉积,如传染性法氏囊病、维生素 A 缺乏症、传染性支气管炎、鸡白痢、螺旋体病和长期过量使用药物。

(14)睾丸:睾丸萎缩、有小脓肿,见于鸡白痢。

(15)腔上囊(法氏囊):增大并带有出血和水肿,发生于传染性腔上囊病的初期,然后发生萎缩;全身性滑膜支原体感染、患马立克病时,可使腔上囊萎缩;淋巴细胞性白血病时,腺上囊常常有稀疏的直径 2~3 毫米的肿瘤。此外,马杜霉素中毒也可以导致法氏囊出血性变化。

(16)胰脏:雏鸡胰脏坏死,发生于硒/维生素 E 缺乏症;点状坏死,常见于禽流感和传染性支气管炎。

(17)输尿管尿酸盐沉积:导致肾脏功能障碍的疾病均可引起输尿管尿酸盐沉积,如传染性法氏囊病、维生素 A 缺乏症、传染性支气管炎、鸡白痢、螺旋体病和长期过量使用药物。

(18)腹膜炎:主要见于鸡大肠杆菌病、白痢、伤寒、禽霍乱、组织滴虫病、败血性霉形体病。

(19)盲肠病变:盲肠病变主要为盲肠内有干酪样物堵塞,这种病变提示疾病有盲肠球虫病、组织滴虫病、副伤寒、白痢。

(20)呼吸系统

①鼻腔(窦)渗出物增多:见于鸡传染性鼻炎、支原体病,也见

31

于禽霍乱和禽流感。

②口腔:其内有酸液,并有气泡者怀疑为新城疫;其内有血丝或血块则为传染性喉气管炎;其黏膜溃疡且隆起则为鸡痘。

③咽喉:其黏膜出血且有黏性分泌物则怀疑为新城疫、染性喉支气管炎、霍乱、传染性喉气管炎或支原体病;若咽喉部肿大则与传染性喉气管炎、鸡痘有关。喉头、气管黏膜弥漫性出血,内有带血黏液为传染性喉气管炎病变。

④气管内有伪膜,为黏膜型鸡痘;有多量奶油样或干酪样渗出物,可见于鸡的传染性喉气管炎和新城疫。管壁肥厚,黏液增多,见于鸡的新城疫、传染性支气管炎、传染性鼻炎和支原体病。气管、喉头病黏膜充血、出血,有黏液等渗出物,该病变主要见于呼吸系统疾病。如黏膜充血,气管有渗出物为传染性支气管炎病变;喉头、气管黏膜弥漫性出血,内有带血黏液为传染性喉气管炎病变;而气管轮环黏膜有出血点为新城疫病变。败血性霉形体、传染性鼻炎也可见到呼吸道有黏液渗出物等病变。

⑤气囊壁肥厚并有干酪样渗出物,见于鸡毒支原体病、传染性鼻炎、传染性喉气管炎、传染性支气管炎和新城疫;附有纤维素性渗出物,常见于鸡大肠杆菌病;腹气囊卵黄样渗出物,为传染性鼻炎的病变。

⑥雏鸡肺有黄色小结节,见于曲霉菌性肺炎;雏鸡白痢时,肺上有1～3毫米的白色病灶,其他器官(如心、肝)也有坏死结节;禽霍乱时,可见到两侧性肺炎;肺呈发红色,表面有纤维素,常见于鸡大肠杆菌病。

(21)脑髓检查:切开顶部皮肤,剥离皮肤,露颅骨,用剪刀在两侧眼眶后缘之间剪断额骨,再从两侧剪开顶骨至枕骨大孔,掀去脑盖,暴露大脑、丘脑及小脑。观察脑膜有无充血、出血,脑组织是否软化、液化和坏死等。若脑髓有出血点或软化,则与传染性脑炎、维生素 B_1 缺乏症有关。

(22)周围神经检查:重点检查坐骨神经。在两大腿后部将该处肌肉剥离,分离出白色带状或线状坐骨神经。鸡在患马立克病时,常发生单侧性坐骨神经肿大。

这些只是临床中的一些常见病变。临床上由于疾病性质、疫苗或药物使用等条件的影响、同一疾病在不同条件下其症状也随之发生了变化,而且有的鸡群可能存在并发或继发疾病的复杂情况。因此,在临床诊断时应辨证的分析病理剖检变化。患鸡病变不是孤立存在的,要抓住重点病变,综合整体剖检变化,同时,结合鸡群饲养管理、流行病学和临床症状综合分析,才可能做出正确的临床诊断,从而为控制疾病提供科学依据。

5. 剖检结果的描述、记录

对在剖检时看到的病理变化,要进行客观的描述,并及时准确地记录下来,为诊断提供可靠的材料。

在描述病变时常采用如下的方法:

(1)用尺量病变器官的长度、宽度和厚度,以厘米为计量单位。

(2)用实物形容病变的大小和形状,但不要悬殊太大,并采用当地都熟悉的实物。如表示圆形体积时可用小米粒大、豌豆大、核桃大等;表示椭圆时,可用黄豆大、鸽蛋大等;表示面积时可用一分、五分硬币大等;表示形状时可用圆形、椭圆形、线状、条状、点状、斑状等。

(3)描述病变色泽时,若为混合色,应次色在前,主色在后,如鲜红色、紫红色、灰白色等;也可用实物形容色泽,如青石板色、红葡萄酒色及大理石状、斑驳状等。

(4)描述硬度时,常用坚硬、坚实、脆弱、柔软来形容,也可用疏松、致密来描述。

(5)描述弹性时,常用橡皮样、面团样、胶冻样来表示。

此外,在剖检记录中还应写明病鸡品种、日龄、饲喂何种饲料,疫苗使用情况及病鸡死前症状等。剖检工作完成后,要注意把尸体、羽毛、血液等物深埋或焚烧。剖检工具、剖检人员的外露皮肤用消毒液进行消毒,剖检人员的衣服、鞋子也要换洗,以防病原扩散。

6.病理剖检的注意事项

(1)在进行病理剖检时,如果怀疑待检的鸡已感染的疾病可能对人有接触传染时(如鸟疫、丹毒、禽流感等),必须采取严格的卫生预防措施。剖检人员在剖检前换上工作服、胶靴、佩戴优质的橡胶手套、帽子、口罩等,在条件许可的条件下最好戴上面具,以防吸入病禽的组织或粪便形成的尘埃等。

(2)在进行剖检时,应注意所剖检的病(死)禽应在禽群中具有代表性。如果病禽已死亡,则应立即剖检(须于患畜禽死后立即进行,最好不超过 6 小时,夏季不超过 4 小时),应尽可能对多只死禽进行剖检。

(3)剖检前应当用消毒药液将病禽的尸体和剖检的台面完全浸湿。

(4)剖检过程应遵循从无菌到有菌的程序,对未经仔细检查且粘连的组织,不可随意切断,更不可在腹腔内的管状器官(如肠道)切断,造成其他器官的污染,给病原分离带来困难。

(5)剖检人员应认真地检查病变,切忌草率行事。如需进一步检查病原和病理变化,应取病料送检。

(6)在剖检中,如剖检人员不慎割破自己的皮肤,应立即停止工作,先用清水洗净,挤出污血,涂上药物,用纱布包扎或贴上创可贴;如剖检的液体溅入眼中时,应先用清水洗净,再用 20%的硼酸冲洗。

(7)剖检后,所用的工作服、剖检的用具要清洗干净,消毒后保存。剖检人员应用肥皂或洗衣粉洗手,洗脸,并用 75%的酒精消毒手部,再用清水洗净。

（二）病料的采取、保存

有条件做实验室检查的可自己进行检查，若无条件可送到当地的动物检疫部门进行检疫（如畜牧部门、防疫部门等）。

1. 病料采集的注意事项

（1）采集病料的时间：内脏病料的采取，须于患畜禽死后立即进行，最好不超过 6 小时，夏季不超过 4 小时，否则时间过长，由肠内侵入其他细菌，致使尸体腐败，有碍于病原菌的检验。

（2）采集器械的消毒：刀、剪、镊子等用具可煮沸 30 分钟，最好用酒精擦拭，并在火焰上烧一下。器皿在高压灭菌器内或干烤箱内灭菌，或放于 0.5％～1％的碳酸氢钠水中煮沸；软木塞或橡皮塞置于 0.5％石炭酸溶液中煮沸 10 分钟。载玻片应在 1％～2％的碳酸氢钠溶液中煮沸 10～15 分钟，水洗后，再用清洁纱布擦干，将其保存于酒精、乙醚等液体中。注射器和针头放于清洁水中煮沸 30 分钟即可。

（3）采集病料的所有工序必须是无菌操作：采取一种病料，使用一套器械。并将取下的材料分别置于灭菌的容器中，绝不可将多种病料或多头鸡的病料混放在一个容器内。病变的检查应在病料采集后进行，以防所采的病料被污染，影响检查结果。

（4）需要采取的病料，应按疾病的种类适当选择：当难以估计是哪种传染病时，应采取有病变的脏器、组织。但心血、肺、脾、肝、肾、淋巴结等，不论有无肉眼可见病变，一般均应采取。

（5）病料采集后，如不能立即进行检验，应立即装入塑料袋内保存于 4℃的冰箱中。

2. 病料的采集方法

（1）脓汁、渗出液：用灭菌注射器无菌抽取未破溃的脓肿深部的脓汁，置于灭菌的细玻璃管中，然后，将两端熔封，用棉花包好放于试管中，亦可直接用注射器采取后，放试管中，如系开放的化脓灶或鼻腔时，可用无菌的棉签浸蘸后，放在灭菌试管中。也可直接用接种环经消毒的部位插入,提取病料直接接种在培养基上。

(2)淋巴结及内脏:将淋巴结、肺、肝、脾、肾等有病变的部位各采取 1～2 平方厘米的小方块,分别置于灭菌试管或平皿中。若为供病理组织切片的材料,应将典型病变部分及相连的健康组织一并切取,组织块的大小每边约 2 厘米,同时,要避免使用金属容器,尤其是当病料供色素检查时,更应注意。

(3)血液

①血清:以血清作为检验材料时,以无菌操作抽取被检病鸡血液(鸡从心脏或前腔静脉等)10～20 毫升或适量,置于灭菌试管中,待血液凝固(1～2 天)析出血清。为了防腐,可于每毫升血液中加入 3%～5%的石炭酸溶液 1～2 滴。

②全血:采取 10 毫升全血,立即注入盛有 3.8%枸橼酸钠溶液 1 毫升的灭菌试管中,搓转混合片刻后即可。

③心血:对死亡动物采取心血时,通常在右心室采血,先用烧红的铁片烫烙心肌表面,再用灭菌注射器在烫烙处插入,吸取血液,置于无菌试管中。

(4)胆汁:先用烧红的刀片或铁片烙烫胆囊的表面,再用灭菌吸管或注射器刺入胆囊内吸取胆汁,盛于灭菌试管中。

(5)肠:用烧红的刀片或铁片将欲采取的肠表面烫穿一个小孔,持灭菌棉签插入肠内擦取肠道黏膜及其内容物,将棉花置于灭菌试管中,亦可将肠内容物直接放入容器内。亦可用线扎紧一段肠道(7～10 厘米)的两端,然后,在两线处稍远处切断,放于灭菌容器中。采取后应急速送检,不得迟于 24 小时。

(6)皮肤:取大小约 10 厘米×10 厘米的皮肤一块,保存于30%甘油缓冲液中,或 10%的饱和盐水溶液中,或 10%福尔马林溶液中。或不加保存液直接放在灭菌的密闭容器中。

(7)羽毛:应在病变明显部分采集,用刀将羽毛及其根部皮屑刮取少许放入灭菌试管中送检。

(8)脑、脊髓:如采取脑、脊髓做病毒检查,可将脑、脊髓浸入50%甘油盐水液中或将整个头部割下,包入浸过 0.1%汞液的纱布或油布中,装入塑料袋中送检。

3. 病料的保存

(1)直接保存于 4℃冰箱中。

(2)保存液保存:常用的有甘油盐水缓冲保存液,配比为甘油300 毫升,氯化钠 4.2 克,磷酸氢二钾 1.0 克,0.02%酚红溶液 1.5毫升,蒸馏水加至 1000 毫升。将这些配比成分混合于水中,加热溶化,pH 值调为 7.6,分装于试管中(约 7 毫升),高压锅灭菌 15分钟,保存于冰箱中备用。

4. 病料的运送

(1)要附带病情记录:如发病禽品种、性别、日龄,送检病料的数量和种类,检验的目的,死亡时间并附临床病例摘要等。

(2)装在试管和广口瓶中的病料密封后装在冰筒中送检,防止容器和试管翻倒。且送至检验部门的时间,应越快越好。

(3)运送整个尸体,用浸透适宜消毒液的布包好后,装入塑料袋中。

三、鸡群发病的饲养管理

鸡群发病时会导致一系列的不良反应,表现对环境的适应能力、营养物质的需要、呼吸、内分泌等生理机能代谢障碍,如果在该特殊阶段通过采取对症治疗,同时,给予精细护理辅助治疗措施,将会大幅度提高治病效果,使病情尽快得到控制,疫病的危害作用降低到最小程度。

1. 隔离治疗

对发病鸡、假健康鸡立即进行分群隔离,随时密切关注假健康鸡采食、饮水、呼吸、排泄、休息以及体况、精神状态等表现;及时淘汰重病鸡,可以防止疾病继续传播。

2. 对症投药

按初步诊断投喂药物,如病情复杂,可采取对症投药的方法,也可以试探性地使用副作用小的广谱抗菌药。如病鸡症状似中毒性疾病,应立即撤去原来的饲料和饮水,更换不同的饲料和干净饮水,同时,使用一般的解毒药,如糖水等。

3. 关注体温变化

随时掌握发病鸡的体温变化情况,一般情况下,体温是反映鸡只疾病变化转归的重要指标。发病鸡比同周龄正常鸡的体温要高出 1～2℃。

4. 调整饲料营养成分和喂料方法

鸡群发病往往导致鸡体温升高,代谢紊乱。因此,应改变饲料中营养物质含量和喂料方法。

(1)提高日粮的能量水平。根据采食降低程度,能量水平应提高到正常值的 1.1～1.2 倍。

(2)补充维生素等营养性物质,帮助病鸡渡过难关。如维生素 A、B 族维生素可增加到正常值 2～3 倍,维生素 E 可增加到正常值的 5～10 倍,还可加入适量的维生素 C 和维生素 D_3 等。

(3)适当降低饲料脂肪含量。

(4)给予新鲜而易消化的高质量饲料,少喂勤添。或再把饲料拌湿饲喂,以刺激鸡的采食。

(5)保持饲料和设施的清洁卫生、防止霉变。

5. 保证充足清洁的饮水

鸡群发病后,对水的需要量增加,因此,发病期间一定要保证鸡群充足清洁的饮水。如要在水中投药,首先要投入易溶入水的药物;其次要根据鸡的需水量计算投药量;第三要注意药物在水中的有效时间,保证鸡群在药品有效期内饮完。同时要注意,千万不能在饮药前停水。

6. 减少应激

尽量减少对发病鸡群的抓捉、驱赶、转移等剧烈动作,保持安静状态,以减少应激反应。同时,增加通风,保持鸡舍空气清新是鸡群发病期间所必需的。但秋冬季节要密切注意鸡舍保温,严防冷风、贼风侵袭鸡群,夏季要注意降温,防止热应激。在发生呼吸道疾病时,不要进行气雾免疫,尽量减少带鸡消毒的次数。

7. 病死鸡进行无害化处理

及时对病死鸡实施无害化处理,配合消毒技术,彻底消除病原,创造一个安全生物环境。

四、鸡群发病的用药方法

兽药指用于预防、治疗、诊断畜禽等动物疾病,有目的地调节其生理机能并规定作用、用途、用法、用量的物质(含饲料药物添加剂)。

(一)禽药的剂型与剂量

1. 禽药的剂型

(1)液体剂型

①注射剂:也称针剂,是指由药物制成的供注入体内的药物溶液(水针或油针)、混悬液、输入液、乳浊液或供临用前配成溶液或混悬液的无菌粉末或浓缩液。可以从皮内、皮下、肌内或静脉等部位注射给药,是当前应用最为广泛的剂型之一。

水针一般可直接供肌内、皮下、皮内或静脉注射用。混悬剂仅供肌内和局部注射,不能作静脉注射。一般对热或水不稳定的药物常制成粉针剂,如青霉素、辅酶 A 等均需制成灭菌粉针剂,使用时可加适当的注射用溶媒,稀释成液体后再用。注射剂的优点是药效迅速、剂量准确、作用可靠、吸收快。不宜内服的药物,如青霉素、链霉素等也常制成注射剂。缺点是注射给药不方便,且注射时往往引起应激反应而不如内服制剂受欢迎。

②溶液剂:是将一种或几种药物溶解于适宜的溶媒(水、醇溶液、油溶液等)制成的可供内服或外用的溶液。有些药物不能以干粉状态保存,或必须在溶液状态下才能发挥作用,如聚维酮碘、液体二氧化氯、复方维生素 B 溶液、地克珠利溶液等,前两者为消毒药,后两者供饮水内服给药。内服溶液剂给药方便,生物利用度也较高,且不存在混合不均匀的问题,但其包装贮存及运输不方便,且有些药物制成溶液以后,稳定性下降。但有些药物目前的供应方式只能是溶液形式,如过氧化氢、氨水溶液。

③浇淋剂和喷滴剂:系杀虫药或驱虫药的透皮吸收药液,可沿动物背部浇泼或用专用器械按规定剂量体表喷滴,如盐酸左咪唑透皮剂。

④酊剂:是指用不同浓度乙醇浸制生药或溶解化学药物而制成的液体剂型,如甲紫酊、碘酊。

此外,液体剂型还有煎剂、擦剂、流浸膏、合剂等。

(2)气体剂型:以气体为分散介质,是指液体或固体药物利用雾化器喷出的微粒制剂,可供皮肤和腔道局部应用,或由呼吸道吸收后发挥全身作用,也可用作空间消毒、除臭和杀虫等。现常用的气雾剂是将药物和抛射剂共同装封于有阀门的耐压容器中,借抛射剂的压力将药物喷出的制剂。气雾剂通过呼吸道吸入后经肺泡毛细血管迅速吸收,速率仅次于静脉注射。气雾剂使用方便,药物分布均匀,对创面可减小局部给药的机械刺激作用,剂量准确,起效快,是近年来用于气雾免疫及治疗呼吸道疾病等的新剂型。

(3)固体剂型:以固体为分散介质。

①散剂:将一种或多种药物粉碎后均匀混合而成的干燥粉末状剂型供内服或外用,是广泛使用的一种药物剂型。药物经过研磨成粉末状,可掺合在饲料或溶于水中喂给动物,其特点是制法简单、在体内易分散、起效快、适于服用,不宜服用丸、片等剂型时可改服散剂。用于溃疡病、外伤流血等可起到保护黏膜、吸收分泌物

及促进凝血的作用。散剂不含液体,故相对比较稳定。缺点是药物粉碎后表面积增大,故其气味、刺激性、吸湿性及化学活动性等亦相应地增加。散剂具有较大的表面积、溶出速度快、便于贮藏、容易运输和使用方便,在临床上应用很广泛。

②可溶性粉剂:也称饮水剂,是由一种或几种药物与助溶剂、助悬剂等辅料组成的可溶性粉末,主要以混饮方式给药,使用时加水溶解或混悬,使药物分散均匀,供动物饮用。可溶粉同时具备于散剂和溶液剂的优点,但受药物溶解度及工艺要求的限制,一些药物不能制成可溶粉。

③预混剂:指一种或几种药物与适宜的基质(如淀粉、麸皮、玉米芯粉、碳酸钙粉等)均匀混合制成供添加于饲料中用的药物饲料添加剂。

④片剂:指一种或几种药物与适宜的辅料通过制剂技术制成的扁平或上下面略有凸起的圆片剂型或呈三角形、椭圆形片状的制剂,主要供内服,如土霉素片、维生素 C 片等。片剂剂量准确、质量稳定、服用方便,适宜于个体给药;缺点为某些片剂溶出速率及生物利用度差。

⑤颗粒剂:指药物与赋形剂混合制成的干燥小颗粒状物,如甲磺酸培氟沙星颗粒等,主要用于内服、混饮等。

(4)半固体剂型

①软膏剂:将药物与适宜的基质混合,制成易于涂布的一种外用半固体剂型,一般具有滋润皮肤和收敛、消炎防腐等局部作用,有的兽用软膏剂也内服使用,如盐酸环丙沙星口服膏。

②浸膏剂:将药材的浸出液浓缩除去溶剂后的膏状或粉状的半固体或固体剂型,如甘草浸膏,除有特殊规定外,浸膏剂每 5 克相当于原生药 2~5 克。

③糊剂:与软膏剂相似,但含粉末状药物较多(25%~75%),硬度较大,多由收敛药、消炎药等加适量赋形剂组成。

兽药的剂型种类繁多,对不同的养殖情况,不同病况的鸡,必须采用不同的给药方法,采用不同剂型的制剂,才能使药物产生良好的药效又便于使用,使患病个体能接受到药物并达到预期的目的。

2. 禽用药物的剂量

药物剂量指给药时对机体产生一定反应,药量通常指防治疾病用量,因为药物要一定剂量被机体吸收后才能达到一定药物浓度,只有达到一定药物浓度才能出现药物作用。如果剂量过小体内不能获得有效浓度,药物就不能发挥其效用。但如果剂量过大超过一定限度,药物作用可出现质变对机体可能产生不同程度毒性。因此要发挥药物效果同时又要避免其不良反应,就必须严格掌握用药剂量范围。

(1)剂量

①最小效量:药物达到开始出现药效的剂量。

②极量:指安全用药极限剂量。

③治疗量(常用量):指临床常用剂量范围,它比最小效量要高又比药物极限量要低。

④最小中毒量:指药物已超过极量使机体开始出现中毒的剂量。

⑤中毒量:指大于最小中毒量使机体中毒剂量。

⑥致死量:引起机体死亡剂量。

⑦药物安全范围:药物安全范围指最小效量与极量之间的范围,安全范围广药物其安全性大,安全范围窄药物其安全性小。

(2)药物剂量表示

①剂量计量单位

克(g)或毫克(mg):固体、半固体剂型,药物常用单位。1000克=1千克,1000毫克=1克。

毫升(ml):液体剂型,药物常用单位。1000毫升=1升。

单位（U）、国际单位（IU）：某些抗生素、激素和维生素常用剂量单位。

②治疗剂量：治疗剂量包括一次量（即一次用量）、一日量（即一日内应用数次总用量）及一个治疗疗程治疗量（即持续数日、数周总用量）。

一般书籍、资料中治疗剂量多记载一次量，而一日量及一个疗程量如果没记载就必须根据药物特性、禽体特点（如日龄、品种、性别等）、机体对药物敏感程度及疾病严重程度等才能确定合理方案。

一次量常以一定剂量范围表示，如庆大霉素鸡每只一次量为6000～8000国际单位，具体应用时要考虑各方面因素从而决定其剂量低限或高限。

③个体给药剂量表示：鸡个体给药时其剂量常用"剂量/只"表示，即表示每只成禽应用药物一次量，如硫酸链霉素治疗鸡呼吸道疾病时其剂量为0.1～0.2克/只，肌注所用链霉素为粉针规格为1克/支，如用10毫升注射用水稀释，每只成禽应肌注1～2毫升方能达到剂量要求。

个体给药剂量也可用"剂量/千克体重"表示，即每千克体重需用药物剂量，如卡那霉素肌注用量为10～15毫克/千克体重，应用时要根据个体体重计算出总用药量，如给体重为2千克鸡用卡那霉素其一次肌注量应为20～30毫克。

④集约化养禽给药剂量表示：大群养禽药物剂量多用以下方法表示。

"ppm"为兆比率即百万分率，如1ppm即表示1吨（1000千克）饲料中含药1克或者表示1吨水中含药1克，也表示1千克饲料中含药1毫克或者表示1升水中含药1毫克。

"％"即百分浓度，如0.03％浓度即为1千克饲料中含药0.3克或者1000毫升水中含药0.3克，同时也可用0.3克/升水或

0.3克/千克饲料来表示。

"ppm"与"％"可以互相换算,如果将"％"换算为"ppm"应将小数点向右移 4 位数,例如:0.1％＝1000ppm,如果将 ppm 换算为％则应将小数点向左移 4 位数,例如:300ppm＝0.030％。

(二)禽药的用药方法

1. 鸡的用药特点

由于鸡的生理特点与其他动物不同。因此,要尽量避免套用家畜甚至人的临床用药经验,而应根据鸡的生理特点选用药物。

(1)鸡的生理特点:鸡的某些生理特点与选用的药物有密切的关系。

①鸡没有牙齿,舌黏膜的味觉乳头较少,所以鸡对苦味药照食不误。当鸡消化不良时,苦味健胃药不起作用,所以不宜使用苦味健胃药,而应当选用大蒜、醋酸等助消化的药物。

②鸡一般无逆呕动作,所以当鸡服药过多或其他毒物中毒时,不能采用催吐药物,而应采用嗉囊切开术排除毒物,疗效较佳。

③鸡对咸味无鉴别能力,但喜爱挑食盐颗粒,而引起食盐中毒,因此,食盐在饲料中的含量一定不能很高,并且粒度一定要细小。

④鸡的呼吸系统中,具有其他动物所没有的气囊,它能增加肺通气量,在吸气、呼气时增强肺的气体交换。同时,鸡的肺不像哺乳动物的肺那样扩张和收缩,而是气体经过肺运行,并循肺内管道进出气囊。鸡呼吸系统的这种结构特点,可促进药物增大扩散面积,从而增加药物的吸收量,故喷雾法是适用于鸡的有效给药途径之一。

⑤鸡的消化道呈酸性,而呋喃类药物在酸性消化道内效力和毒力同时增强,使鸡发生中毒,故对鸡使用呋喃类药物时要严格控制用量。

⑥鸡的胆汁呈酸性,与胃内酸性内容物一起中和了碱性的胰

液和肠液,使肠内 pH 值保持在 6 左右。

⑦鸡的蛋白质代谢产物为尿酸,故尿液的 pH 值与家畜亦有明显的区别,一般 pH 值为 5.3,在使用磺胺类药物时,应考虑禽尿液的 pH 值,如在治疗鸡传染性支气管炎、传染性法氏囊病时,应尽量避免使用损害肾脏的磺胺类和呋喃类药物,以防尿酸盐在肾脏沉积或肾衰竭。

⑧鸡无汗腺,又有丰富的羽毛,对高热十分敏感,在夏季宜使用抗热应激药物。

此外,鸡的生长期短,肉鸡只有 40~50 天,当大群用药时,应注意药物的残留问题,为此,要根据各种药物的特性,制定必要的停药时间。

(2)鸡对药物的敏感性:鸡对某些药物有很高的敏感性,应用时必须慎重。如雏鸡对磺胺类药物特别敏感,以 0.5% 浓度混饲 7 天,就会引起雏鸡脾脏贫血、坏死;鸡对氯化钠等也很敏感,因此,在使用上述药物时应特别小心,防止中毒。

2. 鸡给药的方法

根据药物的特性和给药病鸡的病情及生理特性,选用不同的给药方法。因此,掌握合理、正确的给药方法和技术,对于提高药物的吸收速度、利用程度,药效出现的时间及维持时间等都有重要的作用。临床上给药方法分群体给药法、个体给药法和种蛋用药法三类。

(1)群体给药法

①饮水给药法:是目前养禽场常用的方法之一,即将药物溶于饮水中,给禽饮用。适用于短期投药、紧急治疗投药和病禽已不吃料,但还能饮水等情况。所用药物必须溶于水,且溶解度高;饮水要求清洁、不含杂质;饮水给药时应事先停水 2~4 小时,以便禽尽量在短时间内(一般要求在半小时内)饮完,以免药物效果下降;还要注意药物的浓度,应严格按药物使用浓度要求配制,避免浓度过

高或过低。药物溶于饮水时,也应由小量逐渐扩大到大量,尤其不能流动的水。

②拌料给药法:也是目前养禽场常用的给药方法之一,适用于不溶于水的药物或加入饮水中使适口性变差或影响药效的药物以及需要长期连续投服的药物。拌料给药时,应注意病禽不吃料或采食很少的情况下,不宜使用拌料法给药;药物与饲料必须搅拌均匀;要掌握饲料中合适的药物浓度;要注意饲料中添加剂与药物的关系,以减轻药物的副作用。

③气雾、药浴、喷洒、熏蒸给药法:此法主要杀灭体外寄生虫或体外微生物,也可用于带禽消毒。使用时应选择对禽的呼吸道无刺激性且又能够溶解于禽呼吸道分泌物中的药物,喷雾的雾滴大小要适当,一般为 50～100 毫米;将药液喷洒到鸡体、窝巢、栖架上时应均匀;药物剂量也应选择适合的浓度,避免药物对禽和工作人员带来毒性;用熏蒸法杀灭体外微生物时,要注意熏蒸时间,用药后要及时通风。

(2)个体给药法

①口服法:将药物的片剂或胶囊直接投入鸡的食道上端,或用带有软塑料管(或橡皮管)的注射器把药物经口注入鸡的嗉囊内。这种方法通常适用于驱除体内寄生虫及对小群鸡或者对隔离病鸡的个体治疗。也适合于某些弱雏在 1 日龄时用此法经口注入微量元素、维生素及葡萄糖混合剂,此法虽然费时费力,但药物剂量准确,如投药及时,有良好的效果。

②肌内或皮下注射法:肌内注射部位多选择胸肌和腿部外侧肌肉。肌内注射的优点是吸收速度快,药效迅速,可以提高一些全身性急性传染病的疗效。如为刺激性的药物,应采用深层肌内注射。油乳剂疫苗或注射药液量较多时,适用于皮下注射。注射时,要有人将被注射禽保定,注射局部要注意消毒和更换针头。

③静脉注射法:此法适用于急性严重病例,某些刺激性药物及

高渗溶液必须用此法。缺点是要求注射技术较高,注入速度较慢。其方法是将禽仰卧,拉开一翅,在翅膀中部羽毛较少的凹陷处,有一条静脉经过,为翼根静脉和翼下静脉。注射时先在局部用酒精棉球消毒,左手压住静脉根部,使血管充血后变粗,然后,将针头刺入静脉内,见有血回流,即放开左手,将药液缓缓注入。

(3)种蛋用药法

①浸泡法:首先将种蛋表面洗净,然后将种蛋浸入一定浓度的药液中,浸泡3～5分钟即可。此法主要杀灭蛋壳表面的微生物。

②熏蒸法:将经过洗涤或喷雾消毒的种蛋放入罩内、室内或孵化器内,然后,关闭室内门窗或孵化器的进出气孔,用福尔马林熏蒸消毒,熏蒸半小时后,方可进行孵化。

③照射法:常用紫外线照射消毒,将种蛋平放,紫外线光源离种蛋高40厘米,照射1分钟,然后将种蛋翻转,再照射1分钟。

3. 保健饲料添加剂的应用

饲料添加剂是指向配合饲料中添加的各种微量有效成分,对鸡有调节代谢,促进生长、改善消化吸收、提高饲料利用率等作用,改善畜禽产品的质量等,成为利学养禽、提高生产效率的重要手段,所以越来越多的添加剂应用于养禽业中。但是,如果添加剂使用不当,也会带来不良的后果,某些添加剂的用量过大或长期使用,能引起急性或慢性中毒。有的药物添加剂能残留在禽肉或禽蛋中,影响其食用价值。为了正确地使用添加剂,必须对各种添加剂必须要全面的了解,才能做到合理的使用。

(1)药物添加剂

①抗生素添加剂:目前,作为药物添加剂使用的抗生素的种类繁多,常用的有土霉素、金霉素、泰乐霉素、林可霉素等。

②化学药物添加剂:主要有磺胺类药物、氯化胆碱等,它们都有抗菌、消炎、驱虫及促进生长、提高饲料利用率等作用。

③酶制剂，国内常用的酶制剂有胰酶、胃蛋白酶、淀粉酶、糖化酶、纤维素分解酶等。国外进口的有细胞酶、福美多、快大肥、使大肥素、保增乐等。

④镇静剂，如利血平(每千克饲料添加 2 毫克)、氯丙嗪(每千克饲料添加 500 毫克)、琥珀酸盐(饲料添加量为 1%，如应激状态严重时可增加到 2%～3%)。

(2)微生物添加剂：微生物饲料添加剂的种类很多，主要是一些芽孢杆菌、乳酸杆菌、双歧杆菌等。目前，市场上销售的促菌生、益生素、康大宝等，可以长期使用，也可阶段性使用。

(3)营养添加剂：营养添加剂是一类常用的添加剂，主要成分是氨基酸、维生素、微量元素等营养物质。通常在鸡的饲料中添加的氨基酸是植物性饲料中最缺乏的必需氨基酸—蛋氨酸和赖氨酸，特别是蛋氨酸。维生素类添加剂主要有多种维生素、金维他、科恒多维、生物素等。微量元素添加剂主要有铜、钴、锰、锌、铁、碘、钼等。

(4)防霉添加剂：在饲料贮藏、运输过程中做好防湿、防潮、防高温的同时，在饲料中添加防霉的添加剂是行之有效的措施。目前，市场上供应的饲料防霉剂有丙酸(露保细)及其盐类、安亦妥、脱氢醋酸钠、山梨酸、苯甲酸、克霉宝等。

最近，国际上已不再推荐用单一药物抗霉的方法，而主张改用广谱药物或复合药剂抗霉，如用丙酸、焦木酸、富马酸和山梨酸等复合制剂，此种复合制剂不会引起霉菌的生物型改变，安全可靠，也经济方便。

(5)抗氧化添加剂：迄今为止，已知可作抗氧化剂的化合物有30 多种，如羟丁基苯醚、山道喹、五倍子酸酯、丙基五倍子酸盐、抗坏血酸及其酯、生育酚等，其中具有经济实用意义的仅是前三种。抗氧化剂一般只在饲料长途运输或长期贮存时才用，平时可以不用，因对鸡的肠胃和消化有所影响。

此外,市场上还有生理调控型添加剂(如 F89)等。

4. 药品保管方法

(1)保管方法

①一般药品都应按兽药规范中该药"贮藏"项下的规定条件,因地制宜地贮存与保管。

密闭:指将容器密闭,防止灰尘和异物进入,如玻璃瓶、纸袋等。

密封:指将容器密封,防止风化、吸潮、挥发或者异物进入,如带紧密玻璃塞或木塞的玻璃瓶、软膏管等。

熔封或严封:指将容器熔封或以适宜材料严封,防止空气、水分侵入和防止污染,如玻璃安瓿等。

遮光:指用不透光的容器包装,例如棕色容器或用黑纸包裹的无色玻璃容器及其他适宜容器。

干燥处:指相对湿度在 75% 以下的通风干燥处。

阴凉处:指温度不超过 20℃。

凉暗处:指避光并温度不超过 20℃。

凉处:指温度 2~10℃。

②根据药品的性质、剂型,并结合具体情况,采取"分区分类,货物编号"的方法妥善保管。堆放时,要注意兽药与人药分区存放;外用药与内服药分别存放;杀虫药、杀鼠药与内服药、外用药远离存放;外用药与内服药及名称易混淆的药均分别存放。

③建立药品保管账,经常检查,定期盘点,保证账目与药品相符。

④药品库应经常检查清洁卫生,并采取有效措施,防止生霉、虫蛀和鼠咬。

⑤加强防火等安全措施,确保人员与药品的安全。

(2)药品的有效期

①有些稳定性较差的药品,在贮存过程中,药效有可能降低,

毒性可能有增高,有的甚至不能药用,为了保证用药安全有效,对这类药品必须在有效期内用完。

②对有效期的产品,严格按照规定的贮存条件进行保存,要做到近期先出,近期先用。

(3)购买注意事项

①兽药包装必须贴有标签,注明"兽用"字样并附有说明书。标签或者说明书上必须注明商标,兽药名称、规格、企业名称、产品批号和批准文号,写明兽药的主要成分、作用、用途、用量、有效期和注意事项等。

②兽药出厂时,必须附有产品质量检验合格证,无合格证的不要购买。

第二章 鸡传染病的防治

传染病是养殖业危害最严重的一类疾病,它不仅造成大批鸡只死亡,而且某些传染病还能给人类健康带来严重威胁。因此,必须正确诊断并采取适当措施,有效地防控传染病。

第一节 传染病的发病特点及预防

一、感染与传染病

病原微生物侵入动物机体,并在一定的部位定居、生长繁殖,从而引起机体一系列病理反应,这个过程称为感染。感染以后具有一定的潜伏期和临床表现,并具有传染性的疾病,称为传染病。传染病的表现虽然多种多样,但亦具有一些共同特性,根据这些特性可与其他非传染病相区别。

1. 特异的致病性微生物存在

传染病是在一定环境条件下由病原微生物与机体相互作用所引起的。

2. 传染病具有传染性和流行性

从患传染病的病禽体内排出的病原微生物,侵入另一有易感性的健禽体内,引起同样症状的疾病,就是传染病与非传染病相区别的一个重要特征。当一定的环境条件适宜时,在一定时间内,某一地区易感动物群中可能有许多动物被感染,致使传染病蔓延散播,形成流行。

3. 被感染的机体发生特异性反应

在传染发展过程中由于病原微生物的抗原刺激作用,机体发生免疫生物学的改变,产生特异性抗体和变态反应等,这种改变可以用血清学方法等特异性反应检查出来。

4. 具有特征性的临床表现

大多数传染病都具有该种病特征性的综合症状和一定的潜伏期和病程经过。

二、传染病病程的发展阶段

传染病的病程发展过程在大多数情况下具有严格的规律性,大致可以分为潜伏期、前驱期、发病期、恢复期 4 个阶段。

1. 潜伏期

由病原体侵入机体并进行繁殖时起,直到疾病的临床症状开始出现为止,这段时间称为潜伏期。例如鸡新城疫潜伏期 3～5 天,最短 2 天,最长 15 天。潜伏期中的动物可能是传染源。

2. 前驱期

前驱期是疾病的征兆阶段,特点是临床症状开始表现出来,如体温升高、食欲减退、精神异常等。

3. 发病期

前驱期之后,疾病的特征性症状逐步明显地表现出来,是疾病发展到高峰的阶段。很多有代表性的特征性症状相继出现,在诊断上比较容易识别。

4. 恢复期

如果病原体的致病性能增强,或动物体的抵抗力较差,则传染过程以动物死亡为结果。如果动物体的抵抗力得到改进和增强,则机体便逐步恢复健康,表现为临床症状逐渐消退,体内的病理变化逐渐减弱,正常的生理机能逐步恢复。在病后一定时间内还有排菌(毒)现象存在,但最后病原体可被消灭清除。

三、传染病的传播和流行

1. 传染病流行过程

传染病的蔓延流行,必须具备传染源、传播途径和易感动物三个基本环节。其中缺少任何一个环节,传染病都不可能流行和传播,只有同时存在并相互联系时,才会造成传染病的蔓延。因此,了解和掌握传染病流行过程的基本条件及其影响因素,有助于制定正确的防疫措施,控制疾病的发生和传播。

(1)传染源:一般来说多是病禽和无临床病症表现的带菌(毒)禽,以及一些带菌(毒)的鸟、鼠等。

(2)易感动物:是对某种传染病缺乏抵抗力(免疫力)的群体。

(3)传播途径:病原体由传染源排出后,经一定的方式再侵入其他易感动物所经的途径为传播途径。从传播方式上,它可分为直接接触和间接接触两种。了解传染病传播途径的目的在于切断病原体的继续传播,防止易感动物受到感染。

①病(死)禽传播:在没有任何外界因素的参与下,病原体通过被感染的病(死)禽与易感动物直接接触而引起的传播。

②卵源传播:由蛋传播,如鸡白痢、禽伤寒、禽大肠杆菌病、鸡毒支原体病、禽白血病、病毒性肝炎、减蛋综合征等。

③孵化室传播:主要发生在雏鸡开始啄壳至出壳期间,这时雏鸡开始呼吸,接触周围环境,就会加速附着在蛋壳碎屑和绒毛中病原体的传播。通过这一途径传播的疾病有曲霉菌病、沙门菌病等。

④经空气(飞沫、尘埃)传播:由空气传播,如败血支原体病、传染性支气管炎、传染性喉气管炎、新城疫、禽流感、禽霍乱、传染性鼻炎、马立克病、大肠杆菌病等。

⑤饲料、饮水和设备、用具的传播:病禽的分泌物、排泄物可直接进入饲料和饮水中,也可通过被污染的储存和运输工具、设备、

场所及人员而间接进入饲料和饮水中,鸡摄入被污染的饲料和饮水而导致疾病传播。

⑥垫料、粪便和羽毛的传播:病鸡粪便中含有大量病原体,病鸡使用过的垫料常被含有病原体的粪便、分泌物和排泄物污染,如不及时清除和更换这些垫料并严格消毒鸡舍,极易导致疾病传播。鸡马立克病病毒存在于病鸡羽毛中,如果对这种羽毛处理不当,可以成为该病的重要传播因素。

⑦混群传播:某些病原体往往不使成年鸡发病,但它们仍然是带菌、带毒和带虫者,具有很强的传染性。如果将后备鸡群或新购入的鸡群与成年鸡群混合饲养,会造成许多传染病暴发流行。由健康带菌、带毒和带虫的家禽而传播的疾病有白痢沙门菌病、支原体病、禽霍乱、传染性鼻炎、传染性支气管炎、传染性喉气管炎、马立克病、球虫病、组织滴虫病等。

⑧其他动物和人的传播:自然界中的一些动物和昆虫,如狗、猫、鼠、各种飞禽、蚊、蝇、蚂蚁、甲壳虫、蚯蚓等都是鸡传染病的活体媒介。人常在鸡病的传播中起着很大的作用,当经常接触鸡群的人所穿的衣服、鞋袜以及他们的体表和手被病原体污染后,如不彻底消毒,就会把病原体带到健康鸡舍而引起发病。

2. 流行的规律性

(1)流行过程的表现形式:根据一定时间内发病率的高低和传染范围大小(即流行强度)可将动物群体中疾病的表现分为散发性、地方流行性、流行性、大流行四种表现形式。几种流行形式之间的界限是相对的,并且不是固定不变的。

①散发性:病例零星地散在发生,各病例在发病时间、发病地点没有明显的关系。

②地方流行性:在一个较长时间内,发病数量较多,但局限于一定的地区。

③流行性:发病数量较多,病原毒力较强、有多种传播方式、动

物易感性较高。

④大流行:是一种规模非常大的流行,流行范围可扩大至全国,甚至可涉及几个国家或整个大陆。

(2)流行过程的季节性:某些传染病经常发生于一定的季节,或在一定的季节出现发病率显著上升的现象,称为流行过程的季节性。

(3)流行过程的周期性:某些传染病经过一定间隔时期可以再度发生流行。

四、传染病的诊断要点

1. 病毒病诊断要点

(1)样品采集:无菌操作取患病或死亡具有特征性病变的肝、脾、肾、脑等组织或器官。病料经处理后无菌的上清液作为病毒接种材料,每胚绒尿腔或绒尿膜 0.1～0.2 毫升,于 37～38℃继续孵育,照蛋,24 小时后死亡胚放 4℃冰箱冷却后收获绒尿液或膜。

(2)禽胚接种:必须根据不同禽病毒性传染病对禽胚种类的要求不同,即适应性不同,选用禽胚及接种部位。

(3)诊断方法:诊断病毒通常采用较易进行的方法,有 HA 和 HI 试验、中和试验、琼扩试验等检验方法。

2. 细菌病诊断

(1)样品采集:用无菌程序取患病或死亡具有特征性病变的肝、脾、脑、血液等病料。

(2)分离培养:必须根据不同细菌对培养基不同的要求选用培养基。将病料直接接种于相关培养基,于 37℃培养 24～72 小时,挑取可疑菌落接种于相同斜面培养基作为纯种传代及生化、血清学、毒素等鉴定用。

(3)血清学鉴定。

3. 曲霉菌病诊断

(1)样品采集:无菌程序取患病或死亡禽具特异性霉菌病变结节或坏死性脑组织等病料。

(2)分离培养:将病料接种于培养基 28℃左右培养 48～72 小时。

(3)鉴定:根据菌落的颜色、表面、质地、边缘、高度以及培养基颜色的变化、渗出物、气味和在显微镜下观察菌丝、子实体的形态、孢子等方法鉴定。必要时用雏鸡和雏鸭作动物感染试验。

五、传染病的预防措施

家禽的传染病传播速度快,死亡率高,病初症状难以发现,易造成禽群大量死亡,是禽类养殖的大敌。从发病季节看,暴发的禽类传染病一般发生在初冬或早春,控制这些传染病最有效的方法就是提前预防。

1. 场址的选择和布局控制

鸡场的选址要远离公路主干道、居民区,但交通应便利。选址应建立在地势较高、干燥,便于排水,通风,水源充足,水质良好,供电有保障的地方。应与其他畜禽场、屠宰及加工厂、垃圾站距离1000 米以上。鸡场周围应有围墙或隔离带,场内生活区与生产区应分开,生产区根据规模及需要划分成若干个小区,各小区的排布不能在同一风向上。各生产区应设置各自的净道和污道。各小区应设置独立的病死鸡处理池及鸡粪发酵池或储存池。

2. 引进无传染病的种鸡

养殖户或饲养场应从种源可靠的无病鸡场引进种蛋或幼雏。因为有些传染病感染雌鸡是通过受精蛋或病原体污染的蛋壳传染给新孵出的后代,这些孵出的带菌雏或弱雏在不良环境污染等应激因素影响下,很容易发病或死亡。因此,选择无病原的种蛋或幼雏是提高幼雏成活率的重要因素。从外地或外场引进青年鸡作为种用时,必须先要了解当地的疫情,在确认无传染病和寄生虫病流行的健康鸡群引种,千万不能将发病场或发病群,或是刚刚病愈的鸡群引入。引进后的鸡先经隔离饲养,不能立即混入健康鸡群,隔离20天后,无任何异常方可入群。防止病原体带入鸡场或鸡群。有条件的饲养场或养殖户最好坚持自繁自养。

3. 加强责任心和防疫意识

常常留意察看鸡群生长发育和饮食状况,加强饲养治理,坚持"预防为主,治疗为辅"的饲养原则,察看鸡群的精神表现、呼吸、饮食、粪便、羽毛等状况。鸡群一旦发生传染性疫病,要尽早治疗,及时上报,严格封闭,严防疫病扩散蔓延。

4. 加强饲养治理,降低疫病的发生率

疫病的发生,大多是由于饲养治理不善或防疫制度不严造成的。因此,在饲养治理上必须采取严格措施,保证合理的饲养密度,禽舍要保持干燥,空气清新,光照适合,留意季节天气的变化做好冬季御寒,保暖和夏季防暑工作。尽量减少应激反应的发生。

饲喂合理的全价饲料,保证饲料优质不霉变,以满足鸡只生长发育和生产的需要,舍内备有充足、清洁的饮水,确保水槽不断水。

5. 消毒控制

应用化学消毒剂进行消毒是鸡场使用最广泛的一种方法。化学消毒剂的种类很多,如氢氧化钠(钾)、石灰、高锰酸钾、漂白粉、次氯酸钠、乳酸、酒精、碘酊、紫药水、煤酚皂溶液、新洁尔灭、福尔马林、苯酚、过氧乙酸、百毒杀、威力碘等多种化学药品都可以作为化学消毒剂,而消毒的效果如何,则取决于消毒剂的种类、药液的浓度、作用的时间和病原体的抵抗力以及所处的环境和性质,因此在选择时,可根据消毒剂的作用特点,选用对该病原体杀灭力强,又不损害消毒的物体、毒性小、易溶于水,在消毒的环境中比较稳定以及价廉易得和使用方便的化学消毒剂,有计划地对鸡生活的环境和用具等进行消毒。

(1)消毒的先后顺序：鸡场消毒要先净道(运送饲料等的道路)、后污道(清粪车行驶的道路)，先后备鸡场区、后蛋鸡场区，先种鸡场区、后育肥鸡场区，各鸡舍内的消毒桶严禁混用。

(2)消毒方法

①人员消毒：鸡场尤其是种鸡场或具有适度规模的鸡场，在饲养区出入口处应设紫外线消毒间或消毒池。鸡场的工作人员和饲养人员在进入饲养区前，必须在消毒间更换工作衣、鞋、帽，穿戴整齐后，进行紫外线消毒 10 分钟，再经消毒池进入鸡场饲养区内。育雏舍和育成舍门前出入口也应设消毒槽，门内放置消毒缸(盆)。饲养员在饲喂前，先将洗干净的双手放在盛有消毒液的消毒缸(盆)内浸泡消毒几分钟。

消毒池和消毒槽内的消毒液，常用 2% 火碱水或 20% 石灰乳以及其他消毒剂配成的消毒液。浸泡双手的消毒液通常用 0.1% 新洁尔灭或 0.05% 百毒杀溶液。鸡场通往各鸡舍的道路也要每天用消毒药剂进行喷洒。各鸡舍应结合具体情况采用定期消毒和临时性消毒措施。鸡舍的用具必须固定在饲养人员各自管理的鸡舍内，不准相互通用，同时，饲养人员也不能相互串舍。

除此以外，鸡场应谢绝参观。外来人员和非生产人员不得随意进入饲养区，场外车辆及用具等也不允许随意进入鸡场，凡进入饲养区内的车辆和人员及其用具等必须进行严格地消毒，以杜绝外来的病原体带入场内。

②鸡舍和环境的消毒：由于鸡舍和环境消毒达不到要求致使鸡传染病时有报道，造成重大损失的现象已屡见不鲜。一些饲养户只重视治疗和疫苗接种而忽视消毒作用的情况更为普遍。实际上，做好鸡舍和环境的消毒，可极大地减少传染病发生的机会，提高成活率，减少治疗药物的费用，从而提高经济效益。

鸡舍和环境消毒应按下列程序进行：

Ⅰ.清扫：将鸡舍顶部和棚上的尘埃扫落。

Ⅱ.清粪：把舍内外的鸡粪全部清除。

Ⅲ.洒水：将四周、地面等全部洒上水，让剩余鸡粪等吸水膨胀，以便冲洗。

Ⅳ.冲洗：最好用高压水龙头从鸡舍顶部往下逐一冲洗，尤其是死角、裂缝的鸡粪、尘埃要彻底冲洗干净，冲洗越干净，消毒效果越好。

Ⅴ.首次消毒：可用2％的烧碱喷洒地面、墙壁四周、鸡棚及耐腐蚀的工具等，或者用农福等消毒剂喷洒整幢鸡舍及附属物、工具。作用时间6～12小时。

Ⅵ.二次冲洗：用干净水将消毒液和残存的鸡粪、尘埃冲洗干净。

Ⅶ.二次消毒：如鸡舍可关闭，可采用福尔马林熏蒸，每立方米空间用福尔马林28毫升、高锰酸钾14克，熏蒸4～8小时。如开放式鸡舍，可喷洒其他消毒药。

Ⅷ.空闲：鸡舍消毒后应空闲10天以上，舍内用具可经阳光直射，舍外环境可施生石灰粉。

如果在鸡舍曾发生过鸡新城疫、传染性喉气管炎、传染性法氏囊病等，应做到3次冲洗，间隔3次采用不同消毒剂消毒。最后一次消毒最好采用福尔马林熏蒸，才能保证消毒效果。

③饮水消毒：水对鸡生产具有重要作用，但同时水又是鸡疫病发生的重要媒介，而且这一点往往被忽视。一些鸡场的疫病反复发生，得不到有效的控制，往往与水源受到病原微生物的不断污染有重大关系，特别是那些通过肠道感染的细菌性疾病，鸡群投服抗菌药物，疫病得到基本的控制，停止使用药物后，疫病又重新发生，虽然不一定是大群体发病，但可能每天都有一些病例出现，高于正常死亡率，出现这种情况时，要十分注意鸡群的饮水卫生条件，有

无病原菌的存在和含量多少。

饮水消毒剂常用漂白粉、抗毒威、高锰酸钾、百毒杀、过氧乙酸等。注意使用疫(菌)苗前后 3 天禁用消毒水,以免影响免疫效果;高锰酸钾宜现配现饮,久置会失效;消毒药应按规定的浓度配入水中,浓度过高或过低,会影响消毒效果;饮水中只能放一种消毒药。

④带鸡消毒:由于现阶段规模化鸡生产只能是一幢鸡舍的全进全出,而不是一个鸡场的全进全出,因此,几乎所有鸡场内都不可避免地存在大量的病原微生物,并且在不同鸡舍之间、不同鸡群之间反复交替传播,特别是种鸡的饲养周期长,虽然采取了许多有效的综合防疫措施,但鸡的一些传染病仍时有发生或小范围流行,每天的死亡率虽不高,但累积饲养全期的死亡率却不低,造成生产的较大损失和疫病的难于控制。

有时鸡群感染和发生了某种传染病,从生产和经济角度考虑,除了采取疫苗接种等措施以外,就必须减少鸡群周围环境中病原微生物的含量。

通过多年的养鸡生产实践,人们找到了在鸡舍饲养鸡群条件下,采用气雾方法喷洒某些种类消毒液,将鸡群机体外表与鸡舍环境同时消毒,达到杀灭或减少病原微生物的方法,被称为鸡体消毒法。鸡体消毒法可采用新洁而灭、过氧乙酸,使用浓度为0.05%~0.2%,喷雾,每天 1~2 次。也可用百毒杀 0.05%~0.1%,或其他腐蚀性低的消毒药,直接喷雾洒在鸡身上和鸡舍空间等,连续使用。也可作为预防措施,间歇使用。

消毒时应注意事项:鸡舍勤打扫,及时清除粪便、污物及灰尘,以免降低消毒质量;喷雾消毒时,喷口不可直射鸡,药液浓度和剂量要掌握准确,喷雾程度以地面、墙壁、屋顶均匀湿润和鸡体表稍湿为宜;水温要适当,防止鸡受冻感冒;消毒前应关闭所有门窗,喷雾 15 分钟后要开窗通气,使其尽快干燥;进行育雏室消毒时,事先把室温提高 3~4℃,免得因喷雾降温而使幼雏挤压致死;各类消毒剂交替使用,每月轮换1次;鸡群接种弱毒苗前后3天内停止喷雾消毒,以免降低免疫效果。

⑤空鸡舍的清洁消毒:鸡场空舍期的工作主要是通过对鸡舍内外环境及设备的清洗、消毒和维护,以清除鸡舍及设备上的病原微生物,切断各种病原微生物的传播链,确保上一群鸡不对下一群鸡造成健康和生产性能上的影响,保证设备正常运行。

鸡舍的清理、冲刷及消毒工作是一项复杂的系统工程,在鸡出栏前,要制定一个科学合理的清理、冲刷及消毒程序。根据任务的期限、人员的数量、工具的特性等科学、合理地安排整个清理、冲刷及消毒过程,所以检查者应从不同的角度去考虑检查的切入点。

Ⅰ.设备的移出:所有可移动的设备和设施,如饮水器、料槽、料桶、可拆卸的料线、产蛋箱、隔栏门、隔栏网、供暖设备、各项工具等,应从鸡舍内移出,并放在舍外的混凝土地面上,绝对不允许鸡舍不宜移动的设备移到鸡舍外,同时,将鸡舍剩余药品回收入库,并进行熏蒸消毒。

拆走或防护好温控器、温度计、电压调节器、风机、电机、刮粪机电机、电灯泡、加药器、喷雾管喷头、配电盘等不宜或不能冲洗消毒的物品,由专人进行除尘维护保养、冲刷防护以及熏蒸消毒等,并放入指定的库房隔离保管。

Ⅱ.鸡舍、设备灰尘、粪便的清理:所有的灰尘、碎屑和蜘蛛网必须从鸡舍内各处清扫掉,最好用扫帚扫掉或吹风机吹。

清除鸡舍内所有的粪便、垫料、碎屑、料槽内的剩料等,移出到粪场并要防护好,以免污染场区;每清完一栋鸡舍都要安排人员铲刮板条、鸡笼上、鸡舍边角以及其他表面所积累的粪便,并将该栋残留的鸡粪认真清扫干净。粪场里的粪便和垫料应在冲刷前全部处理掉。

Ⅲ.冲刷:必须首先断开鸡舍内所有电器设备的开关,使用高压水枪冲刷,浸泡残留在鸡舍和设备上的灰尘和碎屑,浸泡好后,用高压水枪冲刷,在冲刷过程中,应迅速把鸡舍内剩余的水排净。应特别注意鸡舍内屋梁的顶部、墙壁、粪池内外侧墙壁、粪池地面、板条、供暖设备、下水道及口、风机框、百叶窗、风机轴、风机扇叶、各种支架、水管、喷雾管的冲刷。

移到鸡舍外的部分设备也必须浸泡和冲刷,无法进行的可擦拭消毒,在设备冲刷干净后,尽可能在有遮盖物的条件下储存。

鸡舍外面也必须冲刷干净并注意进气口、暖风机房、工作间、饲料间、排水沟、水泥路面等部分的冲刷。

场区粪场的冲刷标准必须和鸡舍的一样。凡在场区的所有附属设施,如办公室、餐厅、伙房、宿舍、洗衣房、浴室、厕所、蛋库、料库、锅炉房、车棚、熏蒸间、熏蒸箱等,都要彻底冲刷干净,同时,还应将各个地方的地漏、沉淀池等清理干净。

鸡舍清理、冲刷的质量直接影响消毒质量,检查人员应仔细、全面的观察,不能放掉任何一个细节、一个疑点(可使用手提灯入舍进行检查)。

Ⅳ.消毒:消毒液的种类与剂量的使用应根据药品说明进行选择,完成正确的消毒操作,并留有记录,整个消毒过程应根据消毒液的特性对设备进行一定的防护,避免对设备的损坏。

参考消毒过程:冲刷后的鸡舍首先用 2%～3% 的火碱液喷洒→自然干燥→清水冲洗→常用消毒剂交替喷雾消毒,每次间隔1～2天,待上次消毒液干燥后再喷下一次消毒液→封舍后 10% 的甲醛溶液喷雾消毒(温度控制在15℃以上,24～48 小时)→烟熏剂熏蒸 24～48 小时,整个消毒程序大约需要 10～12 天。

注意:消毒应该在整栋鸡舍彻底冲刷干净和维修完成后才能进行,消毒剂对污垢和有机物无效。检查鸡舍密封情况是否良好,场区附属设施是否根据要求进行消毒。

Ⅴ.场区、鸡舍的维修:干净的场区、空鸡舍为场区的改造、建筑结构的维修提供了理想的时机,场区一旦空置,应及时根据上批鸡工作不当之处进行改造、维修。

应注意场区改造项目是否合理,是否符合场区操作的各项要求如生物安全制度要求,对鸡舍改造的同时一定进行密封的维修,如用混凝土或水泥修补地面上的裂缝,修补墙体的勾缝和粉刷的水泥层,修复或替换已损坏的墙体和屋顶,确保鸡舍所有的门都能关严。

Ⅵ. 设备的安装和调试:安装并调试因冲洗需要而拆卸的设备和其他短时间使用设备,如温控器、电压调节器、风机、电机、电灯泡、加药器、育雏伞等。仔细观察各种设备是否已完成维护、保养并进行彻底消毒,安装是否正确,同时数目是否准确等。

6. 预防接种

疫苗就是病原微生物经过杀灭或减弱对鸡的致病作用以后制成的生物制品,疫苗作为一种抗原物质,其抗原性与它所要预防的病原微生物的抗原性是相同或相近似的,当它进入鸡的机体后,就会刺激鸡体内的防御体系,产生抗体或 B 细胞,激活淋巴细胞的功能,在同类型病原微生物侵入鸡的机体时,就会受到抗体和免疫细胞的破坏,保持机体的健康正常,不受病原微生物的侵害。因此,疫苗能起预防作用。

应当十分明确的是疫苗不是药物,而是生物制品,疫苗不能起治疗作用,只能起预防作用。

(1)预防接种的方法:疫苗接种可分注射、饮水、滴鼻滴眼、气雾和穿刺法,根据疫苗的种类,鸡的日龄、健康情况等选择最适当的方法。

①注射法:此法需要对每只鸡进行保定,使用连续注射器可按照疫苗规定数量进行肌内或皮下注射,此法虽然有免疫效果准确的一面,但也有捉鸡费力和产生应激等缺点。注射时,除应注意准确的注射剂量外,还应注意质量,如注射时应经常摇动疫苗液使其均匀。注射用具要做好预先消毒工作,尤其注射针头要准备充分,

每群每舍都要更换针头,健康鸡群先注,弱鸡最后注射。注射法包括皮下注射和肌内注射两种方法。

Ⅰ.皮下注射:用大拇指和食指捏住鸡颈中线的皮肤向上提拉,使形成一个囊。入针方向,应自头部插向体部,并确保针头插入皮下,即可按下注射器推管将药液注入皮下。

Ⅱ.肌内注射:对鸡作肌内注射,有三个方法可以选择:第一,翼根内侧肌内注射,大鸡将一侧翅向外移动,露出翼根内侧肌肉即可注射。幼雏可左手握成鸡体,用食指、中指夹住一侧翅翼,用拇指将头部轻压,右手握注射器注入该部肌肉中。第二,胸肌注射,注射部位应选择在胸肌中部(即龙骨近旁),针头应沿胸肌方向并与胸肌平面成45°角向斜前端刺入,不可太深,防止刺入胸腔。第三,腿部肌内注射,因大腿内侧神经、血管丰富,容易刺伤。以选大腿外侧为好,这样可避免伤及血管、神经引起跛行。

②饮水免疫法:将弱毒苗加入饮水中进行免疫接种。饮水免疫往往不能产生足够的免疫力,不能抵御毒力较强的毒株引起的疾病流行。

为获得较好的免疫效果,应注意饮水免疫前 2 天、后 5 天不能饮用任何消毒药;饮疫苗前停止饮水 4~6 小时,夏季最好夜间停水,清晨饮水免疫;稀释疫苗的水最好用蒸馏水,应不含有任何使疫苗灭活的物质;疫苗饮水中可加入 0.1% 脱脂乳粉或 2% 牛奶(煮后晾凉去皮);疫苗用量要增加,通常为注射量的 2~3 倍;饮水器具要干净,并不残留洗涤剂或消毒药等;疫苗饮水应避免日光直射,并要求在疫苗稀释后 2~3 小时内饮完;饮水器的数量要充足,保证 3/4 以上的鸡能同时饮水;饮水器不宜用金属制品,可采用陶瓷、玻璃或塑料容器。

③滴鼻滴眼法:通过结膜或呼吸道黏膜而使药物进入鸡体内的方法,常用于幼雏免疫。按规定稀释好的疫苗充分摇匀后,再把加倍稀释的同一疫苗,用滴管或专用疫苗滴注器在每只幼雏的一

侧眼膜或鼻孔内滴1～2滴。滴鼻可用固定幼雏手的食指堵着非滴注的鼻孔,加速疫苗吸入。滴眼时,要待疫苗扩散后才能放开幼雏。

④气雾免疫法:对呼吸道疾病的免疫效果很理想,简便有效,可进行大群免疫。对呼吸道有亲嗜性的新城疫Ⅱ、Ⅲ、Ⅳ系弱毒疫苗和传染性气管炎强毒疫苗等效果特好。

Ⅰ.选择专用喷雾器,并根据需要调整雾滴。

Ⅱ.配疫苗用量,一般1000羽所需水量200～300毫升,也可根据经验调整用量。

Ⅲ.平养鸡可集中一角喷雾,可把鸡舍分成两半,中间放一栅栏,幼雏通过时喷雾,也可接种人员在鸡群中间来回走动,至少来回2次。

Ⅳ.喷雾时操作者可距离鸡2～3米,喷头和鸡保持1米左右的距离,成45°角,距离鸡头上方50厘米,使雾粒刚好落在鸡的头部。

Ⅴ.气雾免疫应注意的问题:所用疫苗必须是高效价的,并且为倍量;稀释液要用蒸馏水或去离子水,最好加0.1%脱脂乳粉或明胶;喷雾时应关闭鸡舍门窗,减少空气流通,避开直射阳光,待全舍喷完后20分钟方可打开门窗;降低鸡舍亮度,操作时力求轻巧,减少对鸡群的干扰,最好在夜间进行;为防止继发呼吸道病,可于免疫前后在饮水、饲料中加抗菌药物。

⑤刺种法:刺种的部位在鸡翅膀内侧皮下。在鸡翅膀内侧皮下,选羽毛稀少,血管少的部位,按规定剂量将疫苗稀释后,用洁净的疫苗接种针蘸取疫苗,在翅下刺种。

⑥滴肛或擦肛法:适用于传染性喉气管炎强毒性疫苗接种。接种时,使鸡的肛门向上,翻出肛门黏膜,将按规定稀释好的疫苗滴1滴,或用棉签或接种刷蘸取疫苗刷3～5下,接种后应出现特殊的炎症反应。9天后即产生免疫力。

(2)参考免疫程序

①蛋鸡的免疫程序

1日龄:预防马立克病,用马立克病双价苗。使用方法为颈部皮下注射0.2毫升。用单价苗或发病严重鸡场,可用2次免疫方法,即在10日龄重复免疫1次,可明显降低发病率。

7日龄:预防新城疫,用Ⅳ系苗。使用方法为滴鼻。

11日龄:预防传染性支气管炎,用传染性支气管炎H120。使用方法为滴口、滴鼻。

14日龄:预防法氏囊炎,用中毒株疫苗(法倍灵)。使用方法为滴口。

18日龄:预防传染性支气管炎,用呼吸型、肾型、腺胃型传染性支气管炎油乳剂灭活苗0.3毫升。使用方法为肌内注射。

22日龄:预防法氏囊炎,用中毒株法氏囊炎疫苗(法倍灵)。使用方法为饮水给予。

27日龄:预防新城疫、鸡痘,同时用活疫苗与灭活苗。使用方法是新城疫活苗2头份饮水,新城疫油乳剂苗0.2毫升肌内注射。在接种新城疫苗同时,用鸡痘苗于翅膀下穿刺接种。

50日龄:预防传染性喉气管炎(没有发生的鸡场不用)用鸡传染性喉气管炎活疫苗。使用方法为滴鼻、滴口、滴眼。

60日龄:预防新城疫、传染性支气管炎,用新城疫—传染性支气管炎油乳剂灭活苗(小二联)0.5毫升。使用方法为肌内注射。

90日龄:预防大肠杆菌病,用鸡大肠杆菌灭活苗1毫升。使用方法为肌内注射。

120日龄:预防新城疫、鸡传染性支气管炎、减蛋综合征,用新城疫-传染性支气管炎-减蛋综合征油乳剂灭活苗(大三联)0.5毫升。使用方法为肌内注射。

②种鸡的免疫程序

1日龄:用火鸡疱疹病毒冻干疫苗,按瓶签头份加大20%的剂量,用马立克疫苗稀释液稀释,每羽刚出壳的雏鸡颈部皮下注射0.2毫升。

3 日龄:鸡新城疫和传染性支气管炎二联疫苗,按头份稀释后每只鸡滴眼或滴鼻 1～2 滴。

8 日龄:用小鸡新城疫灭活油佐剂苗,按头份进行颈部皮下注射。

13 日龄:鸡传染性法氏囊病疫苗按头份以生理盐水稀释,颈部皮下注射。

17 日龄:鸡痘化弱毒冻干疫苗,用生理盐水 200 倍稀释,钢笔尖(经消毒)蘸取疫苗,于鸡翅内侧无血管处皮下刺种一针。

20 日龄:鸡新城疫Ⅱ系(Lasota 毒株),按头份的 3 倍量于干净饮水稀释后,1 小时内饮完疫苗。

25 日龄:鸡传染性喉气管炎弱毒疫苗,按头份稀释后,每只鸡单侧滴眼或滴鼻 1 滴(切勿双侧滴,否则易造成鸡双眼失明)。

29 日龄:鸡新城疫Ⅰ系,生理盐水按头份稀释,每只肌内注射0.5～1.0毫升。

45 日龄:禽出败细菌荚膜疫苗,按生产厂商说明使用。

50 日龄:鸡传染性支气管炎疫苗 H52,生理盐水 10 倍稀释,每只鸡滴眼或滴鼻 1 滴。

65 日龄:鸡新城疫Ⅰ系,生理盐水按头份稀释,每只鸡注射1毫升。

105 日龄:禽脑脊髓炎、鸡新城疫联苗翼膜刺种。

150 日龄:新城疫＋传染性支气管炎＋传染性法氏囊病三联油佐剂苗,按使用说明肌内注射。

155 日龄:减蛋综合征油佐剂疫苗,按使用说明肌内注射。

200 日龄以后,根据抗体监测结果,适时再次用鸡新城疫Ⅱ系疫苗口服。

③肉鸡的免疫程序

1 日龄:用鸡马立克病毒冻干苗(火鸡疱疹病毒苗),按瓶签头份,用马立克疫苗稀释液稀释,出壳 24 小时内的雏鸡每羽颈部皮下注射 0.2 毫升。

5 日龄:鸡新城疫Ⅱ系疫苗,用生理盐水 10 倍稀释,每只雏鸡滴鼻和滴眼 1 滴(0.03~0.04 毫升)。

7 日龄:用鸡传染性支气管炎 H120 疫苗,生理盐水 10 倍稀释,每只鸡滴眼或滴鼻 1 滴。也可以按瓶签头份,每只鸡饮水量以 3~5 毫升计算,用干净饮水稀释后,在 1 小时内饮完。

10 日龄:用鸡传染性法氏囊病疫苗,按头份用生理盐水稀释,每只鸡颈部皮下或肌内注射 0.5 毫升。

20 日龄:用生理盐水 500 倍稀释(1000 头份),每只鸡肌内注射鸡新城疫Ⅰ系弱毒疫苗 0.5 毫升。

25~30 日龄:用鸡传染性喉气管炎弱毒疫苗,生理盐水 10 倍稀释,每只鸡单侧滴鼻 1 滴(切忌双侧滴鼻或眼)。

35~40 日龄:接种鸡传染性支气管炎 H50 疫苗,用生理盐水 10 倍稀释,每只眼 1 滴。

45 日龄:用鸡新城疫Ⅱ系,以 3 倍量饮水免疫。

(3)疫苗在使用过程中应注意的事项:疫苗作为生物制品,稳定性很差,各种理化因素等影响都易造成疫苗效价的下降,因此,在疫苗的贮存和使用过程中,需要严格的保护条件和适当的方法。否则,疫苗就可能失效,造成重大损失。因疫苗效价下降或失效使免疫失败,鸡群暴发严重的疫病而造成重大经济损失的情况已屡见不鲜。

疫苗在贮藏和使用过程中应注意以下事项:

①使用时要详细了解该种疫苗的免疫对象、免疫力、安全性、免疫期、接种方法、本疫苗制品的特性等。

②使用时要详细了解疫苗的运输和保存时的条件,凡接触过

高温、长时间的阳光照射,均不能使用。

③在疫苗的保存期间应按生产厂商的说明保存在适当的温度,特别要注意因停电造成保存温度的短时、反复间歇性上升。

④应在规定的有效期内使用,过期的疫苗不能使用。

⑤疫苗运输时必须放在装有冰块的保温容器内,尽量缩短运输的时间,运输时应避免阳光直射和剧烈震荡。

⑥疫苗在使用前要仔细检查,发现疫苗瓶破裂,瓶盖松开、没有或瓶签不清,内容物混有杂质,变色等异常性状时不能使用。

⑦应按生产厂商指定的稀释液进行稀释,并充分摇匀,稀释液用量要准确,保证稀释后的疫苗浓度。否则,接种给鸡只的疫苗量就会太多或不足,造成免疫效果低下。

⑧免疫用具须经煮沸消毒 15～20 分钟,注射针头最好每百只鸡换一支。

⑨接种时应尽量保证进入每只鸡体内的疫苗均达到最小免疫量,克服因操作失误而出现的接种疫苗量不足或无接种现象。

⑩疫苗稀释后应在规定的时间内接种完,尽可能缩短从稀释到进入鸡体的时间。稀释后的疫苗要放置在适宜的条件下,稀释后超期限或用不完的疫苗要废弃。

⑪如果疫苗采用饮服或气雾免疫接种方法时,应使用清洁干净的饮用水,水中不含任何消毒剂或其他化学药品,盛水的容器应清洁干净,无消毒剂或杂物残留。水的 pH 值最好为中性。饮服疫苗前,鸡群应限制饮水 1～2 小时,同时投放含疫苗的饮水,且饮水器充足,在 1 小时内保证每只鸡都有充足的饮水机会,并将含疫苗的饮水食完。

7. 药物预防

应用药物预防也是增强机体抵抗力和防治疾病的有效措施,尤其是对尚无有效疫苗可用,或免疫效果不理想的细菌病,如鸡白痢、鸡大肠杆菌病、鸡败血霉形体病和鸡球虫病等,在一定条件下采用药物预防,可收到显著的效果。

目前常见多发鸡病,以环境条件性鸡病的发生越来越多,如大肠杆菌病、鸡败血霉形体病等,在某些地区、某些鸡场,已成为威胁养鸡业发展的主要疫病。防治这些疫病的发生一方面需要加强饲养管理,另一方面药物防治也是必不可少的。

(1)蛋鸡的药物预防参考程序

①1～30日龄小鸡:主要预防脐炎、鸡白痢、大肠杆菌病、呼吸道病、肠毒综合征、球虫病。

1～3日龄:预防脐炎、鸡白痢、大肠杆菌病、非典病毒类病超前感染。用头孢沙星饮水。

4～10日龄:预防脐炎、鸡白痢、大肠杆菌病。用禽用立竿见影饮水。

11～30日龄:预防球虫病。用百球清饮水,如果出现较严重黄便,则用强效球毙妥饮水。

②30～70日龄小、中鸡:30～70日龄小、中鸡阶段不采用连续用药,而是环境因素、应激因素、个别患病情况适当用药。主要预防大肠杆菌病、肠毒综合征、小肠球虫病、呼吸道病。

Ⅰ.下雨天:预防大肠杆菌病、小肠球虫病。上午禽用立竿见影饮水,下午用强效球毙妥饮水。

Ⅱ.气温骤然下降:预防呼吸道病。用美支原饮水。

Ⅲ.暑天:预防中暑。每天中午最热时,用藿香正气水或十滴水饮水2小时。

Ⅳ.应激因素:更换饲料,预防大肠杆菌病。禽用立竿见影饮水。

③70～120日龄中、大鸡:主要预防大肠杆菌病、呼吸道病、体内寄生虫、体表寄生虫。70～120日龄中大鸡阶段不采用连续用药,而是环境因素、应激因素、个别患病情况适当用药。其方案参照30～70日龄小、中鸡方案,但不再预防球虫病,增加预防体表

(内)寄生虫,在预防肠道病和呼吸道病时可以采用土霉素。

Ⅰ.90日龄左右:预防防体内寄生虫,在早晨用丙硫咪唑或左旋咪唑拌料少量1次喂服,1000克鸡用量1片丙硫咪唑,7天后再体内驱虫1次。

Ⅱ.100日龄左右:预防体表寄生虫,在中午气温较高(阳光充足)时,用灭虱精或除癞灵对鸡深部喷雾。方法是将药水按比例稀释装入小喷雾器,一人戴长胶手套抓鸡,一只手从鸡肛门处到鸡头部逆毛刮起,一人拿喷雾器顺着逆毛从后向前喷雾,要求药水必须达到毛根处,喷雾完成后,将所有鸡应赶出外面晒干羽毛。7天以后再进行1次体表驱虫。

④120日龄以后产蛋种鸡:120日龄以后产蛋种鸡主要预防大肠杆菌病、鸡白痢、输卵管炎肠道寄生虫病、营养性缺乏症。120日龄以后产蛋种鸡阶段不采用连续用药,而是环境因素、应激因素、个别患病情况适当用药。其方案与70~120日龄中、大鸡方案在用药方面略有不同。

Ⅰ.每隔15天预防1次输卵管炎。用卵管康泰饮水。

Ⅱ.防止营养性缺乏:补维生素是每3天补充用电解多维饮水,每天投喂1次青绿饲草;补钙、磷是多加入一些黄豆大的沙砾,或加入煤炭,让鸡自由采食。补氨基酸是增加炒黄豆或豆粕、鱼粉等蛋白质饲料的比例。

Ⅲ.下雨天:预防大肠杆菌病、鸡白痢,用硫酸黏杆菌素饮水。

Ⅳ.气温下降:预防呼吸道病,用强力霉素饮水。

Ⅴ.暑天:预防中暑,用维生素C饮水,严重的鸡用仁丹灌服。

(2)肉鸡的药物预防参考程序

①1~10天:重点防控沙门菌(雏鸡白痢、伤寒、副伤寒),大肠杆菌、球虫病等。主要措施是提高雏鸡免疫力,调节肠道菌群平衡,增强食欲,抗应激,防脱水,促生长。

②10~30天:重点防控球虫病、支原体病、大肠杆菌病、肠毒

综合征、传染性法氏囊病等。

③30～出栏：重点防控大肠杆菌、呼吸道病、新城疫及混合感染。

(3)药物预防应注意的问题：疫苗免疫主要预防烈性传染病，药物预防仅是疫苗免疫预防的补充和配合，药物预防必须防止对疫苗免疫的干扰。因此，在药物预防过程中，必须与疫苗免疫时间间隔3天以上，至少疫苗免疫的前一天、当天、后一天不能用药物（切记），在这3天过程中，可以用电解多维饮水，从而减少应激，补充维生素。

①不能有"药物万能"的思想：鸡病主要有病毒病、细菌病、寄生虫病和营养代谢性疾病。其中病毒性疾病种类多，危害大，且至今仍未有特效治疗药，主要靠做好免疫接种和消毒加以预防，所以，在鸡病防治上不能有药物万能的思想，鸡病的防治应当以预防为主。消毒和隔离是控制传染源和切断传播途径的有效措施，搞好免疫接种和加强饲养管理，可以减少易感鸡群。因此，应根据本地区或本场疫情发生和流行的具体情况，制定相应的免疫程序；制定行之有效的防疫制度和措施，搞好环境卫生。只有在管理上下工夫，鸡场方可减少疫病发生。

②准确诊断是合理用药的关键：鸡场一旦发生疫病，一定要在第一时间内尽可能采取各种诊断手段进行确诊，包括详细了解本地区的疫病流行动态和本场的鸡群健康状况，饲料和饮水消耗量等。对病死鸡应尽量多解剖，不要剖检一、两只就下结论，以免误诊；解剖死鸡或送检死鸡一定要注意消毒，防止病源扩散。疾病诊断力求快速准确，这样才能有的放矢，合理用药，收到理想效果。

③选用药物应遵循安全高效、方便经济的原则：不管是预防还是治疗，安全高效、方便经济都是选药时必须遵循的原则。因此，选购药物时，务必选用正规药厂生产的各类文字标记齐全并相符的产品，如批号、有效成分及含量、生产日期、有效期、性状、适应

证、用法、用量、安全性、副作用及处理办法、生产厂家、商标等。药物不分贵贱,疗效好的就是好药,有些病不一定要用最新的药,尤其是不一定要用价格昂贵的进口药。也就是说应选用高效、价廉、副作用小、购买方便且来源稳定的药物。

④注意药物预防的阶段性:某些疾病具有特定的易感日龄、发病季节或环境条件,根据这种规律应有针对性地用药,从而收到事半功倍的理想效果。例如,防雏鸡白痢应于1周龄内开始;防鸡球虫病应于3周龄以前投药;气候变化大的季节应注意预防霉形体病和大肠杆菌感染;转群或接种疫苗前2~3天应喂服维生素类及抗应激药物等。

⑤注意药物预防的时效性:用药时机至关重要,疾病在萌芽状态感染初期用药通常效果较好,若出现明显临床症状或形成流行后再用药则往往效果欠佳。为此,要求饲养者随时掌握鸡群健康动态,在发现异常显示感染迹象时及时用药。专家提倡对某些常见病、多发病的预防,应早期用药。

⑥注意药物的配伍:当病情危急病因不清时(如严重败血症或单一药物不能控制的混合感染或已产生耐药菌),必须选用联合用药,即两种或两种以上药物同时使用。有协同作用的药物联合应用,既能提高抗菌能力和药物治疗效果,又能降低药物使用剂量,减少副作用。但必须注意到,如果有拮抗作用的药物配伍使用时,药物之间会因发生反应而使各自的药理性质或理化性质发生变化,这必然造成药效降低或丢失,甚至发生毒副作用。

⑦注意掌握药物的剂量和疗程:使用药品必须严格按照说明书要求,包括用法、用量、疗程等。有人认为,多数药品的治疗量与致死量、中毒量之间有一定差距,有时增加用量也不至于产生明显的副作用,这种认识应予纠正。如果不是兽医根据病情有目的加量的话,最好不要盲目超量用药和长期用药。不少药物药品名虽异,但有效成分相同,使用时务必查清,以防止隐性超量。规模养

鸡常采用拌料或饮水方式投药,用于拌料的药物必须是细粉末状并分级预混;饮水中掺药应充分混匀,以防止沉淀或漂浮。因拌料或饮水中掺药不匀、浓度不一而引发的中毒病例屡见不鲜。

另外,疗程亦不是越长越好,一般以 3～5 天为 1 个疗程,连用1～2 个疗程为宜。

⑧采取正确的用药途径:药物的使用一般可用饮水、拌料和注射等方法。饮水给药是最好的途径,但在用药前 2～4 小时应停止给水,并适当增加饮水器。药物的稀释水量应以保证所有鸡只均能在短时间内饮到并饮完为好,饮完药液后再补给清水。不溶或难溶于水或苦味的药物可用拌料给药,但必须混合均匀,以免造成吃不到药而无效或药物过量中毒。拌料的方法可采用逐步稀释法,即先用少量的粉料将药物稀释扩大,然后,逐步加入一定量的颗粒料混合均匀,最后,再全部混合到颗粒饲料中充分拌匀。如有必要,可洒少量的水使药物黏附到饲料颗粒上。注射给药时,应注意用具和注射部位的消毒,注射部位要准,不能将针头刺进胸膜腔,以免伤及心脏和肝脏造成内出血死亡。

⑨注意轮换用药:长期使用同一种抗菌药,常常会导致病原菌对该药产生耐药性。为了防止出现此种情况,应采用协同用药或改用其他药物。某些慢性病或寄生虫病如鸡球虫病,需要较长时间给药时,应有计划地定期交替轮换用药,但轮换用药也不能太频繁,起码要有 1～2 个疗程后方可考虑换药。

⑩注意药物残留问题:多数药物在体内停留 6～10 小时,然后排泄体外。少数药物会发生蓄积中毒。因此,用此类药物治疗鸡病时,先用完 1 个疗程后,如需继续用药,应停药数天后方可进行第 2 个疗程。

在人们崇尚环保食物的今天,药物在鸡肉或鸡蛋中的残留越来越受到关注,其残留量是否超标不仅关系到人们的身体健康,也直接影响其市场销售价格。因此,用药必须选用无残留或应尽量选用残留时间短的药物,肉鸡上市前 7 天应停用一切药物。

8. 粉尘的控制

鸡舍内粉尘主要来源于鸡的皮肤、羽毛以及咳嗽、鸣叫时产生的飞沫。但平养和笼养鸡舍的粉尘来源又有所不同,平养鸡舍的垫草也可以产生大量的粉尘。一般鸡舍空气中总粉尘浓度约为4.20 毫克/立方米,粉尘会对呼吸道产生刺激并引起发炎,而附着在粉尘上的大量病原微生物又是传播扩散疫病的载体。因此,不断呼入呼吸道的粉尘就能够持续不断地将病原微生物载入发炎区域,这是引起免疫和药物预防失败的环境主因之一。

粉尘控制措施,除合理调节舍内气流速度外,还包括以下方面:

(1)搞好场区绿化:包括道路两侧、鸡舍周围,应将种草、植树等结合起来,减少裸地。

(2)清扫地面之前应适量洒水。

(3)使用粉状料时,原料粉碎不宜太细,加料速度不宜太快。

(4)保持适宜的饲养密度。

(5)搞好垫料管理,如保持垫料适宜的湿度,减少垫料中的粉尘。

9. 有害气体的控制

(1)鸡舍中有害气体的种类:鸡舍中有害气体主要有氨气、硫化氢、二氧化碳、一氧化碳和甲烷等,这些有害气体给鸡的健康和生产性能造成了严重的危害。

(2)有害气体的消除措施

①消除臭味:据试验,在鸡日粮中添加 1%~2% 的木炭粉,可使粪便干燥,臭味降低;添加 2%~5% 的沸石粉,可减少粪便含水量及臭味,并有利于提高饲料利用率。

②搞好通风换气:冬季既要注意防寒保温,又要适当通风换气。用燃煤进行保温时,切忌长时间紧闭门窗,以防止通风不良。

加温炉必须有通向室外的排烟管,使用时检查排烟管是否连接紧密和畅通。用福尔马林熏蒸消毒鸡舍时,要严格掌握剂量和时间,熏蒸结束后及时换气,待刺激性气味减轻后再转入鸡群。

③控制鸡舍的湿度:舍内湿度过大时,可定时开窗使空气流通,或在地面放些大块的生石灰吸收空气中水分,待石灰潮湿后立即清除,也可用煤渣作垫料,吸附舍内有毒有害气体。

④净化鸡舍环境

Ⅰ.吸附法:利用木炭、活性炭、煤渣和生石灰等具有吸附作用的物质吸附空气中的臭气。方法是将木炭装入网袋悬挂在鸡舍内或在地面上适当撒一些活性炭、煤渣、生石灰等。

Ⅱ.垫料除臭法:每平方米地面用0.5千克硫磺拌入垫料铺垫地面,可抑制粪便中氨气的产生和散发,降低鸡舍空气中氨气含量,减少臭味。

Ⅲ.化学除臭法:在鸡舍内地面上撒一层过磷酸钙,可减少粪便中氨气散发,降低鸡舍臭味。具体方法是按每50只鸡活动地面均匀撒上过磷酸钙350克。另外,将4%的硫酸铜和适量熟石灰混在垫料中,也降低鸡舍空气臭味。

10. 鸡粪的无害化处理

鸡粪中的微生物和寄生虫是疾病病原,一般鸡粪要堆积处理。鸡粪堆积封闭后产生的热量使粪堆内温度高达80℃左右,从而杀死病原微生物和寄生虫虫卵。方法是在离鸡舍较远的地方挖土坑,坑底垫少许干草,填满鸡粪后用泥浆涂抹,时间一般1~2个月。

11. 鸡尸体的处理

在鸡生长过程中,由于各种原因使鸡死亡的情况时有发生。在正常情况下,鸡的死亡率每月为1%~2%。这些死鸡若不加处理或处理不当,尸体能很快分解腐败,散发臭气。特别应该注意的是患传染病死亡的鸡,其病原微生物会污染大气、水源和土壤,造成疾病的传播与蔓延。因此,必须正确而及时地处理死鸡。

(1)高温处理法:将鸡尸放入特设的高温锅(5 个大气压、150℃)内熬煮,达到彻底消毒的目的。鸡场也可用普通大锅,经100℃的高温熬煮处理。此法可保留一部分有价值的产品,使死鸡饲料化,但要注意熬煮的温度和时间必须达到消毒的要求。

(2)土埋法:这是利用土壤的自净作用使死鸡无害化。此法虽简单但并不理想,因其无害化过程很缓慢,某些病原微生物能长期生存,条件掌握不好就会污染土壤和地下水,造成二次污染,因此,对土质的要求是决不能选用砂质土。采用土埋法必须遵守卫生防疫要求,即尸坑应远离畜禽场、畜鸡舍、居民点和水源,地势要高燥;掩埋深度不小于 2 米;必要时尸坑内四周应用水泥板等不透水材料砌严;鸡尸四周应洒上消毒药剂;尸坑四周最好设栅栏并作上标记。较大的尸坑盖板上还可预留几个孔道,套上 PVC 管,以便不断向坑内投放鸡尸。

(3)堆肥法:鸡尸因体积较小,可以与粪便的堆肥处理同时进行,这是一种需氧性堆肥法。死鸡与鸡粪进行混合堆肥处理时,一般按 1 份(重量)死鸡配 2 份鸡粪和 0.1 份秸秆的比例较为合适,这些成分要按一定规律分层码放。在发酵室的水泥地面上,先铺上 30 厘米厚的鸡粪,然后,加上一层厚约 20 厘米厚的秸秆,再按死鸡、鸡粪、秸秆的规律逐层堆放,死鸡层还要加适量的水,最后要在顶部加上双层鸡粪。堆肥前,有时还要把鸡尸再分成小块,以便在堆制过程中更加彻底地得到分解。需要注意的是,因患传染病死亡的鸡尸一般不用此法处理,以保证防疫上的安全。

12. 污水的控制处理

养鸡场所排放的污水,主要来自清粪和冲洗鸡舍后的排放粪水。

(1)污水的物理处理法:主要利用物理作用,将污水中的有机物、悬浮物、油类及其他固体物质分离出来。

①过滤法：过滤主要是污水通过具有孔隙的过滤装置以达到使污水变得澄清的过程。这是鸡场污水处理工艺流程中必不可少的部分。常用的简单设备有格栅或网筛。鸡场过滤污水采用的格栅由一组平行钢条组成，略斜放于污水通过的渠道中，用以清除粗大漂浮和悬浮物质，如饲料袋、塑料袋、羽毛、垫草等，以免堵塞后续设备的孔洞、闸门和管道。

②沉淀法：主要利用污水中部分悬浮固体密度大于水的原理使其在重力作用下自然下沉并与污水分离的方法，这是污水处理中应用最广的方法之一。沉淀法可用于在沉沙池中去除杂粒；在一次沉淀池中去除有机悬浮物和其他固体物；在二次沉淀池中去除生物处理产生的生物污泥；在化学絮凝法后去除絮凝体；在污泥浓缩池中分离污泥中的水分，使污泥得到浓缩。

③固液分离法：这是将污水中的固性物与液体分离的方法。可以使用固液分离机。目前常见的分离机有旋转筛压榨分离机和带压轮刷筛式分离机，其他的还有离心机、挤压式分离机等。

(2)污水的化学处理法：利用化学反应的作用使污水中的污染物质发生化学变化而改变其性质，最后将其除去。

①絮凝沉淀法：这是污水处理的一种重要方法。污水中含有的胶体物质、细微悬浮物质和乳化油等，可以采用该法进行处理。常用的絮凝剂有无机的明矾、硫酸铝、三氯化铁、硫酸亚铁等，有机高分子絮凝剂有十二烷基苯磺酸钠、羧甲基纤维素钠、聚丙烯酰胺、水溶性脲醛树脂等。在使用这些絮凝剂时还常用一些助凝剂，如无机酸或碱、漂白粉、膨润土、酸性白土、活性硅酸和高岭土等。

②化学消毒法：鸡场的污水中含有多种微生物和寄生虫卵，若鸡群暴发传染病时，所排放的污水中就可能含有病原微生物。因此，采用化学消毒的方式来处理污水就十分必要。经过物理、生物法处理后的污水再进行加药消毒，可以回收用作冲洗圈栏及一些用具，节约了鸡场的用水量。目前用于污水消毒的消毒剂有液氯、

次氯酸、臭氧和紫外线等,以氯化消毒法最为方便有效,经济实用。

13. 鼠虫的控制

(1)灭鼠:鼠是人、畜多种传染病的传播媒介,鼠还盗食饲料和鸡蛋,咬死雏鸡,咬坏物品,污染饲料和饮水,危害极大,因此,鸡场必须做好灭鼠工作。

①防止鼠类进入建筑物:鼠类多从墙基、天棚、瓦顶等处窜入室内,在设计施工时,墙基最好用水泥制成,碎石和砖砌的墙基,应用灰浆抹缝。墙面应平直光滑,防鼠沿粗糙墙面攀登。砌缝不严的空心墙体,易使鼠隐匿营巢,要填补抹平。为防止鼠类爬上屋顶,可将墙角处做成圆弧形。墙体上部与大棚衔接处应砌实,不留空隙。用砖、石铺设的地面,应衔接紧密并用水泥灰浆填缝。各种管道周围要用水泥填平。通气孔、地脚窗、排水沟(粪尿沟)出口均应安装孔径小于1厘米的铁丝网,以防鼠类窜入。

②器械灭鼠:器械灭鼠方法简单易行,效果可靠,对人、畜无害。灭鼠器械种类繁多,主要有夹、关、压、卡、翻、扣、淹、黏等。近年来还采用电灭鼠和超声波灭鼠等方法。

③化学灭鼠:化学灭鼠效率高、使用方便、成本低、见效快,缺点是能引起人、畜中毒,有些鼠对药剂有选择性、拒食性和耐药性。所以,使用时需选好药剂和注意使用方法,以保证安全有效。灭鼠药剂种类很多,主要有灭鼠剂、熏蒸剂、烟剂、化学绝育剂等。鸡场的鼠类以孵化室、饲料库、鸡舍最多,是灭鼠的重点场所。饲料库可用熏蒸剂毒杀。养殖场所投放毒饵时,机械化养鸡场,因实行笼养,只要防止毒饵混入饲料中即可。在采用全进全出制的生产程序时,可结合舍内消毒时一并进行。鼠尸应及时清理,以防被畜误食而发生二次中毒。选用鼠长期吃惯了的食物作饵料,突然投放,饵料充足,分布广泛,以保证灭鼠的效果。

(2)灭昆虫:鸡场易孳生蚊、蝇等有害昆虫,骚扰人、畜和传播疾病,给人、畜健康带来危害,应采取综合措施杀灭。

①环境卫生:搞好鸡场环境卫生,保持环境清洁、干燥,是杀灭蚊蝇的基本措施。蚊虫需在水中产卵、孵化和发育,蝇蛆也需在潮湿的环境及粪便等废弃物中生长。因此,填平无用的污水池、土坑、水沟和洼地。保持排水系统畅通,对阴沟、沟渠等定期疏通,勿使污水储积。对贮水池等容器加盖,以防蚊蝇飞入产卵。对不能清除或加盖的防火贮水器,在蚊蝇孳生季节,应定期换水。永久性水体(如鱼塘、池塘等),蚊虫多孳生在水浅而有植被的边缘区域,修整边岸,加大坡度和填充浅塘,能有效地防止蚊虫孳生。鸡舍内的粪便应定时清除,并及时处理,贮粪池应加盖并保持四周环境的清洁。

②化学杀灭:化学杀灭是使用天然或合成的毒物,以不同的剂型(粉剂、乳剂、油剂、水悬剂、颗粒剂、缓释剂等),通过不同途径(胃毒、触杀、熏杀、内吸等),毒杀或驱逐蚊蝇。化学杀虫法具有使用方便、见效快等优点,是当前杀灭蚊蝇的较好方法。常用的化学杀虫药有马拉硫磷、敌敌畏、合成拟菊酯、烟熏宝、蝇灭等。

14. 垫料处理

在鸡生产过程中,采用平养方式需使用垫料,所用垫料多为锯木屑、稻草或其他秸秆。一般使用的规律是冬季多垫,夏季少垫或不垫。一个生产周期结束后,清除的垫料实际上是鸡粪与垫料的混合物。

(1)窖贮或堆贮:雏鸡粪和垫料的混合物可以单独窖贮。为了使发酵作用良好,混合物的含水量应调至40%。混合物在堆贮的第4~8天,堆温达到最高峰(可杀死多种致病菌),保持若干天后,堆温逐渐下降与气温平衡。经过窖贮或堆贮后的鸡粪与垫料混合物可以饲喂牛、羊等反刍动物。

(2)生产沼气:使用粪便垫料混合物作沼气原料,由于其中已含有较多的垫草(主要是一些植物组织),碳氮比较为合适,作为沼气原料使用起来十分方便。

（3）直接还田用作肥料：锯木屑、稻草或其他秸秆在使用前是碎料者可直接还田。

第二节　传染病的治疗

一、禽流感

禽流感又称欧洲鸡瘟或真性鸡瘟（应注意与新城疫病毒引起的亚洲鸡瘟相区别），是由 A 型禽流感病毒引起的一种急性、高度接触性和致病性传染病。该病毒不仅血清型多，而且自然界中带毒动物多、毒株易变异，为禽流感病的防治增加了难度。

鸡发生高致病性禽流感具有疫病传播快、发病致死率高、生产危害大的特点，被列为一类烈性传染病。近几年来，全世界多次流行较大规模的高致病性禽流感，不仅对养禽业构成了极大威胁，而且属于 A 型流感病毒的某些强致病毒株，也能引起人的感染，因此这一疾病引起了国内外的高度重视。

1. 发病特点

一般发病主要集中在 11 月份至翌年 5 月份左右，多数发病日龄主要以刚开产至 300 日龄以内的鸡群高发。

（1）病毒主要通过水平传播，其他多种途径也可传播，如消化道、呼吸道、眼结膜及皮肤损伤等途径传播，呼吸道、消化道是感染的最主要途径。

（2）各种年龄、品种和性别的鸡群均可感染发病，以产蛋鸡易发。一年四季均可发生，但多暴发于 11 月份至翌年 5 月份，大风对此病传播有促进作用。

（3）发病率和死亡率受多种因素影响，既与鸡的种类及易感性有关，又与毒株的毒力有关，还与年龄、性别、环境因素、饲养条件及并发病有关。

(4)疫苗效果不确定。疫苗毒株血清型多，与野毒株不一致，免疫抑制病的普遍存在，免疫应答差，并发感染严重及疫苗的质量问题等使疫苗效果不确定。

(5)临床症状复杂。混合感染、并发感染，导致病重、诊断困难、影响愈后。

2. 临床症状

鸡发生禽流感的发病率和死亡率与感染毒株的毒力有关，同时还与鸡的日龄、性别、环境因素、饲养状况及疾病并发情况有关。

流感病毒可分型为非致病性、低致病性和高致病性毒株，受感染鸡的临床表现很不一致。具有 H5 或 H7 亚型的禽流感病毒感染，往往伴有较高的死亡率。

发病前期鸡群在其他情况正常的情况下，有一个发热的过程，主要表现鸡冠、颜面发红，火红颜色(正常颜色为粉红)。发热症状持续 3～4 天后，雏鸡和育成鸡多表现为慢性呼吸道病、腹泻、消瘦、伴有少量死亡。高产蛋鸡最易感，表现精神沉郁，吃食减少，蛋壳质量下降，软蛋、薄皮蛋增多，产蛋量明显下降(一般会从高峰下降到 30％～40％)。呼吸道症状可见有咳嗽、打喷嚏、尖叫、啰音，甚至呼吸困难。病鸡伏卧不起，羽毛松乱，头和颜面部水肿，部分鸡产生鸡冠倒冠、冠尖发紫萎缩。粪便主要以黄白色稀粪为主，个别夹杂绿色稀粪。

3. 病理变化

蛋鸡发生高致病性禽流感，其病理剖检可见气管黏膜充血、水肿，气管中有多量浆液性或干酪样渗出物。气囊壁增厚，混浊，有时见有纤维素性或干酪样渗出物。消化道表现为嗉囊中积有大量液体，腺胃壁水肿、乳头肿胀、出血、肠道黏膜为卡他性出血性炎症。卵泡变形，表面凹凸不平，输卵管黏膜潮红、内有条状灰白色干酪样渗出物，后期萎缩，腺胃黏膜小片出血，肌胃角质膜下有时有出血斑；胰脏表面有点状坏死出血、边缘有出血线。心肌、心冠脂肪出血,伴发腹膜炎。

4. 诊断

根据禽流感的流行情况、症状和剖检变化可做出初步诊断,但要确诊需做病原分离鉴定和血清学试验。血清学检查是诊断禽流感的特异性方法。

5. 治疗

(1)如发生中、低致病力禽流感时,每天可用过氧乙酸、次氯酸钠等消毒剂 1～2 次带鸡消毒并使用药物进行治疗,如每 100 千克饲料拌病毒唑 10～20 克,或每 100 千克水兑 8～10 克连续用药 4～5 天;或用金刚,每袋兑水 500 升,连用 3～5 天;或混感速治,每瓶溶于 150 升水中,集中给药,连用 3～5 天;或金毒克,每瓶溶于 150 升水中,集中给药,连用 3～5 天;或诺鑫隆,每袋兑水 2500 千克混饮,连用 3～5 天。为控制继发感染,用 50～100 毫克/千克的恩诺沙星饮水 4～5 天;或强效阿莫西林 8～10 克/100 千克水连用 4～5 天,或强力霉素 8～10 克/100 千克水连用 5～6 天。另外,每 100 千克水中加入维生素 C 50 克、维生素 E 15 克、糖 5000 克(特别对采食量过少的鸡群)连饮 5～7 天有利于疾病痊愈。产蛋鸡痊愈后使用增蛋高乐高、增蛋 001 等药物 4～5 周,促进输卵管的愈合,增强产蛋功能,促使产蛋上升。

(2)注意事项

①鸡新城疫和禽流感不能立即诊断或诊断不准确时,切忌用鸡新城疫疫苗紧急接种。疑似鸡新城疫和禽流感并发时,用病毒唑 50 克＋500 千克水连续饮用 3～4 天,并在水中加多溶速补液和抗菌药物,然后,依据具体情况进行鸡新城疫疫苗紧急接种。

②环境温度过低时,保持适宜的温度有利于疾病痊愈。

③病重时会出现或轻或重的肾脏肿大、红肿,可以使用治疗肾肿的中草药如肾迪康、肾爽等 3～5 天。

④蛋鸡群病愈后注意观察淘汰低产鸡,减少饲料消耗。

6. 预防

发生本病时,要严格执行封锁、隔离、消毒、焚烧发病鸡群和尸体等综合防治措施。

(1)加强对禽流感流行的综合控制措施:不从疫区或疫病流行情况不明的地区引种。控制外来人员和车辆进入养鸡场,确需进入则必须消毒;不混养家畜、鸭;保持饮水卫生;粪尿污物无害化处理(鸡粪便和垫料堆积发酵或焚烧,堆积发酵不少于20天);做好全面消毒工作。流行季节每天可用过氧乙酸、次氯酸钠等开展1～2次带鸡消毒和环境消毒,平时每2～3天带鸡消毒1次;病死禽要进行无害化处理,不能在市场流通。

(2)增强机体的抵抗力:尽可能减少鸡的应激反应,在饮水或饲料中增加维生素C和维生素E,提高鸡抗应激能力。饲料应新鲜、全价。提供适宜的温度、湿度、密度、光照;加强鸡舍通风换气,保持舍内空气新鲜;勤清粪便和打扫鸡舍及环境,保持环境清洁;做好大肠杆菌、新城疫、霉形体等病的预防工作。

(3)免疫接种:某一地区流行的禽流感只有一个血清型,接种单价疫苗是可行的,这样可有利于准确监控疫情。当发生区域不明确血清型时,可采用多价疫苗免疫。疫苗免疫后的保护期一般可达6个月,但为了保持可靠的免疫效果,通常每3个月应加强免疫1次。免疫程序为首免7日龄,新-支-流油苗(H9N2);15日龄,H5N1-4-5;20～22日龄,新-流油苗(H9N2);二免45日龄,H5N1-4-5;三免105日龄,H5N1-4-5;120日龄用新支流减(H9N2)四联油苗四免。

二、新城疫

鸡新城疫俗称"亚洲鸡瘟",是由新城疫病毒引起的一种主要侵害鸡、火鸡、野禽及观赏鸟类的高度接触传染性、致死性疾病,是目前养鸡业中危害最严重的疫病之一。

1. 发病特点

本病不分品种、年龄和性别,均可发生。主要传染源是病鸡和带毒鸡的粪便及口腔黏液,被病毒污染的饲料、饮水和尘土经消化道、呼吸道或结膜传染易感鸡是主要的传播方式。空气和饮水传播,人、器械、车辆、饲料、垫料、种蛋、幼雏、昆虫、鼠类的携带,以及带毒的鸽、麻雀的传播对本病都具有重要的流行病学意义。

本病每年深秋至次年春初均有暴发,尤其是冬季普遍流行,死亡严重。不同年龄、品种和性别的鸡均能感染,但幼雏的发病率和死亡率明显高于大龄鸡。纯种鸡比杂交鸡易感,死亡率也较高。

2. 临床症状

自然感染的潜伏期一般为3~5天。根据毒株毒力的不同和病程的长短,可分为最急性、急性和亚急性或慢性3种。

(1)最急性型:往往不见临床症状,突然倒地死亡。常常是头一天鸡群活动采食正常,第二天早晨在鸡舍发现死鸡。如不及时救治,1周后将会出现大批鸡死亡。

(2)急性型和亚急性:病初体温升高,可达44℃,食欲不振,精神委顿,羽毛松乱,眼半闭或全闭似昏睡,冠和肉髯暗红色,或黑紫色,嗉囊内充满液体及气体,口腔和鼻内分泌物增多,常有大量黏液由口流出,为了排除黏液而时时摇头,呼吸困难,喉部常发出咯咯声。粪便稀薄,呈黄绿色或黄白色,有时混有血液,味恶臭。发病2~3天后可见有较多鸡只死亡,死亡呈直线上升,有明显的死亡高峰,大约10天鸡只死亡呈缓慢下降,没有死亡的鸡常发生神经症状,翅、腿麻痹,站立不稳,头歪向一侧而嘴向上等。病程为2~6天,死亡率达90%以上。

(3)慢性型:病鸡如呈慢性经过,初期与急性相似,但不久则症状减轻,出现本病的特征性神经症状,病鸡腿、翅麻痹,尾翅低垂,跛行或站立不稳,头颈向后或向一侧扭转,常伏地旋转,动作失调,如"观星状";面部肿胀也是本型的一个特征;产蛋鸡产蛋数量迅速减少,软壳蛋数量增多,很快绝产。

3. 病理变化

病理变化与鸡群免疫状态有关,有部分免疫力鸡的症状、死亡率和病理变化与易感鸡感染新城疫病毒有显著不同。因此在一个鸡场发生疫情时,尽可能多解剖几例病死鸡,总会发现有腺胃乳头有出血点的,可做综合诊断的补充。

(1)典型新城疫:剖检可见以各处黏膜和浆膜出血,特别是腺胃乳头和贲门部出血。心包、气管、喉头、肠和肠系膜充血或出血。直肠和泄殖腔黏膜出血。卵巢坏死、出血,卵泡破裂性腹膜炎等。消化道淋巴滤泡的肿大出血和溃疡是新城疫的一个突出特征。

消化道出血病变主要分布于腺胃前部-食道移行部;腺胃后部-肌胃移行部;十二指肠起始部;十二指肠后段向前 2～3 厘米处;小肠游离部前半部第一段下 1/3 处;小肠游离部前半部第二段上 1/3 处;卵黄蒂附近处;小肠游离部后半部第一段中间部分;回肠中部(两盲肠夹合部);盲肠扁桃体,在左右回盲口各一处,枣核样隆起,出血(而不是充血),坏死。

(2)非典型新城疫:病理变化常不明显,往往看不到典型病变,常见的病变是心冠脂肪的针尖出血点,腺胃肿胀和小肠的卡他性炎症,盲肠扁桃体普遍有出血,泄殖腔也多有出血点。如若继发感染支原体或大肠杆菌,则死亡率增加,表现有气囊炎和腹膜炎等病变。

4. 诊断

当鸡群突然采食量下降,出现呼吸道症状和拉绿色稀粪,成年鸡产蛋量明显下降,应首先考虑到新城疫的可能性。通过对鸡群的仔细观察,发现呼吸道、消化道及神经症状,结合尽可能多的临床病理学剖检,如见到以消化道黏膜出血、坏死和溃疡为特征的示病性病理变化,可初步诊断为新城疫。确诊要进行病毒分离和鉴定,也可通过血清学诊断来判定。但迄今为止,血凝抑制试验仍不失为一种快速准确的传统实验室手段。

5. 治疗

鸡群一旦发生本病,首先将可疑病鸡检出焚烧或深埋,被污染的羽毛、垫草、粪便、病变内脏亦应深埋或烧毁。封锁鸡场,禁止转场或出售。立即彻底消毒环境,并给鸡群进行Ⅰ系苗加倍剂量的紧急接种;鸡场内如有雏鸡,则应严格隔离,避免感染雏鸡。

根据近几年的经验总结,推荐以下紧急接种措施。

(1)种鸡、蛋鸡、雏鸡

①新威灵2倍量+新城疫核酸A液+生理盐水0.15毫升/只混合后胸肌注射,待24小时后饮用新城疫核酸B液:新威灵为嗜肠道型毒株,接种后呼吸道症状反应轻微,并可在接种3～4天后使抗体效价得到迅速提升。新城疫核酸可快速消除新城疫症状。但A液通过饮水途径或不和疫苗联合使用时效果很差。

②Lasota点眼:在胸肌接种的同时,用Lasota点眼,使免疫更确实。

③连续饮用赐能素或富特5天:可快速诱导机体产生抗体,提高抗体效价。

④坚持带鸡喷雾消毒:疫苗接种3天后,每天用好易洁消毒液进行带鸡喷雾消毒。

⑤做好封锁隔离:要做好发病鸡舍的隔离工作,禁止发病鸡舍人员窜动,对周边鸡舍采取新城疫加强免疫接种措施,并连续饮用富特口服液。在疫病流行过后观察1个月再无新病例出现,且进行最后一次彻底消毒后才解除封锁。

(2)商品肉鸡发生非典型新城疫时,可应用抗毒灵口服液进行治疗;并针对呼吸道症状使用泰龙进行对症治疗,能取得较好的效果。

6. 预防

(1)综合防治措施:加强饲养管理,提高鸡的抗病力和对免疫的应答。严格隔离消毒,切断传播途径。大中型鸡场应执行"全进全出"制度,谢绝参观,加强检疫,防止动物进入易感鸡群,工作人员、车辆进出须经严格消毒处理。

(2)预防接种:目前,我国最常用的疫苗有鸡新城疫Ⅰ、Ⅱ、L(Lasota)系活疫苗和油乳灭活疫苗。Ⅰ系疫苗是一种中等毒力的活苗,产生免疫力快(3～4天),免疫期长,可达1年以上,但对雏鸡有一定的致病性,常用于经过弱毒力的疫苗免疫过的鸡或2月龄以上的鸡,多采用肌注或刺种的方法接种。Ⅱ系和L系疫苗属弱毒力苗,大小鸡均可使用,多采用滴鼻、点眼、饮水及气雾等方法接种。油乳灭活疫苗对鸡安全,可产生坚强而持久的免疫力,另外不会通过疫苗扩散病原,但是注射后需10～20天才产生免疫力。疫苗使用应根据实际情况制定出自己的免疫程序和免疫途径。大型鸡场多采用气雾和饮水免疫,小型鸡场和农家养鸡可采用滴鼻和注射等方法。

现介绍几个免疫程序供参考。

小型鸡场和农户养鸡的免疫程序:第一次,4～7日龄雏鸡用Ⅱ系疫苗滴鼻免疫,25～30日龄用Ⅱ系或L系弱毒疫苗进行第二次免疫(滴鼻或饮水)。2月龄后用Ⅰ系疫苗肌注,免疫期可持续1年以上。

在有零星新城疫发生的鸡场或鸡群,雏鸡可在3～5日龄时以Ⅱ系疫苗滴鼻免疫,至17～21日龄仍以Ⅱ系或L系疫苗滴鼻或饮水进行第二次免疫,待2月龄后用Ⅰ系疫苗肌注。对产蛋鸡或种鸡可每年进行1～2次Ⅰ系疫苗肌注免疫。鸡新城疫油乳灭活疫苗可用于任何年龄的鸡。2周龄以内的雏鸡皮下或肌内注射0.2毫升,同时以Ⅱ系或L系疫苗滴鼻,鸡很快产生免疫力,免疫期可达70～140天;肉鸡以此法1次免疫,可保护至出售,2月龄以上的鸡用0.5毫升注射,免疫期可达10个月以上;经弱毒疫苗免疫过的育成鸡在开产前2～3周注射0.5毫升,整个产蛋期均可得到保护。

大型鸡场应建立免疫监测,定期测定母源抗体水平和鸡群的血凝抑制效价,以便制定科学的免疫程序。

(3)不在市场买进新鸡,防止带进病毒,并建立鸡出场(舍)就不再返回的制度。

三、禽霍乱

禽霍乱是由多杀性巴氏杆菌引起的一种侵害鸡和野禽的接触性疾病,又名禽巴氏杆菌病、禽出血性败血症。该病常呈现败血性症状,发病率和死亡率都很高,但也常出现慢性或良性经过。

1. 发病特点

各种鸡都可感染本病,育成鸡和成年产蛋鸡多发,高产鸡易发。病鸡、康复鸡或健康带菌鸡是本病复发或新鸡群暴发本病的传染源。病鸡的排泄物和分泌物中含有大量细菌污染饲料、饮水、用具和场地,一般通过消化道和呼吸道传染,也可通过吸血昆虫和损伤皮肤、黏膜等感染。

本病的发生一般无明显的季节性,但以冷热交替、气候剧变、闷热、潮湿、多雨时期发生较多,常呈地方流行。鸡群的饲养管理,通风不良等因素,促进本病的发生和流行。

2. 临床症状

自然感染的潜伏期一般为2～9天,有时在引进病鸡后48小时内也会突然暴发。由于鸡的机体抵抗力和病菌的致病力强弱不同,所表现的病状亦有差异。一般分为最急性、急性和慢性3种病型。

(1)最急性型:常见于流行初期,以产蛋高的鸡最常见。病鸡无前驱症状,晚间一切正常,次日发病死在鸡舍内。

(2)急性型:此型最为常见,病鸡主要表现为精神沉郁,羽毛松乱,缩颈闭眼,头缩在翅下,不愿走动,离群呆立。病鸡常有腹泻,排出黄色、灰白色或绿色的稀粪。体温升高到 43～44℃,减食或不食,渴欲增加。呼吸困难,口、鼻分泌物增加。鸡冠和肉髯变青紫色,有的病鸡肉髯肿胀。产蛋鸡停止产蛋,最后发生衰竭,昏迷而死亡,病程短的约半天,长的 1～3 天。

(3)慢性型:由急性不死转变而来,多见于流行后期。以慢性肺炎、慢性呼吸道炎和慢性胃肠炎较多见。病鸡鼻孔有黏性分泌物流出,鼻窦肿大,喉头积有分泌物而影响呼吸。经常腹泻。病鸡消瘦,精神委顿,冠苍白。有些病鸡一侧或两侧肉髯显著肿大,随后可能有脓性干酪样物质,或干结、坏死、脱落。有的病鸡有关节炎,常局限于脚或翼关节和腱鞘处,表现为关节肿大、疼痛、脚趾麻痹,因而发生跛行。病程可拖至 1 个月以上,但生长发育和产蛋长期不能恢复。

3. 病理变化

(1)最急性型常见本病流行初期,剖检几乎见不到明显的病变,仅冠和肉垂发绀,心外膜和腹部脂肪浆膜有针尖大出血点,肺有充血水肿变化。肝肿大表面有散在小的灰白色坏死点。

(2)急性型剖检时尸体营养良好,冠和肉垂呈紫红色,嗉囊充满食物。皮下轻度水肿,有点状出血,浆液渗出。心包腔积液,有纤维素心包炎,心外膜出血,尤以心冠和纵沟处的外膜出血,肠浆膜、腹膜、泄殖腔浆膜有点状出血。肺充血水肿有出血性纤维素性肺炎变化。脾一般不肿大或轻度肿大、柔软。肝肿大,质脆,表面有针尖大的灰白色或灰黄色的坏死点,有时见有点状出血。胃肠道以十二指肠变化最明显,为急性或出血性肠炎,黏膜肿胀暗红色,有散在或弥漫性出血点或出血斑。肌胃与腺胃交界处有出血斑。产蛋鸡卵泡充血、出血。

(3)慢性型肉垂肿胀坏死,切开时内有凝固的干酪样纤维素块,组织发生坏死干枯。病变部位的皮肤形成黑褐色的痂,甚至继发坏疽。肺可见慢性坏死性肺炎。

4. 诊断

根据病鸡流行病学、剖检特征、临床症状可以初步诊断,确诊须由实验室诊断。取病鸡血涂片,肝脾触片经亚甲蓝、瑞氏或姬姆萨染色,如见到大量两极浓染的短小杆菌,有助于诊断。进一步的诊断须经细菌的分离培养及生化反应。

5. 治疗

(1)在饲料中加入 0.5% ~ 1% 的磺胺二甲基嘧啶粉剂,连用 3 ~ 4 天,停药 2 天,再服用 3 ~ 4 天;也可以在每 1000 毫升饮水中,加 1 克药,溶解后连续饮用 3 ~ 4 天。

(2)在饲料中加入 0.1% 的土霉素,连续服用 7 天。

(3)在饲料中加入 0.1% 的氯霉素,连用 5 天,接着改用喹乙醇,按 0.04% 浓度拌料,连用 3 天。使用喹乙醇时,要严格控制剂量和疗程,拌料要均匀。

(4)对病情严重的鸡可肌内注射青霉素或氯霉素。青霉素,每千克体重 4 万 ~ 8 万国际单位,早、晚各 1 次;氯霉素,每千克体重 20 毫克。

(5)威达 100,250 克拌料 150 千克,或 1000 克拌料 600 千克,集中给药。

(6)毒灭,每瓶兑于 250 升水混饮,集中给药,连用 3 ~ 5 天。注射时,每千克体重 0.05 ~ 0.1 毫升。

(7)金百克,每瓶溶于 150 升水混饮,集中给药,连用 3 ~ 5 天。

(8)毒特,混饲每 1000 克拌料 800 ~ 1000 千克。

6. 预防

(1)切实做好卫生消毒工作,防止病原菌接触到健康鸡。做好饲养管理,使鸡只保持较强的抵抗力。

(2)在禽霍乱流行严重地区或经常发生的地区,可以进行预防接种。目前,使用的主要是禽霍乱菌苗。2 月龄以上的鸡,每只肌内注射 2 毫升,注射后 14 ~ 21 天可产生免疫力,这种疫苗免疫期仅 3 个月左右。若在第一次注射后 8～10 天再注射一次,免疫力可以提高且延长。但这种疫苗的免疫效果并不十分理想。

(3)病死的鸡要深埋或焚烧处理。

四、马立克病

鸡马立克病是由鸡疱疹病毒引起的一种最常见的淋巴细胞增生性疾病,死亡率可达 30%～80%,对养鸡业造成了严重威胁,是我国主要的禽病之一。

1. 发病特点

鸡易感,火鸡、山鸡和鹌鹑等较少感染,哺乳动物不感染。病鸡和带毒鸡是传染源,尤其是这类鸡的羽毛囊上皮内存在大量完整的病毒,随皮肤代谢脱落后污染环境,成为在自然条件下最主要的传染源。

本病主要通过空气传染经呼吸道进入体内,污染的饲料、饮水和人员也可带毒传播。孵房污染能使刚出壳雏鸡的感染性明显增加。

1 日龄雏鸡最易感染,2～18 周龄鸡均可发病。母鸡比公鸡易感性高。莱航鸡抵抗力较强,肉鸡抵抗力较低。

2. 临床症状

潜伏期常为 3～4 周,一般在 50 日龄以后出现症状,70 日龄后陆续出现死亡,90 日龄以后达到高峰,很少晚至 30 周龄才出现症状,偶见 3～4 周龄的幼龄鸡和 60 周龄的老龄鸡发病。

本病的发病率变化很大,一般肉鸡为 20%～30%,个别达60%,产蛋鸡为 10%～15%,严重达 50%,死亡率与之相当。

根据临床表现分为神经型、内脏型、眼型和皮肤型四种类型。

①神经型:由于病变部位不同,症状上有很大区别。坐骨神经受到侵害时,病鸡开始走路不稳,逐渐看到一侧或两侧腿瘫,严重时瘫痪不起,典型的症状是一只腿向前伸,一条腿向后伸的"劈叉"

姿势。病腿部肌肉萎缩,有凉感,爪子多弯曲。翅膀的臂神经受到侵害时,病鸡翅膀无力,常下垂到地面。当颈部神经受到损害时,病鸡脖子常斜向一侧,有时见大嗉囊,病鸡常蹲在一起张口无声地喘气。

②内脏型:可见病鸡呆立,精神不振,羽毛散乱,不爱走路,常蹲在墙角,缩颈,脸色苍白,拉绿色稀粪,但能吃食,一般15天左右即死去。

③眼型:病鸡一侧或两侧性眼睛失明。失明前多不见炎性肿胀,仔细检查时病鸡眼睛的瞳孔边缘呈不整齐锯齿状,并见缩小,眼球如"鱼眼"或"珍珠眼"、瞳孔边缘不整,在发病初期尚未失明就可见到以上情况,对早期诊断本病很有意义。

④皮肤型:病鸡退毛后可见体表毛囊腔形成结节及小的肿瘤状物,在颈部、翅膀、大腿外侧较为多见。肿瘤结节呈灰粉黄色,突出于皮肤表面,有时破溃。

3. 病理变化

(1)神经型:病毒侵害外周神经后,可出现神经水肿淋巴细胞和浆细胞浸润,甚至会发生淋巴样细胞大量增生肿瘤性病变。神经肿粗2~3倍,甚至更大,外观呈灰白或黄白色。经常侵害坐骨神经、腰椎神经、臂神经、迷走神经等处。

(2)内脏型:表现内脏器官发生淋巴瘤样增生病变。组织中的细胞成分是由弥散性增生的中、小淋巴细胞及成淋巴细胞和马立克病细胞所组成。不同内脏器官上的肿瘤形式往往不同。

(3)皮肤型:主要是毛囊部位小淋巴细胞浸润,或形成淋巴瘤性病变。病变部毛囊肿胀,形成小结节。肿瘤破溃结痂,若有细菌感染则形成溃疡。

(4)眼型:虹膜及眼肌淋巴细胞浸润。另外,在眼前房可能有颗粒性或无定形的物质存在。

4. 诊断

本病的诊断必须根据疾病特异的流行病学、临床症状、病理学和肿瘤标记做出。病鸡常有典型的肢体麻痹症状,出现外周神经受害,法氏囊萎缩,内脏肿瘤等病理变化,这些都是本病的特征,在一般情况下不会造成误诊。马立克病的内脏肿瘤与鸡淋巴白血病在眼观变化上很相似,需要做区别诊断。

5. 治疗

本病无特效治疗药物,只有采取疫苗接种和严格的卫生措施才可能控制本病的发生和发展。

(1)疫苗种类:血清 1 型疫苗,主要是减弱弱毒力株 CV1-988 和齐鲁制药厂兽药生产的 814 疫苗,其中 CV1-988 应用较广;血清 2 型疫苗,主要有 SB-1,301B/301A/1 以及我国的 Z4 株,SB-1 应用较广,通常与火鸡疱疹病毒疫苗(即血清 3 型疫苗 HVT)合用,可以预防超强毒株的感染发病,保护率可达 85% 以上;血清 3 型疫苗,即火鸡疱疹病毒 HVT-FC126 疫苗,HVT 在鸡体内对马立克病病毒起干扰作用,常 1 日龄免疫,但不能保护鸡免受病毒的感染;20 世纪 80 年代以来,HVT 免疫失败的越来越多,部分原因是由于超强毒株的存在,市场上已有 SB-1+FC126、301B/1+FC126 等二价或三价苗,免疫后具有良好的协同作用,能够抵抗强毒的攻击。

(2)免疫程序的制订:单价疫苗及其代次、多价疫苗常影响免疫程序的制订,单价苗如 HVT、CV1-988 等可在 1 日龄接种,也有的地区采用 1 日龄和 3~4 周龄进行两次免疫。通常父母代用血清 1 型或 2 型疫苗,商品代则用血清 3 型疫苗,以免受血清 1 型或 2 型母源抗体的影响,父母代和子代均可使用 SB-1 或 301B/1+HVT 等二价疫苗。

6. 预防

(1)加强养鸡环境卫生与消毒工作,尤其是孵化卫生与育雏鸡舍的消毒,防止雏鸡的早期感染是非常重要的,否则即使出壳后即刻免疫有效疫苗,也难防止发病。

(2)加强饲养管理,改善鸡群的生活条件,增强鸡体的抵抗力,对预防本病有很大的作用。饲养管理不善,环境条件差或某些传染病如球虫病等常是重要的诱发因素。

(3)坚持自繁自养,防止因购入鸡苗的同时将病毒带入鸡舍。采用全进全出的饲养制度,防止不同日龄的鸡混养于同一鸡舍。

(4)防止应激因素和预防能引起免疫抑制的疾病如鸡传染性法氏囊病、鸡传染性贫血病毒病、网状内皮组织增殖病等的感染。

(5)一旦发生本病,在感染的场地清除所有的鸡,将鸡舍清洁消毒后,空置数周后再引进新雏鸡。一旦开始育雏,中途不得补充新鸡。

五、大肠杆菌病

鸡大肠杆菌病是由致病性大肠杆菌引起的一种常见多发病,其中包括多种病型,且复杂多样,是目前危害养鸡业重要的细菌性疾病之一。

1. 发病特点

鸡大肠杆菌在鸡场普遍存在,特别是通风不良,大量积粪鸡舍,在垫料、空气尘埃、污染用具和道路,粪场及孵化厅等处环境中染菌最高。

大肠杆菌随粪便排出,并可污染蛋壳或从感染的卵巢、输卵管等处侵入卵内,在孵育过程中,使鸡胚死亡或出壳发病和带菌,是该病传播过程中重要途径。带菌鸡以水平方式传染健康鸡,消化道、呼吸道为常见的传染门户,交配或污染的输精管等也可经生殖道造成传染。啮齿动物的粪便常含有致病性大肠杆菌,可污染饲料、饮水而造成传染。

本病主要发生密集化养鸡场,各品种不分品种、性别、日龄均对本菌易感。特别幼龄鸡发病最多,如污秽、拥挤、潮湿通风不良的环境,过冷过热或温差很大的气候,有毒有害气体(氨气或硫化氢等)长期存在,饲养管理失调,营养不良(特别是维生素的缺乏)以及病原微生物(如支原体及病毒)感染所造成的应激等均可促进本病的发生。

2. 临床症状

大肠杆菌感染情况不同,出现的病情也不同。

(1)急性败血症:各种日龄的鸡均可发病,病鸡腹泻或呼吸困难,剖检心脏和肝脏表面覆盖一层易剥离的白色纤维素膜(肝周炎、心包炎),肉鸡容易继发腹水症。

(2)雏鸡脐炎:一般是由大肠杆菌和其他细菌混合感染引起,主要发生在出壳鸡,多数在出壳后 2～3 日内死亡。病雏虚弱,常堆挤在一起,水样腹泻,腹部膨大,脐孔未闭合,呈蓝黑色,有刺激性恶臭味,死亡率 10% 以上。

(3)卵黄性腹膜炎及输卵管炎:输卵管炎见于产蛋母鸡,输卵管管壁变薄,黏膜充血、出血,内有分泌物或干酪样坏死物,产蛋量减少,蛋壳带血或出现无黄蛋。产蛋鸡的输卵管因感染大肠杆菌而发生炎症,炎症产物使输卵管伞部粘连,卵泡不能进入输卵管而掉入腹腔引发本病。外观腹部肿胀、重坠。

(4)出血性肠炎:埃希大肠杆菌正常只寄生在鸡的下部肠道中,但当发生饲养和管理失调,卫生条件不良,各种应激因素存在,使鸡的抵抗力降低,大肠杆菌就会在上部肠道寄生,从而引起肠炎。病鸡羽毛粗乱,翅膀下垂,精神委顿,腹泻。雏鸡由于腹泻糊肛,容易与鸡白痢混淆。

(5)关节炎和滑膜炎:病鸡跛行或卧地不起,一个或一个以上的腱鞘和关节发生肿胀。

(6)气囊炎:表现咳嗽和呼吸困难,呈地方流行性,病死率5%～20%,有时可达 50%。

（7）脑炎：部分血清型大肠杆菌能突破鸡的血脑屏障进入脑部而引起鸡的昏睡、神经症状和下痢。

（8）全眼球炎：多为一侧性，少数为两侧性。眼睑封闭，外观肿胀，里面蓄积脓液或干酪样物，眼球发炎。

3. 病理变化

（1）鸡胚和雏鸡早期死亡：该病型主要通过垂直传染，鸡胚卵黄囊是主要感染灶。鸡胚死亡发生在孵化过程，特别是孵化后期，病变卵黄呈干酪样或黄棕色水样物质，卵黄膜增厚。病雏突然死亡或表现软弱、发抖、昏睡、腹胀、畏寒聚集，下痢（白色或黄绿色），个别有神经症状。病雏除有卵黄囊病变外，多数发生脐炎、心包炎及肠炎。感染鸡可能不死，常表现卵黄吸收不良及生长发育受阻。

（2）大肠杆菌性急性败血症：本病常引起幼雏或成鸡急性死亡。特征性病变是肝脏呈绿色和胸肌充血，肝脏边缘纯圆，外有纤维素性白色包膜。各器官呈败血症变化。也可见心包炎、腹膜炎、肠渗出性炎症等病变。

（3）气囊病：气囊病主要发生于 3～12 周龄幼雏，特别 3～8 周龄肉用仔鸡最为多见。气囊病也经常伴有心包炎、肝周炎，偶尔可见败血症、眼球炎和滑膜炎等。病鸡表现沉郁，呼吸困难，有啰音和喷嚏等症状。气囊壁增厚、混浊，有的有纤维样渗出物，并伴有纤维素性心包炎和腹膜炎等。

（4）大肠杆菌性肉芽肿：病鸡消瘦贫血、减食、拉稀。在肝、肠（十二指肠及盲肠）、肠系膜或心上有菜花状增生物，针头大至核桃大不等，很易与禽肿瘤相混。

（5）心包炎大肠杆菌发生败血症时发生心包炎，心包炎常伴发心肌炎。心外膜水肿，心包囊内充满淡黄色纤维素性渗出物，心包粘连。

（6）卵黄性腹膜炎及输卵管炎：常通过交配或人工授精时感染，多呈慢性经过，并伴发卵巢炎、子宫炎。母鸡减产或停产，呈直立企鹅姿势,腹下垂、恋巢、消瘦死亡,其病变与鸡白痢相似,输卵管扩张,内有干酪样团块及恶臭的渗出物为特征。

(7)关节炎及滑膜炎:表现关节肿大,内含有纤维素或混浊的关节液。

(8)眼球炎:是大肠杆菌败血病一种不常见的表现形式。多为一侧性,少数为双侧性。病初羞明、流泪、红眼,随后眼睑肿胀突起。开眼时,可见前房有黏液性脓性或干酪样分泌物。最后角膜穿孔,失明。病鸡减食或废食,经 7～10 天衰竭死亡。

(9)脑炎:表现昏睡、斜颈,歪头转圈,共济失调,抽搐,伸脖,张口呼吸,采食减少,拉稀,生长受阻,产卵显著下降。主要病变脑膜充血、出血、脑脊髓液增加。

4. 诊断

本病常缺乏特征性表现,其剖检变化与鸡白痢、伤寒、副伤寒、慢性呼吸道病、病毒性关节炎、葡萄球菌感染、新城疫、霍乱、马立克病等不易区别,因而根据流行特点、临床症状及剖检变化进行综合分析,只能做出初步诊断,最后确诊需进行实验室检查。

5. 治疗

(1)用于表现肠炎症状的大肠杆菌的药物

①肠炎先锋,每瓶兑水 100～150 千克,集中饮水,连用 3～5 天。

②肠毒康,每瓶兑水 150 千克,集中饮水,连用 3～5 天。

③大肠杆菌灭,每瓶兑水 200 千克,集中饮水,连用 3～5 天。

④菌特,每 100 克兑水 200 千克,连用 3～5 天。

⑤杆立沙,每 100 克兑水 200 千克,连用 3～5 天。

⑥恒诺威或科达洁,每瓶溶水 100 升,集中饮水,连用 3～5 天。

⑦科恒杆特,每瓶溶于 150 升水,集中饮水,连用 3～5 天。

以上药物任选一种配合黄芪多糖或黄芪维他使用。

（2）用于顽固性耐药大肠杆菌、严重的败血症或其他细菌混合感染的药物

①杆菌头孢，每瓶兑水 100～200 千克，集中饮水，连用 3 天。

②头孢先锋，每瓶兑水 150 千克，集中饮水，连用 3～5 天。

③杆菌先锋，每瓶兑水 150 千克，全天饮水，连用 3～5 天。

④氟美欣，每袋溶于 500 升水，集中饮水，连用 3～5 天。

⑤科福欣，每瓶溶于 150 升水，集中饮水，连用 3～5 天。

以上药物任选一种配合黄芪多糖或黄芪维他使用。

（3）用于大肠杆菌引起的卵黄性腹膜炎、输卵管炎的药物

①卵炎康，每瓶兑水 150 千克，集中饮水，连用 3～5 天。

②杆菌头孢，每瓶兑水 100～200 千克，集中饮水，连用 3 天。

③头孢先锋，每瓶兑水 150 千克，集中饮水，连用 3～5 天。

④杆菌先锋，每瓶兑水 150 千克，集中饮水，连用 3～5 天。

以上药物任选一种，连续使用 3～5 天，之后配合以下药物使用，疗效更佳。

①强肽维素，每瓶兑水 1000 千克，全天饮水，连用 3～5 天。

②黄芪维他，每瓶兑水 2500 千克，全天饮水，连用 3～5 天。

③东方增蛋散，每袋拌 500 千克料，连用 5～7 天。

6. 预防

（1）优化环境

①选好场址和隔离饲养，场址应建立在地势高燥、水源充足、水质良好、排水方便、远离居民区（最少 500 米），特别是要远离其他禽场、屠宰或畜产品加工厂。生产区与经营管理区分开，饲料加工、种鸡、育雏、育成鸡场及孵化厅分开（相隔 500 米）。

②科学饲养管理：鸡舍温度、湿度、密度、光照、饲料和管理均应按规定要求进行。

③搞好鸡舍空气净化：降低鸡舍内氨气等有害气体的产生和积聚是养鸡场必须采取的一项非常重要的措施。常用方法如下：

Ⅰ.饲料内添加复合酶制剂：如使用含有β-葡聚糖的复合酶，每吨饲料可按 1 千克添加，可长期使用。

Ⅱ.饲料内添加有机酸：如延胡索酸、柠檬酸、乳酸、乙酸及丙醇等。

Ⅲ.使用微生态制剂：赐美健；EM 制剂（国产商品名称为"亿安"）。

Ⅳ.药物喷雾：0.3％过氧乙酸，按 30 毫升/立方米喷雾，每周 1～2 次，对发病鸡舍每天 1～2 次；多聚甲醛：在 25 平方米垫料中加入 4.5 千克多聚甲醛，它可和空气中氨中和，氨浓度很快下降到 $5×10^{-6}$，但 21 天后应重新使用。

Ⅴ.惠康宝：该制剂是由丝兰科植物茎部提取物，主要成分是沙皂素。

Ⅵ.寡聚糖：糖萜素，蛋鸡 $400×10^{-6}$（配以 25％大蒜素 $50×10^{-6}$），肉用仔鸡$(400～450)×10^{-6}$拌料；速达菌毒清，肉用仔鸡保健程序，1～10 日龄、21～30 日龄、31～40 日龄及 41～50 日龄各阶段饮用 4～5 天，每毫升速达菌毒清加水 1 千克饮用。蛋鸡保健程序，每隔 10 天饮水 4 天，其他同上。

Ⅶ.机械清除：及时清粪，并堆积密封发酵，及时通风换气。

Ⅷ.重视环境治理，饲养场地绿化，种草植树。

(2)加强消毒工作

①种蛋，孵化厅及鸡舍内外环境要搞好清洁卫生，并按消毒程序进行消毒，以减少种蛋、孵化和雏鸡感染大肠杆菌及其传播。

②防止水源和饲料污染：可使用颗粒饲料，饮水中应加酸化剂（喽利灵）或消毒剂，如含氯或含碘等消毒剂；采用乳头饮水器饮水，水槽料槽每天应清洗消毒。

③灭鼠、驱虫。

④鸡舍带鸡消毒有降尘、杀菌、降温及中和有害气体作用。

（3）加强种鸡管理

①及时淘汰处理病鸡。

②进行定期预防性投药和做好病毒病、细菌病免疫。

③采精、输精严格消毒，每鸡使用一个消毒的输精管。

（4）提高禽体免疫力和抗病力

①疫苗免疫：可采用自家（或优势菌株）多价灭活佐剂苗。一般免疫程序为 $7 \sim 15$ 日龄，$25 \sim 35$ 日龄，$120 \sim 140$ 日龄各 1 次。

②使用免疫促进剂：如维生素 E 300×10^{-6}，左旋咪唑 200×10^{-6}。维生素 C 按 $0.2\% \sim 0.5\%$ 拌饲或饮水；维生素 A 1.6 万～2 万单位/千克饲料拌饲；电解多维按 $0.1\% \sim 0.2\%$ 饮水连用 3～5 天；亿妙灵可以用于细菌或细菌病毒混合感染的治疗，提高疫苗接种免疫效果，对抗免疫抑制和协同抗生素的治疗。使用时预防用 2000 倍液，治疗用 1000 倍，加水稀释，每天 1 次，1 小时内饮完，连用 3 天（预防）及 5 天（治疗）。

③搞好其他常见病毒病的免疫。

④控制好支原体，传染性鼻炎等细菌病，可做好疫苗免疫和药物预防。

六、鸡白痢

鸡白痢是由白痢沙门菌引起的传染性疾病，世界各地均有发生，是危害养鸡业最严重的疾病之一。

1. 发病特点

经卵传染是雏鸡感染白痢沙门菌的主要途径。病鸡的排泄物是传播本病的媒介，饲养管理条件差，如雏群拥挤，环境不卫生，育雏室温度太高或者太低，通风不良，饲料缺乏或质量不良，较差的运输条件或者同时有其他疫病存在，都是诱发本病和增加死亡率的因素。

2. 临床症状

本病在雏鸡和成年鸡中所表现的症状和经过有显著的差异。

(1)雏鸡:潜伏期 4～5 天,故出壳后感染的雏鸡,多在孵出后几天才出现明显症状。7～10 天后雏鸡群内病雏逐渐增多,在第二、第三周达高峰。发病雏鸡呈最急性者,无症状迅速死亡。稍缓者表现精神委顿,绒毛松乱,两翼下垂,缩头颈,闭眼昏睡,不愿走动,拥挤在一起。病初食欲减少,而后停食,多数出现软嗉症状。同时腹泻,排稀薄如浆糊状粪便,肛门周围绒毛被粪便污染,有的因粪便干结封住肛门周围,影响排粪。由于肛门周围炎症引起疼痛,故常发生尖锐的叫声,最后因呼吸困难及心力衰竭而死。有的病雏出现眼盲,或肢关节呈跛行症状。病程短的 1 天,一般为 4～7 天,20 天以上的雏鸡病程较长。3 周龄以上发病的极少死亡。耐过鸡生长发育不良,成为慢性患者或带菌者。

(2)育成鸡:该病多发生于 40～80 天的鸡,地面平养的鸡群发生此病较网上和育雏笼育雏育成发生的要多。从品种上看,褐羽产褐壳蛋鸡种发生率高。另外,育成鸡发病多有应激因素的影响,如鸡群密度过大,环境卫生条件恶劣,饲养管理粗放,气候突变,饲料突然改变或品质低下等。本病发生突然,全群鸡只食欲、精神尚可,总见鸡群中不断出现精神、食欲差和下痢的鸡只,常突然死亡。死亡不见高峰而是每天都有鸡只死亡,数量不一。该病病程较长,可拖延 20～30 天,死亡率可达 10%～20%。

(3)成年鸡:成年鸡白痢多呈慢性经过或隐性感染。一般不见明显的临床症状,当鸡群感染比较大时,可明显影响产蛋量,产蛋高峰不高,维持时间亦短,死淘率增高。有的鸡表现鸡冠萎缩,有的鸡开产时鸡冠发育尚好,以后则表现出鸡冠逐渐变小,发绀,病鸡有时下痢。仔细观察鸡群可发现有的鸡寡产或根本不产蛋。极少数病鸡表现精神委顿,头翅下垂,腹泻,排白色稀粪,产蛋停止。有的感染鸡因卵黄囊炎引起腹膜炎,腹膜增生而呈"垂腹"现象,有时成年鸡可呈急性发病。

3. 病理变化

(1)雏鸡:在日龄短、发病后很快死亡的雏鸡,病变不明显。肝肿大,充血或有条纹状出血。其他脏器充血,卵黄囊变化不大。病期延长者卵黄吸收不良,其内容物色黄如油脂状或干酪样;有心肌、肺、肝、盲肠、大肠及肌胃肌肉中有坏死灶或结节。有些病例有心外膜炎,肝或有点状出血及坏死点,胆囊肿大,脾有时肿大,肾充血或贫血,输尿管充满尿酸盐而扩张,盲肠中有干酪样物堵塞肠腔,有时还混有血液,肠壁增厚,常有腹膜炎。在上述器官病变中,以肝的病变最为常见,其次为肺、心、肌胃及盲肠的病变。死于几日龄的病雏,见出血性肺炎,稍大的病雏,肺可见有灰黄色结节和灰色肝变。

(2)成年鸡:慢性带菌的母鸡,最常见的病变为蛋变形、变色、质地改变以及蛋呈囊状,有腹膜炎伴以急性或慢性心包炎。受害的蛋常呈油脂或干酪样,卵黄膜增厚,变性的蛋或仍附在卵巢上,常有长短粗细不一的卵蒂(柄状物)与卵巢相连,脱落的蛋深藏在腹腔的脂肪性组织内。有些蛋则自输卵管逆行而坠入腹腔,有些则阻塞在输卵管内,引起广泛的腹膜炎及腹腔脏器粘连。可以发现腹水,特别见于成年鸡。心脏变化稍轻,但常有心包炎,其严重程度和病程长短有关。轻者只见心包膜透明度较差,含有微混的心包液。重者心包膜变厚而不透明,逐渐粘连,心包液显著增多,在腹腔脂肪中或肌胃及肠壁上有时发现琥珀色干酪样小囊包。

成年公鸡的病变,常局限于睾丸及输精管。睾丸极度萎缩,同时出现小脓肿。输精管管腔增大,充满稠密的均质渗出物。

4. 诊断

鸡白痢的诊断主要依据本病在不同年龄鸡群中发生的特点以及病死鸡的主要病理变化,不难做出诊断。但只有在鸡白痢沙门菌分离和鉴定之后,才能做出对鸡白痢的确切诊断。

5. 治疗

以下药物交替使用,可提高疗效。

(1)每千克饲料中加入呋喃唑酮 200～400 毫克(即 2～4 片)拌匀喂鸡,连用 7 天,停 3 天,再喂 7 天。幼雏对呋喃唑酮比较敏感,应用时必须充分混合,以防中毒。

(2)按每千克鸡体重用土霉素(或金霉素、四环素)200 毫克喂服(每片药含量 250 毫克);或每千克饮料加土霉素 2～3 克(即8～12 片)拌匀喂鸡,连用 3～4 天。

(3)每只鸡每天用青霉素 2000 国际单位拌料喂服,连用 7 天。

(4)每千克饲料加入磺胺脒(或碘胺嘧啶)10 克(即 20 片)或磺胺二甲基嘧啶 5 克(即 10 片)拌料喂鸡,连用 5 天;也可用链霉素或氯霉素按 0.1%～0.2%加入饮水中喂鸡,连用 7 天。

(5)氟康平,本品每 100 毫升加入 300 千克饮水中,连饮 2～3 天;或每千克体重注射 0.1～0.2 毫升,每日 1 次。

6. 预防

(1)通过对种鸡群检疫,定期严格淘汰带菌种鸡,建立无白痢种鸡群是消除此病的根本措施。

(2)搞好种蛋消毒,做好孵化厅、雏鸡舍的卫生消毒,初生雏鸡以每立方米 15～20 毫升福尔马林,加 7～10 毫克的高锰酸钾进行熏蒸消毒。

(3)育雏鸡时要保证舍内恒温,做好通风换气,鸡群密度适宜,喂给全价饲料,及时发现病雏鸡,隔离治疗或淘汰,杜绝鸡群内的传染等。

(4)目前育雏鸡阶段,都在 1 日龄开始投予一定数量的生物防治制剂,如促菌生、调痢生、乳康生等,对鸡白痢效果常优于一般抗菌药物,对雏鸡安全,成本低。此外也可用抗生素药类,连用 4～6 天为一疗程,常用药物有氯霉素 0.2%拌料,连给 4～5 日,呋喃唑酮 0.02%拌料,连服 6～7 天,诺氟沙星或吡哌酸 0.03%拌料或饮水。

七、传染性法氏囊病

鸡传染性法氏囊病又称鸡传染性腔上囊病,是由传染性法氏囊病毒引起的一种急性、接触传染性疾病,以法氏囊发炎、坏死、萎缩和法氏囊内淋巴细胞严重受损为特征。从而引起鸡的免疫机能障碍,干扰各种疫苗的免疫效果。发病率高,几乎为 100%,死亡率低,一般为 5%~15%,是目前养禽业最重要的疾病之一。

1. 发病特点

自然条件下,本病只感染鸡,所有品种的鸡均可感染,但不同品种的鸡中,莱航鸡比重型品种的鸡敏感,肉鸡较蛋鸡敏感。

本病仅发生于 2 周至开产前的小鸡,3~7 周龄为发病高峰期。病毒主要随病鸡粪便排出,污染饲料、饮水和环境,使同群鸡经消化道、呼吸道和眼结膜等感染;各种用具、人员及昆虫也可以携带病毒,扩散传播;本病也可经蛋传递。

2. 临床症状

雏鸡群突然大批发病,2~3 天内可波及 60%~70%的鸡,发病后 3~4 天死亡达到高峰,7~8 天后死亡停止。病初精神沉郁,采食量减少,饮水增多,有些自啄肛门,排白色水样稀粪,重者脱水,卧地不起,极度虚弱,最后死亡。耐过雏鸡贫血消瘦,生长缓慢。

3. 病理变化

剖检可见法氏囊发生特征性病变,法氏囊呈黄色胶冻样水肿、质硬、黏膜上覆盖有奶油色纤维素性渗出物。有时法氏囊黏膜严重发炎,出血,坏死,萎缩。

另外,病死鸡表现脱水,腿和胸部肌肉常有出血,颜色暗红。肾肿胀,肾小管和输尿管充满白色尿酸盐。脾脏及腺胃和肌胃交界处黏膜出血。

4.诊断

现场诊断可根据流行特点、临床表现及病理剖检中的特征病变做出诊断。在诊断中应注意与磺胺类药物中毒引起的出血综合征相区分,药物中毒可见肌肉出血,但无法氏囊等变化,同时鸡群有饲喂磺胺类药物史。另外,在本病发生过程中及其周围常有新城疫的发生,在诊断中要十分注意,以免误诊造成更大损失。

5.治疗

(1)鸡传染性法氏囊病高免血清注射液,3～7周龄鸡,每只肌注0.4毫升;大鸡酌加剂量;成鸡注射0.6毫升,注射1次即可,疗效显著。

(2)鸡传染性法氏囊病高免蛋黄注射液,每千克体重1毫升肌内注射,有较好的治疗作用。

(3)复方炔酮,0.5千克鸡每天1片,1千克的鸡每天2片,口服,连用2～3天。

(4)丙酸睾丸酮,3～7周龄的鸡每只肌注5毫克,只注射1次。

(5)速效管囊散,每千克体重0.25克,混于饲料中或直接口服,服药后8小时即可见效,连喂3天。治愈率较高。

(6)盐酸吗啉胍(每片0.1克)8片,拌料1千克,板蓝根冲剂15克,溶于饮水中,供半日饮用。

(7)囊病消,每瓶兑水200千克饮用。

(8)百年或先导,每瓶兑水125升,或每只0.3～0.5毫升,重症每只0.8毫升。

6.预防

(1)采用全进全出饲养体制,全价饲料。鸡舍换气良好,温度、湿度适宜,消除各种应激条件,提高鸡体免疫应答能力。对60日龄内的雏鸡最好实行隔离封闭饲养,杜绝传染来源。

(2)严格卫生管理,加强消毒净化措施。进鸡前鸡舍(包括周围环境)用消毒液喷洒→清扫→高压水冲洗→消毒液喷洒(几种消毒剂交替使用2～3遍)→干燥→甲醛熏蒸→封闭1～2周后换气再进鸡。饲养鸡期间,定期进行带鸡气雾消毒,可采用0.3%次氯酸钠或过氧乙酸等,按每立方米30～50毫升气雾消毒。

(3)预防接种是预防鸡传染性法氏囊病的一种有效措施,目前,我国批准生产的疫苗有弱毒苗和灭活苗。

①低毒力株弱毒活疫苗,用于无母源抗体的雏鸡早期免疫,对有母源抗体的鸡免疫效果较差。可点眼、滴鼻、肌内注射或饮水免疫。

②中等毒力株弱毒活疫苗,供各种有母源抗体的鸡使用,可点眼、口服、注射。饮水免疫,剂量应加倍。

③使用灭活疫苗时应与鸡传染性法氏囊病活苗配套。鸡传染性法氏囊病免疫效果受免疫方法、免疫时间、疫苗选择、母源抗体等因素的影响,其中母源抗体是非常重要的因素。有条件的鸡场应依测定母源抗体水平的结果,制定相应的免疫程序。

现介绍两种免疫程序供参考:无母源抗体或低母源抗体的雏鸡,出生后用弱毒疫苗或用1/3～1/2中等毒力疫苗进行免疫,滴鼻、点眼两滴(约0.05毫升);肌内注射0.2毫升;饮水按需要量稀释,2～3周时,用中等毒力疫苗加强免疫。有母源抗体的雏鸡,14～21日龄用弱毒疫苗或中等毒力疫苗首次免疫,必要时2～3周后加强免疫1次。商品鸡用上述程序免疫即可。种鸡则在10～12周龄用中等毒力疫苗免疫1次,18～20周龄用灭活苗注射免疫。

八、传染性支气管炎

鸡传染性支气管炎是由传染性支气管炎病毒引起的一种急性高度传染性的呼吸道疾病。本病的死亡率可能不高,但在种鸡引起产蛋量降低,蛋的品质下降,雏鸡生长发育不良,饲料利用率降低而造成重大的经济损失。

1. 发病特点

本病仅发生于鸡,其他禽均不感染。各种年龄的鸡都可发病,但雏鸡最为严重,死亡率也高,一般以 40 日龄以内的鸡多发。本病主要经呼吸道传染,病毒从呼吸道排毒,通过空气的飞沫传给易感鸡,也可通过被污染的饲料、饮水及饲养用具经消化道感染。本病一年四季均能发生,但以冬春季节多发。鸡群拥挤、过热、过冷、通风不良、温度过低、缺乏维生素和矿物质,以及饲料供应不足或配合不当,均可促使本病的发生。

2. 临床症状

潜伏期 1~7 天,平均 3 天。由于病毒的血清型不同,临床上分为呼吸型、肾型、腺胃型等。

(1)呼吸型:病鸡无明显的前驱症状,常突然发病,出现呼吸道症状,并迅速波及全群。幼雏表现为伸颈、张口呼吸、咳嗽,有"咕噜"音,尤以夜间最清楚。随着病情的发展,全身症状加剧,病鸡精神萎靡、食欲废绝、羽毛松乱、翅下垂、昏睡、怕冷,常拥挤在一起。两周龄以内的病雏鸡,还常见鼻窦肿胀、流黏性鼻液、流泪等症状,病鸡常甩头。产蛋鸡感染后产蛋量下降 25%~50%,同时产软壳蛋、畸型蛋或砂壳蛋。

(2)肾型:感染肾型支气管炎病毒后其典型症状分 3 个阶段。

第 1 阶段是病鸡表现轻微呼吸道症状,感染后 24~48 小时开始气管发出啰音,打喷嚏及咳嗽,并持续 1~4 天,这些呼吸道症状一般很轻微,有时只有在晚上安静的时候才听得比较清楚,因此常被忽视。

第 2 阶段是病鸡表面康复,呼吸道症状消失,鸡群没有可见的异常表现。

第 3 阶段是受感染鸡群突然发病,并于 2~3 天内逐渐加剧。病鸡挤堆、厌食,排白色稀便,粪便中几乎全是尿酸盐。

（3）腺胃型：主要表现为病鸡流泪、眼肿、极度消瘦、拉稀和死亡并伴有呼吸道症状，发病率可达 100％，死亡率为 3％～5％。

3. 病理变化

（1）呼吸型：主要病变见于气管、支气管、鼻腔、肺等呼吸器官。表现为气管环出血，管腔中有黄色或黑黄色栓塞物。幼雏鼻腔、鼻窦黏膜充血，鼻腔中有黏稠分泌物，肺脏水肿或出血。患鸡输卵管发育受阻，变细、变短或成囊状。产蛋鸡的卵泡变形，甚至破裂。

（2）肾型：可引起肾脏肿大，呈苍白色，肾小管充满尿酸盐结晶，扩张，外形呈白线网状，俗称"花斑肾"。严重的病例在心包和腹腔脏器表面均可见白色的尿酸盐沉着。有时还可见法氏囊黏膜充血、出血，囊腔内积有黄色胶冻状物；肠黏膜呈卡他性炎变化，全身皮肤和肌肉发绀，肌肉失水。

（3）腺胃型：腺胃肿大如球状，腺胃壁增厚，黏膜出血、溃疡，胰腺肿大，出血。

4. 诊断

根据流行特点、症状和病理变化，可做出初步诊断。进一步确诊则有赖于病毒分离与鉴定及其他实验室诊断方法，但要注意与喉气管炎和新城疫相区别。

5. 治疗

（1）慢呼散加冷水煎汁半小时后，加入冷开水 20～25 千克作饮水，连服 5～7 天。同时，每 25 千克饲料或 50 千克水中再加入盐酸吗啉胍原粉 50 克，效果更佳。

（2）每克强力霉素原粉加水 10～20 千克任其自饮，连服 3～5 天。

（3）每千克饲料拌入病毒灵 1.5 克，板蓝根冲剂 30 克，任雏鸡自由采食，少数病重鸡单独饲养，并辅以少量雪梨糖浆，连服 3～5 天，可收到良好效果。

（4）喘速平，每瓶 100 克兑水 200 千克混饮，连用 3 天。

（5）呼感净,每瓶溶于 250 升水混饮,连用 3 天。

（6）畅通,每瓶水 250 千克混饮,连用 3～5 天。

（7）肾宝,每 100 克兑水 200 千克,连用 3～5 天。

6. 预防

（1）加强饲养管理,降低饲养密度,避免鸡群拥挤,注意温度、湿度变化,避免过冷、过热。加强通风,防止有害气体刺激呼吸道。合理配比饲料,防止维生素,尤其是维生素 A 的缺乏,以增强机体的抵抗力。

（2）预防本病的常用弱毒疫苗有两种:一种是传染性支气管炎 H120 弱毒疫苗,主要用于 1～2 月龄雏鸡,常在 1～5 日龄与新城疫Ⅱ系同时接种;另一种是传染性支气管炎 H50 弱毒疫苗,用于 1 月龄以上的鸡群。后备种鸡最好在活苗免疫的基础上,10～14 日龄用油佐剂灭活苗加强免疫。

九、传染性喉气管炎

传染性喉气管炎也称禽白喉,由疱疹病毒Ⅰ型引起的传染病。近两年本病在许多地区广为流行,造成鸡群大量死亡。

1. 发病特点

在自然条件下,本病主要侵害鸡,各种年龄及品种的鸡均可感染,但以 70～100 日龄的青年鸡和产蛋鸡多发。近年来发病日龄有减小的趋势,最早可见 20～40 日龄的雏鸡发病。

病鸡和康复鸡是该病的主要传染源,康复鸡可长期排毒。经呼吸道及眼传染,亦可经消化道感染。呼吸器官及鼻分泌物污染的垫草、饲料、饮水及用具可成为传播媒介,人及野生动物的活动也可机械的传播。种蛋蛋内及蛋壳上的病毒不能传播,因为被感染的鸡雏出壳前已死亡。

病毒通常存在病鸡的气管组织中,感染后排毒 6～8 天。有少部分（2%）康复鸡可以带毒,并向外界不断排毒,排毒时间可长达

2 年,有的报道最长带毒时间达 741 天。由于康复鸡和无症状带毒鸡的存在,本病难以扑灭,并可呈地区性流行。

本病一年四季均可发生,但冬春、秋冬交替季节多发。鸡群拥挤,通风不良,饲养管理不好,缺乏维生素,寄生虫感染等,都可促进本病的发生和传播。

本病一旦传入鸡群,则迅速传开,感染率可达 90%～100%,死亡率一般在 10%～20%或以上,最急性型死亡率可达 50%～70%,急性型一般在 10%～30%,慢性或温和型死亡率约 5%。

2. 临床症状

自然感染的潜伏期 6～12 天,人工气管接种后 2～4 天鸡只即可发病。潜伏期的长短与病毒株的毒力有关。

发病初期眼部流泪、红肿、眼睛半睁,眼部及睑部水肿,有浆液性鼻液,呼吸道有湿性啰音、呼噜、咳嗽;中期在气管内形成血样黏条,出现呼吸困难,有时呈"半蹲姿势",伸长脖子发出"咯"的怪叫声、咳嗽、甩头,在地面、笼具上可以见到血样黏液;后期在喉头上形成黄色纤维素性渗出物将喉头阻塞,出现张口伸颈呼吸,最后窒息死亡。

3. 病理变化

发病初期多见喉头和气管上端水肿、充血、出血,在喉头和气管上有大量黏液;中期在气管内积有血样黏条阻塞气管;后期在喉头上形成黄色纤维性渗出物阻塞喉头,气管内形成豆腐渣样渗出物。病鸡眼结膜和眶下窦充血、水肿,鼻腔、眶下窦积有大量黏液,眼肿胀严重,上下眼睑黏合,内积大量黄色豆腐渣样渗出物,引起失明。睑部皮下形成胶冻样渗出物,上腭腭裂处有黏液或豆腐渣样渗出物附着,死亡鸡只 80%胸肌、腿肌贫血,颜色发白。

4. 诊断

根据临床症状及剖检变化可初步诊断为传染性喉气管炎,确诊需进行实验室检查。

5. 治疗

传染性喉气管炎属 DNA 病毒,不能用金刚类抗病毒药物治疗,要选用抗 DNA 病毒的药或选用广谱抗病毒药。

(1)对病鸡采取对症治疗,如投服牛黄解毒丸或喉症丸,或其他清热解毒利咽喉的中药液或中成药,可减少死亡。

(2)发病鸡群,确诊后,立即采用弱毒疫苗紧急接种,可有效控制疫情,结合鸡群具体情况采用。

(3)对早期感染鸡群采用抑制病毒复制、化痰止咳、防止继发感染等措施,可用聚苷肽 3 倍量饮水,呼感净饮水 3～5 天抑制病毒的复制,防止继发感染;止咳平喘的药物喘速平,对症治疗;中药可用速效克感清热解毒,此三种药物混合后,每只鸡 1 毫升饮水,重症滴口(灌药时,一定要灌注到舌下,以免呛死),每天 1 次,连用 3～5 天。

对于甩血痰的病鸡适当加入维生素 K_3 止血,效果更好。对个别张口呼吸的鸡只,可用镊子将喉头干酪物取出,用碘甘油滴口,每只鸡滴 2～3 滴,防止窒息死亡。

(4)镇呼散,本品 1000 克拌料 400～500 千克,集中给药。

(5)速效克感,每瓶兑水 400 千克,集中一次饮用,重症每只鸡 0.8 毫升。

6. 预防

(1)用具及鸡舍进行消毒。来历不明的鸡要隔离观察,可放数只易感鸡与其同时观察 2 周,不发病,证明不带毒时,方可混群饲养。

(2)鸡一旦发病,首先要对病鸡进行隔离,全群消毒,防止健康鸡只和病鸡接触。病愈鸡不可和易感鸡混群饲养,耐过的康复鸡在一定时间内带毒、排毒,所以要严格控制易感鸡与康复鸡接触,最好将病愈鸡淘汰。

(3)鸡自然感染传染性喉气管炎病毒后,可产生坚强的免疫力,可获得至少1年以上,甚至终生免疫。易感鸡接种疫苗后,可获得保护力半年至1年不等。母源抗体可通过卵传给子代,但其保护作用甚差,也不干扰鸡的免疫接种,因为疫苗毒属于细胞结合性病毒,因此,没有本病流行的地区最好不用弱毒疫苗免疫,更不能用自然强毒接种,它不仅可使本病疫源长期存在,还可能散布其他疫病。

(4)为防止鸡慢性呼吸道疾病,可在饮水中添加泰乐霉素或链霉素等药物,以防止细菌并发感染。或用中药制剂在病初给药,可明显减缓呼吸道的炎症,达到缩短病程、减少死亡的目的。

(5)鸡场发病后,可考虑将本病的疫苗接种纳入免疫程序。用鸡传染性喉气管炎弱毒苗给鸡群免疫,首免在50日龄左右,二免在首免后6周进行,免疫可用滴鼻、点眼或饮水方法。目前的弱毒苗因毒力较强接种后鸡群有一定的反应,轻者出现结膜炎和鼻炎,严重者可引起呼吸困难,甚至部分鸡死亡,与自然病例相似,故应用时严格按说明书规定执行。国内生产的传染性喉气管炎、鸡痘二联苗,也有较好的防治效果。

十、传染性鼻炎

传染性鼻炎是由副嗜血杆菌引起的鸡的一种急性呼吸道传染病。本病使幼雏育成率降低,产卵期推迟,产蛋鸡停止产卵或产蛋率降低,公鸡睾丸萎缩,在集约化养鸡中是重要疫病之一。

1. 发病特点

鸡是副嗜血杆菌的主要宿主,各种日龄的鸡均能感染,但日龄越大,易感性越强。

慢性病鸡和康复后的带菌鸡是主要的传染源,本病主要通过被污染的饲料和饮水经消化道而感染。鸡舍通风不良,氨气浓度过高,鸡舍密度过大,营养水平不良以及气候的突然变化等均可增加本病的严重程度。本病发病率高且极易复发。一般前期死亡率低,后期死淘率高。少数菌株毒力强,在发病期也可造成较高的死亡率。常与其他禽病如霉形体病传染性支气管炎、传染性喉气管炎等混合感染可加重病程,增加死亡率,不同日龄的鸡群混养也常导致本病的暴发。

本病以秋冬、春初时节多发。潜伏期短,传播快。鸡群密度过大,鸡舍寒冷、潮湿、通风不良,维生素 A 缺乏,寄生虫感染等,均可促使本病的发生和流行。

2. 临床症状

多数患鸡可见发热、精神不振、食欲减退,同时,鼻腔和鼻窦内有浆液性黏液性分泌物,发病初期量多,呈水样。颊部全面呈现浮性肿胀,这是本病最特征性的症状。从发病 3 日左右,鼻腔和鼻窦内有浆液性黏液性分泌物稍增加黏稠性,发出咕噜咕噜的呼吸音。面部肿胀严重的病例,泪水使眼睑胶着,引起暂时性失明。此时许多病鸡倒下、下痢或排出绿色粪便。发病 5 日左右,雄鸡在喉头部出现浮肿;产卵鸡的卵巢受到侵害,引起产卵停止或产蛋率降低。

在本病发生的养鸡场内,有许多病鸡仅流鼻液后即耐过。由于鸡的年龄和环境不同而各异,通常在 2 周龄前后症状恢复,死亡者很少,然而在病鸡受到葡萄球菌及大肠杆菌继发感染后,有不少可以延长其病理过程。

3. 病理变化

主要病理变化是鼻腔和鼻窦发生急性渗出性炎症,黏膜充血肿胀,表面有大量黏液及炎性渗出物凝块。严重时气管黏膜也有同样的炎症,偶尔发生肺炎和气囊炎。眼结膜充血发炎,面部和肉髯的皮下组织水肿。病程较长的病鸡,可见鼻窦、眶下窦和眼结膜囊内蓄积干酪样物质,蓄积过多时,常使病鸡的眼显著肿胀和向外突出,严重的引起巩膜穿孔和眼球萎缩破损,眼睛失明。

4. 诊断

本病和慢性呼吸道病、慢性鸡霍乱、鸡痘以及维生素缺乏症等的症状相类似,故仅从临床上来诊断本病有一定困难。

此外,传染性鼻炎常有并发感染,在诊断时,必须考虑到其他细菌或病毒并发感染的可能性。如群内死亡率高,病期延长时,则更须考虑有混合感染的因素,须进一步做出鉴别诊断。

5. 治疗

本病治疗可用泰龙进行全群饮水,同时配以 0.5%磺胺噻唑或复方新诺明拌料,连用 5 天,能取得非常满意的效果。也可用金三特(4 天)+鼻炎净(5～7 天)治疗。红霉素、土霉素及喹诺酮类药物也是常用治疗药物。

6. 预防

本病的预防主要是消除传染源,改善饲养管理条件,发病严重的地区同时还应进行免疫接种。目前,国内应用的疫苗主要是传染性鼻炎灭活油乳苗,分别在 8～10 周龄和 12～14 周龄进行 2 次免疫注射,每次 0.5 毫升,可获得一定的免疫效果。

十一、慢性呼吸道病

鸡慢性呼吸道病是由支原体引起的一种呼吸道病。随着养鸡业集约化程度的不断提高,饲养密度的不断增大,加上鸡只自身免疫系统的特点,鸡呼吸道疾病已经成为养鸡业的一类常见病和多发病,给养鸡业的生产造成极大的损失。

1. 发病特点

正常情况下,支原体能够引起鸡群发病,必须具备一定的条件,或者说必须在多种应激因素的作用下,才可能发生。

(1)在春、秋、冬季,昼夜温差比较大或受寒流的袭击,由于没有及时做好防寒工作,鸡群因受寒而发病。

(2)鸡舍通风不良,舍内有毒有害气体浓度过大,如氨、二氧化碳、硫化氢浓度大时,鸡群发病。

(3)饲养密度过大,鸡群发病。

（4）多种疾病发生时,如新城疫、传染性支气管炎、传染性喉气管炎、传染性鼻炎等病发生时,可继发慢性呼吸道病。

（5）当鸡日龄过小,即便是正常的气雾免疫也可激发本病。

总之,外界一切不利因素均可成为引起本病发生的诱因。

2. 临床症状

本病的特点是发病急、传播慢、病程长。在没有其他疾病发生时,只是由于气温变化、饲养密度大、鸡舍通风不良时发生的单纯性感染,多数鸡精神、食欲变化不大,少数鸡呼吸音增强（只能在夜间听到）,这些发病因素过强也可致多数鸡发病,这时采食量减少,在鸡群中可以看到有些鸡眼睛流泪,甩鼻,颜面肿胀。眼睛流泪多为一侧性,也有双眼流泪的。如果治疗不及时可转为慢性,鸡的食欲时强时弱,眼内有干酪样渗出物,严重时可造成眼睛失明。少数鸡由于喉头阻塞窒息而死,如没有继发感染,死亡率低。成年鸡发病对产蛋的影响是呼吸道病中影响最小的。但是,在实际生产中本病发生后常继发大肠杆菌病,尤其是在肉鸡群更加明显,结果使病情复杂化,鸡群死淘率上升。

3. 病理变化

剖检病鸡常见鼻腔、气管、支气管中有一些黏液性渗出物,胸腹部气囊浑浊、增厚,囊腹膜上有大量干酪样渗出物,如并发大肠杆菌感染,还可见到心脏、腹腔有大量纤维素性渗出物,腹腔和心包膜大量积液。

4. 诊断

根据临床症状及病理变化及鸡胚、雏鸡接种的典型病变可初步诊断,但要注意与传染性支气管炎、传染性喉气管炎和传染性鼻炎的区别。进一步确诊可用人工培养分离病原及血清学检查。

5. 治疗

治疗原则应考虑发病鸡的数量。病鸡少时以个别治疗为主;当发病鸡数量多,外界诱因无法立即去除时,可考虑大群给药与个别治疗相结合。

个别鸡的治疗可用链霉素,成年鸡每只鸡每天用 20 万国际单位,或者用卡那霉素每天 1 万国际单位,分 2 次注射,连续注射2~3 天。全群给药可用消咳、呼咳奇效、福喘定、金泰奇、喘呼平、奥诺、正支清、呼通等。用饮水给药的方法,连用 4~5 天。如与大肠杆菌病混合感染,则以用治疗大肠杆菌病的药物为主。

6. 预防

由于本病的发生有明显的诱因,因此,预防工作显得更为重要。

(1)在预防工作中,首要任务是对各种病毒性疾病做好预防接种工作。接种疫苗最好采用滴鼻、滴眼、喷雾方法进行,以提高鸡群的局部免疫力。饮水免疫时最好在水中事先添加 0.5% 的脱脂奶粉。为减少接种疫苗的应激反应,可在饮水中(前后 3 天)添加维生素 C、维生素 E 等。同时,在免疫接种前后 3~5 天,应停服抗生素和磺胺类药物。

(2)加强饲养管理,精心管好鸡群,夏天做好防暑降温,冬天做好防寒保暖。一年四季都要做好鸡舍的通风工作,给鸡创造一个较好的生存条件。

(3)饲料中定期添加抗生素,如土霉素,进行药物预防。在呼吸道病多发的季节(冬季、春季),可饲喂一些强力鱼肝油或维生素 A 和维生素 D_3,以增加黏膜细胞的屏障功能,促进抗体的产生。

(4)本病一旦发生,重要的是尽最大努力去除发病诱因,改善环境。这样有利于减少疾病的发生,有利于提高治疗效果。如果有其他的病毒性疾病发生,则以控制病毒性疾病为主。

十二、传染性脑脊髓炎

鸡脑脊髓炎又称流行性震颤,是由鸡脑脊髓炎病毒引起雏鸡的一种病毒性传染病。目前,广泛存在于世界各地,但一般不发生大区域性流行。易感动物主要是鸡,其他多种雀形目鸟类也有感染的报道。

1. 发病特点

本病一年四季均可发生,无明显的季节性。发病日龄以1~25日龄多见,7~14日龄最易感,40日龄以上鸡只感染后其症状不明显。雏鸡发病率为40%~60%,死亡率为20%~50%。

本病主要是垂直传播,亦可水平传播,在平养鸡中,水平传播4~5天可波及全群;在笼养鸡中,水平传播较缓慢。传染源是患鸡与隐性传染鸡,这些鸡感染后1个月内(建立特异性免疫力前)均可经粪便排毒,粪便中的病毒可存活28天以上。

2. 临床症状

本病经胚胎感染,潜伏期为1~7天,经口感染,潜伏期至少11天,最长达44天,典型的病状最多见于7~14日龄雏鸡,偶见于1月龄小鸡。

(1)雏鸡:发病初期,患鸡精神沉郁,反应迟钝,随后部分患鸡陆续出现共济失调,不愿走动,或走动步态不稳,直至不能站立,双跗关节着地,双翅张开垂地,勉强拍动翅膀辅助前行,甚至完全瘫痪。部分患雏头颈部肌肉震颤,尤其给予刺激时,震颤加剧。患鸡在发病过程中仍有食欲,但常因完全瘫痪而不能采食和饮水,以致衰竭死亡,病程为5~7天。

(2)中鸡:少数患鸡表现呆立、软脚,甚至出现中枢神经紊乱症状,偏头伸长颈向前直线行走或倒退,或突然无故将头向左右等方向扭转等。个别患鸡可能发生一侧或双侧性眼球晶状体浑浊,甚至失明。

(3)成年鸡:无神经症状,主要表现为一过性产蛋下降,一般产蛋率下降可达10%~20%,约14天后恢复正常。所产种蛋的孵化率下降,胚胎多数在19日龄前后死亡。母鸡还可能产小蛋,但蛋的形状、颜色、内容物无明显变化。

118

3. 病理变化

患鸡无明显肉眼可见的病理变化,仔细观察可能发现患雏肌胃的肌肉切面有一些斑驳的浅灰白色区,患鸡眼球晶状体可能出现浑浊。做病理组织学检查时,具有诊断意义的病理变化是脑干延髓和脊髓灰质中的神经元中央染色质溶解,脑中血管周围有"套管"现象,有大量的神经胶质细胞灶性增生,肌胃和胰脏中有大量淋巴细胞浸润。

4. 诊断

雏鸡在出生后 $1\sim2$ 周龄发病,表现明显的共济失调和头颈肌肉震颤。发生产蛋量下降的母鸡其发病期间产下的后代雏鸡表现中枢神经紊乱等神经症状、病雏肉眼可见病理变化不甚明显,一般化学药物治疗无效等特征均有助于初诊。确诊时需进行病毒分离、荧光抗体试验、琼脂扩散试验及酶联免疫吸附试验。临床上应与新城疫、维生素 B_1 缺乏症、维生素 B_2 缺乏症、维生素 E 硒缺乏症等相鉴别。

5. 治疗

(1)引起雏鸡神经症状及较高死亡率:洛利美饮水,连用 $3\sim5$ 天;欣独正或枝感欣拌料,连用 $3\sim5$ 天;维他命全天饮水,维生素 E 粉拌料,连用 $5\sim7$ 天。

(2)产蛋鸡隐性感染(引起不明原因产蛋下降):第 1 个疗程用欣独正或枝感欣拌料,连用 $3\sim5$ 天;紫黄抗独宁或热独舒饮水,连用 $3\sim5$ 天。第 2 个疗程用金蛋源拌料,连用 $10\sim15$ 天;维他命全天饮水,连用 $5\sim7$ 天。

6. 预防

本病尚无药物治疗,主要是做好预防工作,不到发病鸡场引进种蛋或种鸡,平时做好消毒及环境卫生工作。

目前,免疫接种所使用的疫苗有禽脑脊髓"Calnek 1143 株"弱毒活疫苗和禽脑脊髓炎油乳剂灭活疫苗两种。其基本免疫程序是:首免,后备种鸡于 12 周龄时,经饮水免疫接种弱毒活疫苗,1～2 羽份/只;二免后备鸡于 16 周龄时,经饮水免疫接种弱毒活疫苗,2 羽份/只,同时,可肌内注射接种油乳剂灭活疫苗 0.5～1 毫升/只。通过这些免疫接种,免疫期可达 1 年以上,必要时,可在产蛋中期再肌注油乳剂灭活疫苗 1 次,或在发病时用油乳剂灭活疫苗作紧急免疫注射进行防治。

十三、鸡痘

鸡痘是由禽痘病毒引起的一种广泛分布于世界各地,特别是大型养鸡场的高度接触性病毒性传染病,秋冬季节易流行,尤其潮湿环境下,蚊子较多,会加速该病的传染,因此,多雨的秋季应该注意该病的提前预防。

1. 发病特点

鸡痘分布广泛,几乎所有养鸡的地方都有鸡痘病发生,并且一年四季均可发病,尤其以春、秋两季和蚊蝇活跃的季节最易流行。

在鸡群高密度饲养条件下,拥挤、通风不良、阴暗、潮湿、体表寄生虫、维生素缺乏和饲养管理粗放,可使鸡群病情加重,如伴随葡萄球菌、传染性鼻炎、慢性呼吸道疾病,可造成大批鸡死亡,特别是规模较大的养殖场(户),一旦鸡痘暴发,就难以控制。

近年来,30 日龄以下鸡群的发病则有逐渐增高的趋势,临床上曾有 7 日龄以内的鸡群发生本病的报道。

2. 临床症状

根据病鸡的症状和病变,可以分为皮肤型、黏膜型和混合型三种病型。

(1)皮肤型:皮肤型鸡痘的特征是在身体无毛或毛稀少的部分,特别是在鸡冠、肉髯、眼睑和喙角,亦可出现泄殖腔的周围、翼下、腹部及腿等处,产生一种灰白色的小结节,渐次成为带红色的小丘疹,很快增大如绿豆大痘疹,呈黄色或灰黄色,凹凸不平,呈干硬结节,有时和邻近的痘疹互相融合,形成干燥、粗糙呈棕褐色的大的疣状结节,突出皮肤表面,痂皮可以存留3~4周之久,以后逐渐脱落,留下一个平滑的灰白色瘢痕,症状轻的病鸡也可能没有可见瘢痕。

(2)黏膜型(白喉型):此型鸡痘的病变主要在口腔、咽喉和眼等黏膜表面。初为鼻炎症状,2~3天后先在黏膜上生成一种黄白色的小结节,稍突出于黏膜表面,以后小结节逐渐增大并互相融合在一起,形成一层黄白色干酪样的假膜,覆盖在黏膜上面。如果用镊子撕去假膜,则露出红色的溃疡面。随着病情的发展,假膜逐渐扩大和增厚,阻塞在口腔和咽喉部位,使病鸡尤以幼雏鸡呼吸和吞咽障碍,严重时嘴无法闭合,病鸡往往作张口呼吸,发现"嘎嘎"的声音。此型鸡痘多发生于雏鸡和中鸡,死亡率高,雏鸡死亡可达50%。有些严重病鸡,鼻和眼部也受到侵害,产生所谓眼鼻型鸡痘,先是眼结膜发炎,眼和鼻孔中流出水样分泌物,以后变成淡黄色浓稠的脓液。时间稍长者,由于眶下窦有炎性渗出物蓄积,因而病鸡的眼部肿胀,结膜充满脓性或纤维素性渗出物,可以挤出一种干酪样的凝固物质,甚至引起角膜炎而失明。

(3)混合型:本型是指皮肤和口腔黏膜同时发生病变,病情严重,死亡率高。

3. 病理变化

除见局部的病理变化外,一般可见呼吸道黏膜、消化道黏膜渗出性炎症变化,有的可见有痘疱。

4. 诊断

根据发病情况,病鸡的冠、肉髯和其他无毛部分的结痂病灶,以及口腔和咽喉部的白喉样假膜可做出初步诊断。确诊则有赖于实验室诊断,如鸡胚接种,分离病毒;接种易感鸡,出现痘肿;或进行血清学检查。

5. 治疗

(1)大群鸡用吗啉胍按照 1‰的量拌料,连用 3～5 天,为防继发感染,饲料内应加入 0.2% 土霉素,配以中药鸡痘散(龙胆草 90 克,板蓝根 60 克,升麻 50 克,野菊花 80 克,甘草 20 克,加工成粉末,每日成鸡 2 克/只,均匀拌料,分上、下午集中喂服),一般连用 3～5 天即愈。或用鸡痘灵,本品每 500 克拌料 125 千克,供 1000 只鸡 1 次服用,每日 1 次,连喂 3～5 天。

(2)对于病重鸡,皮肤型可用镊子剥离痘痂,伤口涂抹碘酊或紫药水或生棉油;白喉型可用镊子将黏膜假膜剥离取出,然后,再撒上少许"喉症散"或"六神丸"粉或冰硼散,每日 1 次,连用 3 天即可。

(3)对于痘斑长在眼睑上,造成眼睑粘连,眼睛流泪的鸡可以采用注射治疗的方法给予个别治疗,用法为青霉素 1 支(40 万单位),链霉素 1 支(10 万单位),病毒唑 1 支,地塞米松 1 支,混匀后肌注,40 日龄以下注射 10 只鸡,40 日龄以上注射 5～7 只鸡。一般连续注射 3～5 次,即可痊愈。

6. 预防

(1)预防接种:鸡痘的预防最可靠方法是接种疫苗。目前,应用的鸡痘疫苗安全有效,适用于幼雏和不同年龄的鸡,临用时将疫苗稀释 50 倍,用专用刺痘针,在鸡的翅膀内侧无血管处皮下,每只鸡刺一下。通常接种后第 4 日接种部位出现肿起的痘疹,第 9 日形成痘斑,否则,免疫失败,须重新接种。一般在 25 日龄左右和 80 日龄左右各刺种 1 次,可取得良好的预防效果。

在接种工作中,要注意以下几点:接种疫苗必须用于健康鸡群;同一天免疫所有鸡,若用于紧急接种,应从离发病鸡群最远的鸡群开始,直至发病群;使用疫苗要充分摇匀,且一次用完;在秋季或夏秋之际进的雏鸡免疫应该提前到 15 日内,其他季节可以推迟到 30～40 日龄;工作完成后,要消毒双手并处理(燃烧或煮沸)

残液。

（2）消灭和减少蚊蝇等吸血昆虫危害：消除鸡舍周围的杂草，填平臭水沟和污水池，并经常喷洒杀蚊剂消灭蚊蝇等吸血昆虫；对鸡舍门窗、通风排气孔安装纱窗门帘，并用杀虫剂喷洒纱窗门帘防止蚊蝇进入鸡舍，减少吸血昆虫传播鸡痘。

（3）改善鸡群饲养环境：规模养鸡场（户）应尽量降低鸡的饲养密度，保持鸡舍通风换气良好；加强卫生消毒，每批鸡出笼后应将栏舍内可移物全面清除，并彻底打扫干净，再用常规消毒药剂喷洒消毒，饲养用具用沸水蒸煮消毒。遇高温高湿季节，应加强鸡舍内通风和吸湿防潮，以保护易感鸡群。同时，要加强鸡群饲养，保持日粮营养全面，增强鸡群的抗病能力。

（4）防止鸡痘疫情传入：除平时做好鸡群的卫生防疫外，对引进的鸡群，必须事先作好鸡痘疫苗的免疫接种，鸡群引进后要经过隔离饲养观察，证明无病后方可合群。一旦发生鸡痘，应及时隔离病鸡，对重症者应及时淘汰，对死亡和淘汰的病鸡及时进行深埋或焚烧等无害化处理，对鸡舍、运动场和一切用具进行严格消毒。对病状轻、经治疗转归的鸡群应在完全康复后 2 个月方可合群，同时，对易感鸡群进行紧急免疫接种，以防鸡痘疫情扩散。

十四、传染性贫血病

鸡传染性贫血病是一个以再生障碍性贫血和全身淋巴器官萎缩，造成免疫抑制为主要特征的病毒性传染病，又称出血综合征、贫血、出血性贫血综合征、出血性再生不良性贫血综合征、贫血皮炎和蓝翅病等。

1. 发病特点

自然条件下只有鸡对本病易感，不同品种的鸡都能感染本病。随着年龄增加，本病对鸡的易感性明显减少。主要发生在 2～3 周龄内的雏鸡，1～7 日龄雏鸡最易感，其中以肉鸡尤其是公鸡更易感染。

本病主要通过蛋垂直传播,水平传播一般不引起发病,但有抗体产生。病愈鸡可产生中和抗体。带有母源抗体的雏鸡一般不感染发病,但抗体水平低或母源抗体水平正常而混合其他病原体感染或继发感染均可能发病。与马立克病毒混合感染,会造成鸡的早期死亡,与法氏囊病毒混合感染会大大提高鸡的死亡率。该病也可能是造成鸡新城疫免疫失败的原因之一。

2. 临床症状

本病的主要临床特征是贫血,一般在感染后 10～12 天症状表现最明显,病鸡表现精神沉郁、消瘦、苍白、翅膀皮炎或蓝翅,体重减轻,全身或头颈部皮下出血、水肿,2～3 天后开始死亡,死亡率不一致,通常为 10%～50%。感染鸡血稀如水,血凝时间延长,血细胞容积可降低到 20% 以下,红、白细胞数量减少,可分别降到 100 万/毫升和 5000 万/毫升以下。

3. 病理变化

特征性的病变是骨髓萎缩,呈脂肪色、淡黄色或淡红色,常见有胸腺萎缩,甚至完全退化,呈深红褐色。法氏囊萎缩,体积缩小,外观呈半透明状。肝、脾、肾肿大,褪色。心脏变圆,心肌、真皮和皮下出血。骨骼和腺胃固有层黏膜出血,严重的出现肌胃黏膜糜烂和溃疡。部分鸡的肺有实质性变化。

4. 诊断

根据临床症状和剖检变化,可做出初步诊断。确诊须进行病理组织学检查、病毒分离鉴定和血清学试验。

5. 治疗

虽无特效治疗方法,但使用抗生素可防止并发或继发感染,饲料中增加维生素、微量元素、氨基酸等可减缓病情,降低死亡,对缩短病程及病鸡的耐过康复有积极作用。

6. 预防

本病目前尚无特效治疗方法,防止该病的传入是关键。

(1)重视日常卫生防疫:防止由环境因素及其他传染病导致的免疫抑制,搞好传染性法氏囊病、马立克病等疫苗的免疫接种和其他基础免疫。加强饲养管理,提高鸡群的抵抗力,强化鸡舍、环境、饮水、用具的经常性净化、消毒,减少或消除环境中鸡传染性贫血病病毒的存在,防止易感鸡感染出现亚临床症状。

(2)免疫接种以防垂直传播感染发病:种鸡于13~14周龄(开产前6周),用鸡传染性贫血病弱毒疫苗肌内或皮下注射,可有效防止子代发病。鸡传染性贫血病疫苗不宜对6周龄内雏鸡和产蛋前3~4周内种鸡群接种,否则雏鸡被感染或通过种蛋传播疫苗病毒。喷雾或饮水免疫应慎重。

(3)加强检疫监测,防止引入带毒鸡,严防鸡传染性贫血病的传入是关键。要从无鸡传染性贫血病的厂家引进种鸡种蛋,防止从外引入带毒鸡;对使用的有关疫苗进行鸡传染性贫血病病毒污染的检查;要加强鸡传染性贫血病的检疫工作,随时掌握是否有鸡传染性贫血病亚临床感染的存在。有条件的鸡场应进行免疫抗体监测,以掌握鸡传染性贫血病疫苗免疫对鸡群的保护力。

十五、鸡伤寒和副伤寒病

鸡伤寒病是由禽伤寒沙门菌引起的主要发生于鸡消化道的传染病;鸡副伤寒是由多种沙门菌引起的(其中以鼠伤寒沙门菌最常见,其次为德尔俾沙门菌,海德堡沙门菌、纽波特沙门菌和鸭沙门菌)传染病。主要危害6月龄以下的鸡,也会引起雏鸡发病。

1. 发病特点

鸡伤寒、副伤寒病病菌的抵抗力不强,常用的消毒方法即能杀灭。病原主要侵害消化系统、各器官和生殖系统,它们的传播除种蛋垂直传播外,病菌污染孵化器、栏舍、饮水、饲料等也是传播的重要途径。

2. 临床症状

副伤寒病的症状与鸡伤寒病十分相似,其特征主要是采食减少,下痢,饮水增加,精神不振,羽毛蓬乱,冠贫血苍白并缩小等。

3. 病理变化

鸡伤寒病急性病例肝、肾肿大,暗红色。亚急性和慢性病例肝肿大,青铜色。脾脏肿大,表面有出血点,肝和心肌有灰白色粟粒状坏死灶,心包炎。小肠黏膜弥漫性出血,慢性病例盲肠内有土黄色栓塞物,肠浆膜面有黄色油脂样物附着。雏鸡感染见心包膜出血,脾轻度肿大,肺及肠呈渗出性炎症。成年鸡感染后,卵巢和卵黄都与鸡白痢相似。

副伤寒雏鸡最急性病例,没有任何症状和病变而突然死亡。急性和亚急性病例卵黄凝固,肝、脾脏充血肿大,有条纹状或针尖状出血点和坏死灶。肺、肾充血,心包炎和心包粘连,出血性肠炎,盲肠内有干酪样物。

4. 诊断

要确切诊断,必须分离和鉴定鸡沙门菌。鸡群的症状和病变能为本病提供重要线索,对生长鸡与成熟鸡的血清学检测结果有助于做出初步诊断。

5. 治疗

用磺胺二甲基嘧啶治疗,能有效地减少死亡。用呋喃唑酮治疗也有效,其用量和用法与鸡白痢同。每只鸡每日以氯霉素200毫克内服,或每千克饲料含 $2.6\sim5.2$ 克氯霉素,对初发病的鸡有很好的疗效。

6. 预防

同鸡白痢。

十六、产蛋下降综合征

减蛋综合征(EDS-76)是由减蛋综合征病毒引起的一种以引起青年母鸡产蛋量和蛋的品质下降为特征的接触性传染病。

1. 发病特点

(1)易感动物和发病日龄:各日龄的鸡均可感染,产褐色壳蛋的种母鸡最易感,产白色壳蛋的母鸡患病率低。在产蛋高峰期和接近产蛋高峰期是发病高潮,其自然宿主是鸭或野鸭。

(2)传播途径:鸡体内的病毒可经种蛋传染给下代雏鸡,这是本病传播的重要方式,病毒在体内长期潜伏,一直到产蛋高峰期才发病,另一种传播方式是污染饲料、饮水,经消化道感染健康鸡,传播缓慢,同时,有些弱毒疫苗是由非特异性病原的鸡胚制作的,其中含有减蛋综合征病毒。注射或饮水易于传播本病;鸡鸭混养,注射针头也可以传播此病。

2. 临床症状

发病鸡群的临床症状并不明显,发病前期可发现少数鸡腹泻,个别呈绿便,部分鸡精神不佳,闭目似睡,受惊后变得精神。有的鸡冠表现苍白,有的轻度发紫,采食、饮水略有减少,体温正常。发病后鸡群产蛋率突然下降,每天可下降 2%～4%,连续 2～3 周,下降幅度最高可达 30%～50%,以后逐渐恢复,但很难恢复到正常水平或达到产蛋高峰。在开产前感染时,产蛋率达不到高峰。蛋壳褪色(褐色变为白色),产异形蛋、软壳蛋、无壳蛋的数量明显增加。

3. 病理变化

本病常缺乏明显的病理变化,其特征性病变是输卵管各段黏膜发炎、水肿、萎缩,病鸡的卵巢萎缩变小,或有出血,子宫黏膜发炎,肠道出现渗出性炎症。子宫输卵管腺体水肿,单核细胞浸润,黏膜上皮细胞变性、坏死,子宫黏膜及输卵管固有层出现浆细胞、淋巴细胞和异嗜细胞浸润,输卵管上皮细胞核内有包涵体,核仁、核染色质偏向核膜一侧,包涵体染色有的呈嗜酸性,有的呈嗜碱性。

4. 诊断

多种因素可造成密集饲养的鸡群发生产蛋下降,因此,在诊断时,应注意综合分析和判断。减蛋综合征可根据发病特点、症状、病理变化、血清学及病原分离和鉴定等方面进行分析判定。

5. 治疗

(1)卵倍佳,每瓶溶于 150 升水,集中给药,连用 3～5 天。

(2)恒奇威,每瓶溶于 200 升水,集中给药,连用 3～5 天。

6. 预防

(1)卫生管理措施:目前,对该病尚无特效药物进行治疗,所以必须加强卫生管理措施。

①由于减蛋综合征是垂直传播,因此,要注意不能使用来自感染鸡群的种蛋。

②病毒在粪便中存活,具有抵抗力,因此,要有合理有效的卫生管理措施。严格控制外来人员及野鸟进入鸡舍,以防疾病传播。

③对鸡采取"全进全出"的饲养方式,对空鸡舍全面清洁及消毒后,空置一段时间方可进鸡。对种鸡采取鸡群净化措施,即将 40 周龄以上的鸡所产蛋孵化成雏后,分成若干小组,隔开饲养,每隔 6 周用 HI 测定抗体,一般测定 10％～25％的鸡,淘汰阳性鸡。直到 40 周龄时,100％阴性鸡继续养殖。

(2)免疫预防:已研制出减蛋综合征油乳剂灭活苗、鸡减蛋综合征蜂胶苗等,于鸡群开产前 2～4 周注射 0.5 毫升,由于本病毒的免疫原性较好,对预防减蛋综合征的发生具有良好的效果,可保护一个产蛋周期。

十七、病毒性关节炎

病毒性关节炎又名传染性腱鞘炎,是由传染性关节炎病毒引起的鸡运动障碍、生长停滞、死淘率升高的传染病。该病多见于肉鸡,给肉鸡生产带来重大损失,是我国养鸡业不可忽视的传染病之一。

1. 发病特点

本病仅发生于鸡,主要感染 4～16 周龄的肉鸡,尤以 4～6 周龄肉鸡多发。1 日龄雏鸡易感性最强,日龄较大易感性减轻。本病可水平传播也可以通过种蛋垂直传播,主要通过呼吸道与消化道在鸡群中传播蔓延。

2. 临床症状

本病的主要症状是跛行和足趾以上的足部及足胫腱鞘肿胀,严重时以膝着地,无法行动,部分病鸡可能在足关节炎症不明显之前呈败血症死亡。病变见足和胫部的腱鞘水肿,腓肠肌腱破裂,胫关节和趾关节肿大,关节中含有棕黄色或带血色的渗出物,炎症转化为慢性时,腱鞘硬化和粘连,关节软骨烂斑,骨膜增生。

3. 病理变化

患鸡跗关节上下周围肿胀,切开皮肤可见到关节上部腓肠腱水肿,滑膜内经常有充血或点状出血,关节腔内含有淡黄色或血样渗出物,少数病例的渗出物为脓性。其他关节腔淡红色,关节液增加。根据病程的长短,有时可见周围组织与骨膜脱离。大雏或成鸡易发生腓肠腱断裂。换羽时发生关节炎,可在患鸡皮肤外见到皮下组织呈紫红色。慢性病例的关节腔内的渗出物较少,腱鞘硬化和粘连,在跗关节远端关节软骨上出现凹陷的点状溃烂,然后变大、融合,延伸到下方的骨质,关节表面纤维软骨膜过度增生。有的在切面可见到肌和腱交接部发生的不全断裂和周围组织粘连,关节腔有脓样、干酪样渗出物。有时还可见到心外膜炎,肝、脾和心肌上有细小的坏死灶。

4. 诊断

病毒性关节炎的初期诊断较为困难,关节肿胀与沙门杆菌病、大肠杆菌病和葡萄球菌病等引起的症状不易区分,同时也极易与这些病菌混合感染。因此,对此病的诊断,一般是根据症状及流行特点做出初步诊断,再根据病原学及血清学方法进行确诊。

5. 治疗

剔出病鸡,集中饲养,症状严重的应淘汰。病症较轻者每代康尔得兑水 100 千克、每代氟苯尼考 100 千克兑水混合使用,连用 5～7 天。

6. 预防

(1)环境消毒:病毒对热的抵抗力较强,对于肉用鸡采用全进全出,消毒后空舍一段时间。消毒剂中 0.5％有机碘及碱性消毒液如草木灰、氢氧化钠较为有效。

(2)杜绝经蛋传播:不要从发病鸡场购进种蛋,同时,严格饲养幼鸡,因为雏鸡在 1～20 日龄时是最易感的。要加强兽医卫生防疫。

(3)种鸡可在 7 日龄及 6 周龄各进行 1 次 S1133 弱毒疫苗接种,然后,在 20 周龄注射 1 次油乳剂灭活疫苗,如此可使子代免受早期感染。肉用仔鸡可在 1 日龄时用多价弱毒疫苗进行免疫。

十八、鸡肿头综合征

鸡肿头综合征是由禽肺炎病毒引起并继发致病性大肠杆菌等感染的一种传染病,以肿头和特征性神经症状为主要特征,产蛋鸡还可发生产蛋量下降,孵化率降低。

1. 发病特点

肿头综合征主要危害鸡(肉用种鸡、商品蛋鸡、肉鸡均可发生)和火鸡,鸡和火鸡是已知的自然宿主。主要通过接触水平传播,病鸡或康复鸡的消化道和鼻腔分泌物污染饮水及环境而成为传染源,该病传播速度较慢,目前,尚无证据表明该病可以垂直传播。对于肉鸡,鸡肿头综合征的发病年龄在 4～7 周龄,而以 5～6 周龄为高峰,对于肉用种鸡和商品蛋鸡则可发生于各种年龄。在不予治疗的情况下,病程大约为 10 天,如果应用抗生素治疗并改善通风条件,病程一般可缩短到 3～5 天。

2. 临床症状

病初出现喷嚏或发出咯咯声,1 天内可见鸡结膜潮红和泪腺肿胀,患鸡用爪抓面部,表明面部痛痒,接着可见少数鸡眼睑、眼周围及头部水肿,2～3 天后,头、眼睑显著水肿,结膜炎,因泪腺肿胀,内眼角呈卵圆形隆起,眼睛闭合。有的下颌、颈上部和肉髯也出现水肿,少数病鸡出现斜颈、转圈、共济失调和角弓反张,常见有腹泻,粪便呈绿色,恶臭,病鸡因无法采食,或因某些条件性致病菌导致败血症而死亡。蛋鸡产蛋量几天内略有下降。

3. 病理变化

剖检可见头面部皮下水肿,无色渗出液增多,鼻腔内充满黏稠性液体,泪腺、结膜囊和面部皮下组织内存在数量不等的干酪样渗出物。肝、脾肿大,土灰色;心包膜增厚混浊,心包内充满黄色纤维蛋白渗出液;部分鸡有卵黄性腹膜炎。

4. 诊断

鸡肿头综合征在临床上表现头肿胀、特征性神经症状和病理变化有助于该病的初步诊断,但要确诊此病有赖于病原的分离鉴定和血清学检测等。

5. 治疗

目前,对本病无特异性的免疫和治疗方法,对发病的鸡给予抗生素或磺胺类药物,控制并发性细菌感染,也可用氟甲喹治疗本病,连用 2～3 天。

6. 预防

改变鸡舍卫生条件,降低饲养密度,减少空气中的氨气浓度,以及增强鸡舍换气率等措施,对于防止或减少疾病的发生及危害程度均有较好效果。

十九、葡萄球菌病

鸡葡萄球菌病是由葡萄球菌所引起的一种传染病,一般认为金黄色葡萄球菌是主要的致病菌,该病有多种类型,给养鸡业造成较大损失。

1. 发病特点

本菌广泛存在于自然界和健康动物及鸡的皮肤和羽毛上,主要通过破损的皮肤或黏膜的伤口感染。造成的原因有鸡群感染新城疫,刺种时不消毒、啄伤、脐带感染等。鸡群拥挤,通风不良,鸡舍氨气过浓,缺乏维生素和无机盐都可促使本病的发生。

本病一年四季均可发生,以雨季、潮湿时节发生较多。但鸡的发病日龄以 40～60 日龄的鸡发病最多。平养和笼养都有发生,以笼养发病最多。

2. 临床症状

临床表现为急性败血症状、关节炎、雏鸡脐炎、皮肤(包括翼尖)坏死和骨膜炎。雏鸡感染后多为急性败血病的症状和病理变化,中雏为急性或慢性,成年鸡多为慢性。雏鸡和中雏死亡率较高。

(1)急性败血型:病鸡出现全身症状,精神不振或沉郁,不爱跑动,常呆立一处或蹲伏,两翅下垂,缩颈,眼半闭呈嗜睡状。羽毛蓬松零乱,无光泽。病鸡饮、食欲减退或废绝。少部分病鸡下痢,排出灰白色或黄绿色稀粪。较为特征的症状是捉住病鸡检查时,可见腹胸部,甚至波及嗉囊周围,大腿内侧皮下浮肿,潴留数量不等的血样渗出液体,外观呈紫色或紫褐色,有波动感,局部羽毛脱落,或用手一摸即可脱掉。其中有的病鸡可见自然破溃,流出茶色或紫红色液体,与周围羽毛粘连,局部污秽,有部分病鸡在头颈、翅膀背侧及腹面、翅尖、尾、脸、背及腿等不同部位的皮肤出现大小不等的出血、炎性坏死,局部干燥结痂,暗紫色,无毛;早期病例,局部皮下湿润,暗紫红色,溶血,糜烂。这些表现是葡萄球菌病常见的病型,多发生于中雏,病鸡在2~5天死亡,快者1~2天呈急性死亡。

(2)关节炎型:病鸡可见到关节炎症状,多个关节炎性肿胀,特别是趾、跖关节肿大为多见,呈紫红或紫黑色,有的见破溃,并结成污黑色痂。有的出现趾瘤,脚底肿大,有的趾尖发生坏死,黑紫色,较干涩。发生关节炎的病鸡表现跛行,不喜站立和走动,多伏卧,一般仍有饮欲、食欲,多因采食困难,饥饱不匀,病鸡逐渐消瘦,最后衰弱死亡,尤其在大群饲养时为明显。此型病程多为10余天。有的病鸡趾端坏疽,干脱。如果发病鸡群有鸡痘流行时,部分病鸡还可见到鸡痘的病状。

(3)脐带炎型:是孵出不久雏鸡发生脐炎的一种葡萄球菌病的病型,对雏鸡造成一定危害。由于某些原因,鸡胚及新出壳的雏鸡脐环闭合不全,葡萄球菌感染后,即可引起脐炎。病鸡除一般病状外,可见腹部膨大,脐孔发炎肿大,局部呈黄红紫黑色,质稍硬,间有分泌物,常称为"大肚脐"。脐炎病鸡可在出壳后2~5天死亡。因本病多死亡,见"大肚脐"雏鸡后立即烧掉是一个果断的作法。当然,其他细菌也可以引起雏鸡脐炎。

(4)眼型葡萄球菌病:表现为上下眼睑肿胀,闭眼,有脓性分泌物黏闭,用手掰开时,则见眼结膜红肿,眼内有多量分泌物,并见有肉芽肿。时间较久者,眼球下陷,后可见失明。有的见眼的眶下窦肿突。最后病鸡多因饥饿、被踩踏、衰竭死亡。眼型发病约占总病鸡30%左右,占死亡20%左右。

(5)肺型葡萄球菌病:主要表现为全身症状及呼吸障碍,死亡率10%左右。

3. 病理变化

(1)急性败血型:特征性的肉眼变化是胸部的病变,可见死鸡胸部、前腹部羽毛稀少或脱毛,皮肤呈紫黑色浮肿,有的自然破溃则局部粘污。剪开皮肤可见整个胸、腹部皮下充血、溶血,呈弥漫性紫红色或黑红色,积有大量胶冻样粉红色或黄红色水肿液,水肿可延至两腿内侧、后腹部,前达嗉囊周围,但以胸部为多。同时,胸腹部甚至腿内侧见有散在出血斑点或条纹,特别是胸骨柄处肌肉弥散性出血斑或出血条纹为重,病程久者还可见轻度坏死。肝脏肿大,淡紫红色,有花纹或驳斑样变化,小叶明显。在病程稍长的病例,肝上还可见数量不等的白色坏死点。脾亦见肿大,紫红色,病程稍长者也有白色坏死点。腹腔脂肪、肌胃浆膜等处,有时可见紫红色水肿或出血。心包积液呈黄红色半透明,心冠状沟脂肪及心外膜偶见出血。有的病例还见肠炎变化,腔上囊无明显变化。在发病过程中,也有少数病例,无明显眼观病变,但可分离出病原。

(2)关节炎型:可见关节炎和滑膜炎。某些关节肿大,滑膜增厚,充血或出血,关节囊内有或多或少的浆液,或有浆性纤维素渗出物。病程较长的慢性病例,后变成干酪样性坏死,甚至关节周围结缔组织增生及畸形。

(3)幼雏以脐炎为主的病例:可见脐部肿大,紫红或紫黑色,有暗红色或黄红色液体,时间稍久则为脓样干性坏死物,肝有出血点。卵黄吸收不良,呈黄红或黑灰色,液体状或内混絮状物。病鸡体表不同部位见皮炎、坏死,甚至坏疽变化。如有鸡痘同时发生时,则有相应的病变。

(4)眼型病例:可见与生前相应的病变。

(5)肺型病例:肺部则以瘀血、水肿和肺实变为特征。甚至见到黑紫色坏疽样病变。

4. 诊断

鸡葡萄球菌病的诊断主要根据发病特点、发病症状及病理变化做出初步诊断,最后确诊还需要结合实验室检查做综合诊断。

5. 治疗

一旦鸡群发病,要立即全群给药治疗。

(1)庆大霉素:如果发病鸡数不多时,可用硫酸庆大霉素针剂,按每只鸡每千克体重 3000～5000 国际单位肌内注射,每日 2 次,连用 3 天。

(2)卡那霉素:硫酸卡那霉素针剂,按每只鸡每千克体重 1000～1500 国际单位肌内注射,每日 2 次,连用 3 天。

(3)氯霉素:可按 0.2% 的量混入饲料中喂服,连服 3 天。如用针剂,按每只鸡每千克体重 20～40 毫克计算,1 次肌内注射,或配成 0.1% 水溶液,让鸡饮服,连用 3 天。

(4)红霉素:按 0.01%～0.02% 药量加入饲料中喂服,连续 3 天。

(5)土霉素、四环素、金霉素:按 0.2% 的比例加入饲料中喂服,连用 3～5 天。

(6)链霉素:成年鸡按每只 10 万国际单位肌内注射,每日 2 次,连用 3～5 天。或按 0.1%～0.2% 浓度饮水。

(7)磺胺类药物:磺胺嘧啶、磺胺二甲基嘧啶按 0.5% 比例加入饲料喂服,连用 3～5 天,或用其钠盐,按 0.1%～0.2% 浓度溶于水中,供饮用 2～3 天。磺胺-5-甲氧嘧啶或磺胺-6-甲氧嘧啶按 0.3%～0.5% 浓度拌料,喂服 3～5 天。0.1% 磺胺喹恶啉拌料喂服 3～5 天。或用磺胺增效剂与磺胺类药物按 1：5 混合,以 0.02% 浓度混料喂服,连用 3～5 天。

6. 预防

葡萄球菌病是一种环境性疾病,预防本病的发生,主要是做好经常性的预防工作。

(1)防止发生外伤:创伤是引起发病的重要原因,因此,在饲养过程中,尽量避免和消除使鸡发生外伤的诸多因素,如笼架结构要

135

规范化,装备要配套、整齐,自己编造的笼网等要细致,防止铁丝等尖锐物品引起皮肤损伤的发生,从而堵截葡萄球菌的侵入和感染。

(2)做好皮肤外伤的消毒处理:在带翅号(或脚号)、剪趾及免疫刺种时,要做好消毒工作。除了发现外伤要及时处理外,还需针对可能发生的原因采取预防办法,如避免刺种免疫引起感染,可改为气雾免疫法或饮水免疫;鸡痘刺种时做好消毒。进行上述工作前后,采用添加药物进行预防等。

(3)适时接种鸡痘疫苗:预防鸡痘发生从实际观察中表明,鸡痘的发生常是鸡群发生葡萄球菌病的重要因素,因此,平时做好鸡痘免疫是十分重要的。

(4)搞好鸡舍卫生及消毒工作:做好鸡舍、用具、环境的清洁卫生及消毒工作,这对减少环境中的含菌量,消除传染源,降低感染机会,防止本病的发生有十分重要的意义。

(5)加强饲养管理:供给足够维生素和矿物质;鸡舍内要适时通风、保持干燥;鸡群不易过大,避免拥挤;有适当的光照;防止互啄现象。这样,就可防止或减少啄伤的发生,并使鸡只有较强的体质和抗病力。

(6)做好孵化过程的卫生及消毒工作:要注意种蛋、孵化器及孵化全过程的清洁卫生及消毒工作,防止工作人员(特别是雌雄鉴别人员)污染葡萄球菌,引起雏鸡感染或发病,甚至散播疫病。

(7)预防接种:发病较多的鸡场,为了控制该病的发生和蔓延,可用葡萄球菌多价苗给 20 日龄左右的雏鸡注射。

二十、曲霉菌病

曲霉菌病是鸡的一种常见霉菌病,特别是幼雏,往往呈急性群发,可造成大批死亡。本病的特征是肺和气囊发生炎症和小结节,故又称曲霉菌性肺炎。

1. 发病特点

曲霉菌的孢子广泛分布于自然界,当垫料和饲料发霉,污染了育雏室的空气和设备、用具时,曲霉菌的孢子被鸡吸入而感染。各种年龄的鸡都有易感性,但以 4～12 日龄的幼雏易感性最高。在阴暗、潮湿的条件下,如果育雏室通风不良,饲养密度又大,易引起本病的暴发。

2. 临床症状

自然感染的潜伏期为 2～7 天。1～20 日龄雏鸡多呈急性经过,青年鸡和成年鸡为慢性经过。病雏精神不振,两翅下垂,对外界反应淡漠,随后可见到呼吸困难,常伸脖张口吸气,有气管啰音,有时连续打喷嚏,呈现腹式呼吸。冠和肉髯颜色发绀,后期发生腹泻,最后窒息死亡。有的病例有神经症状,头向背仰,运动失调。病程约 1 周,若采取的措施不力,死亡率可达 50%以上。

3. 病理变化

主要病变在肺和气囊。肺脏肿大,有粟粒大至豆粒大的灰白色或灰黄色真菌结节,触之柔软有弹性,似橡皮样,切开后呈轮层状同心圆结构,中心为干酪样物,内含大量菌丝体。孢子在气囊膜萌发引起炎症,气囊膜呈点状和局灶性混浊、增厚,散在有黄白色真菌结节。肝、脾、肾、卵巢等处也可见到数量不等的圆形,稍突起,中心凹陷,中间绿色,边缘白色,表面呈绒毛状的真菌斑块。

4. 诊断

临床上有诊断意义的是由呼吸困难所引起的各种症状,但应注意和其他呼吸道疾病相区别。单凭临床诊断还有困难,所以在鸡场中诊断本病还要依靠流行病学调查,主要是呼吸道感染,不卫生的环境条件,特别是发霉的垫料、饲料和病理剖检(特征是肺和气囊膜有大小不等的结节性病灶,或伴有肺炎)。本病的确切诊断,可以采取病禽肺或气囊上的结节病灶,作为压片镜检或分离培养鉴定。

5.治疗

确诊为本病后,对发病鸡群,针对发病原因,立即更换垫料或停喂和更换霉变饲料,清扫和消毒鸡舍,给病鸡群用链霉素饮水或饲料中加入土霉素等抗菌药物,防止继发感染,这样,可在短时期内降低发病和死亡,从而控制本病。

据报道,用制霉菌素防治有一定效果,剂量为每100只雏鸡用50万单位,拌料喂服,日服2次,连用2~3天。或用克霉唑(三苯甲咪唑),每100只雏鸡用1克,拌料喂服,连用2~3天。二性霉素B也可试用。

6.预防

(1)加强孵化的卫生管理,对孵化室的空气进行监测,控制孵化室的卫生,防止雏鸡的霉菌感染。

(2)不使用发霉的垫料和饲料是预防本病的关键措施。育雏室保持清洁、干燥;防止用发霉垫料,垫料要经常翻晒和更换,特别是阴雨季节,更应翻晒,防止霉菌生长;育雏室每日温差不要过大,按雏禽日龄逐步降温;合理通风换气,减少育雏室空气中的霉菌孢子;保持室内环境及用物的干燥、清洁,饲槽和饮水器具经常清洗,防止霉菌滋生;注意卫生消毒工作。

(3)克霉宝,预防添加量为0.2~0.4千克/吨;一般霉变添加量为1~2千克/吨,明显发霉添加量为2~3千克/吨;肉鸡、蛋鸡每吨饲料添加0.2~1千克。

二十一、衣原体病

衣原体病是由鹦鹉热衣原体引起的一种接触性传染病。一般不表现临床症状,在有并发症或逆境条件下,可引起大批发病,死亡率较高,从而造成严重的经济损失。

1.发病特点

不同品种的鸡均可感染本病,但以幼鸡最易感。病鸡和带有衣原体的鹦鹉等鸟类是主要的传染源。本病主要通过空气传播，也可通过皮肤伤口侵入及吸血昆虫传播。

2. 临床症状

中鸡和成鸡感染后，无临床症状。幼龄鸡感染发病后，表现全身颤抖，步态不稳，食欲废绝，严重腹泻，排水样绿色粪便，眼和鼻孔中流有浆液性或黏液性分泌物，附近羽毛粘连结痂或脱落。病鸡逐渐消瘦，肌肉萎缩，呈恶病质状态，终因体质衰竭、痉挛而死。感染的鸡蛋出雏率下降，而且1日龄幼雏死亡率会显著增高。

3. 病理变化

病变可见气囊增厚、结膜炎、眶下窦炎及眼球炎。胸肌萎缩和全身性多发性浆膜炎，胸腔、腹腔和心包腔中有浆液性或纤维素性渗出物，肝、脾肿大，偶有灰色或黄色小坏死灶，有肝周炎。

4. 诊断

本病与鸡传染性浆膜炎、沙门菌病、大肠杆菌病等多种鸡病相似，单从临床症状、剖检病变不易诊断。所以，必须采取病料进行实验诊断才能确诊。

5. 治疗

(1)罗红霉素可溶性粉，每千克水加10～20毫克，饮用3～5天；用于拌料时罗红霉素含量为0.01%～0.03%，喂料3～5天。

(2)氟苯尼考每20千克饲料加1克，1天1次，连喂3～5天，也可用肌内注射，每千克体重20～50毫克。

(3)泰乐菌素每千克水加1克，饮用3天。

(4)土霉素或金霉素粉每千克饲料加0.2～0.4克，连用1～2周。

(5)复方阿奇霉素可溶性粉每50克加水300千克，用于拌料每50克加料150千克，每日1次，连用3～5天。

(6)复方氟苯尼考可溶性粉，每50克加水200千克，1天2次，连用3～5天(产蛋期禁用)。

6. 预防

首先,种蛋应来自无衣原体病的种鸡群,入孵种蛋不要有衣原体污染。其次,要重视孵化室和孵化设备的消毒工作,防止种蛋在孵化过程中污染。新孵出的雏鸡,在育雏舍内密度不要过大,通风良好,精心饲养管理,不要与其他禽类接触。目前,尚无商品疫苗或菌苗预防该病。

二十二、绿脓杆菌病

绿脓杆菌病是由绿脓杆菌引起的以败血症、关节炎、眼炎等为特征的传染性疾病。近年来,随着养鸡业的不断发展,鸡的绿脓杆菌病经常发生,且多见雏鸡发病。

1. 发病特点

绿脓杆菌在自然界中分布广泛,土壤、水、肠内容物、动物体表等处都有本菌存在。鸡、火鸡是最常见禽类宿主,浸蛋溶液中可能也会污染此菌。腐败鸡蛋在孵化器内破裂,可能是雏鸡暴发绿脓杆菌感染的一个来源。近年来,我国发现的雏鸡绿脓杆菌病,主要是由于注射马立克疫苗而感染绿脓杆菌所致。当气温较高,或再经长途运输,会降低雏鸡机体的抵抗力,从而发病。

本病一年四季均可发生,但以春季出雏季节多发。雏鸡对绿脓杆菌的易感性最高,随着日龄的增加,易感性越来越低。

2. 临床症状

雏鸡精神沉郁,食欲降低或废绝,体温升高(42℃以上),腹部膨胀,两翅下垂,羽毛逆立,排黄白色或白色水样粪便。有的病例几乎看不到临床症状而突然死亡,死亡率可达 70%～90%。有的病例出现眼球炎,表现为上下眼睑肿胀,一侧或双侧眼睁不开,角膜白色浑浊,膨隆,眼中常带有微绿色的脓性分泌物。时间长者,眼球下陷后失明,影响采食,最后衰竭而死亡。也有的雏鸡表现神经症状,奔跑、动作不协调,站立不稳,头颈后仰,最后倒地而死。

若孵化器被绿脓杆菌污染,在孵化过程中会出现爆破蛋,同时出现孵化率降低,死胚增多。

3. 病理变化

脑膜有针尖大的出血点,脾脏瘀血,肝脏表面有大小不一的出血斑点。头、颈部皮下有大量黄色胶冻样渗出物,有的可蔓延到胸部、腹部和两腿内侧的皮下,颅骨骨膜充血和出血,头颈部肌肉和胸肌不规则出血,后期有黄色纤维素样渗出物。腹腔有淡黄色清亮的腹水,后期腹水呈红色,肝脏、法氏囊浆膜和腺胃浆膜有大小不一的出血点,气囊浑浊增厚。绿脓杆菌静脉接种,引起心包炎与化脓性肺炎。卵黄吸收不良,呈黄绿色,内容物呈豆腐渣样,严重者卵黄破裂形成卵黄性腹膜炎。侵害关节者,关节肿大,关节液浑浊增多。死胚表现为颈后部皮下肌肉出血,尿囊液呈灰绿色,腹腔中残留较大的尚未吸收的卵黄囊。

4. 诊断

雏鸡患绿脓杆菌病,往往发生在注射马立克疫苗后的当天深夜或第二天;发病急,且死亡率高,可根据疾病的流行病学特点和病雏的临床症状及病理变化做出初步诊断。要做出确切诊断,必须进行病原菌的分离培养和鉴定。

5. 治疗

药物可用氟哌酸混饲,每1千克饲料加药0.5克,连用3～5天;庆大霉素肌注,雏鸡每只2000～5000国际单位,育成鸡1万～2万国际单位,每日2次,连用5天;多黏菌素E肌注,每1千克体重3～8毫克,每日2次,连用3天。硫酸妥布霉素肌注每1千克体重3～5毫克对本病有高效,与羧苄青霉素合用治疗本病,有协同作用。

6. 预防

防治本病的发生,重要的是搞好孵化的消毒卫生工作。孵化用的种蛋在孵化之前可用福尔马林熏蒸(蛋壳消毒)后再入孵,并防止孵化器内出现腐败蛋。对孵出的雏鸡进行马立克苗免疫注射时,要注意注射针头的消毒卫生,避免通过此途径将病原菌带入鸡体内。

二十三、链球菌病

鸡链球菌病是由一定血清型的链球菌引起鸡的一种急性败血性或慢性传染病,又称嗜眠症或鸡链球菌败血症。多呈地方性流行,但亦常散在发生,或继发于其他疾病。该病在世界各地均有发生,有的呈毁灭性流行,死亡率 0.5%～50%不等。

1. 发病特点

鸡、鸭、火鸡、鸽和鹅均有易感性,其中以鸡最敏感。传染源是带菌禽或病禽,受污染的饲料、饮水、空气可传播本病,经蛋壳污染禽胚。

本病的发生往往与一定的应激因素有关,如气候变化,温度降低等。本病多发生在鸡舍卫生条件差,阴暗、潮湿、空气混浊的禽群。本病发生无明显的季节性。一般为散发或地方流行。发病率有差异,死亡率多在 10%～20%或以上。

2. 临床症状

根据病鸡的临床表现,分为急性和亚急性或慢性 2 种病型。

(1)急性:表现败血症症状。精神委顿,缩颈,怕冷,高热,羽毛松乱,闭目昏睡,呼吸困难,胸部皮肤黄绿色,冠紫色或苍白,腹泻呈绿黄色或灰白色,行走摇摆,痉挛,有时腿和翅麻痹。多见于雏鸡。

(2)亚急性或慢性:精神委顿,废食,嗜睡,喜伏,冠、肉髯紫色或苍白,有时水肿。腹泻,消瘦,跛行。头部震颤,或仰于背部,嘴朝天,或头藏于翅下或背部羽毛中,多见于成年鸡,死亡率高达50%。有的病鸡脚软组织炎,跗、趾关节肿大,局部组织坏死,跛行。有的病例眼结膜炎,肿胀,流泪,有纤维蛋白膜覆盖在结膜上,重症失明。有的病鸡一侧或双侧翅肿胀、坏死、腐烂，有恶臭液，有时形成瘘管。部分鸡有转圈等神经症状。

3. 病理变化

剖检主要呈现败血症变化。皮下、浆膜及肌肉水肿，心包内及腹腔有浆液性、出血性或浆液纤维素性渗出物。心冠状沟及心外膜出血。肝脏肿大，瘀血，暗紫色，见出血点和坏死点，有时见有肝周炎；脾脏肿大，呈圆球状，或有出血和坏死；肺瘀血或水肿；有的病例喉头有干酪样粟粒大小坏死，气管和支气管黏膜充血，表面有黏性分泌物；肾肿大；有的病例发生气囊炎，气囊混浊、增厚；有的见肌肉出血；多数病例见有卵黄性腹膜炎及卡他性肠炎；少数腺胃出血或肌胃角质膜糜烂。

慢性病例主要是纤维素性关节炎、腱鞘炎、输卵管炎和卵黄性腹膜炎、纤维素性心包炎、肝周炎。实质器官（肝、脾、心肌）发生炎症、变性或梗死。

4. 诊断

链球菌病根据其流行情况、发病症状、病理变化，结合涂（触）片检查可以做出初步诊断，涂（触）片检查是采用血涂片或病变的心瓣膜或其他病变组织做触片，进行镜检，可见到典型的链球菌。进一步确诊需要通过细菌分离鉴定。

5. 治疗

由于该菌的菌型不同，药物疗效亦有差异。须用临床筛选药物治疗，并应用最大剂量。可用青霉素、红霉素、土霉素、新生霉素、金霉素、四环素、氨苄青霉素、新霉素、庆大霉素、卡那霉素等进行治疗。通过口服或注射途径连续用药 4～5 天可控制该病的流行。磺胺嘧啶按 0.2%～0.4% 拌料，连用 3 天，疗效也不错。急性病例时用药效果较好，慢性病例则效果较差，建议淘汰处理。

6. 预防

（1）链球菌在自然环境中、养鸡环境中和鸡体肠道内普遍存在。本病主要发生于饲养管理差,有应激因素或鸡群中有慢性传染病存在的养鸡场。因此,本病的防治原则主要是减少应激因素,预防和消除降低鸡体抵抗力的疾病和条件。

(2)认真做好饲养管理工作,供给营养丰富的饲料,精心饲养;保持鸡舍的温度,注意空气流通,提高鸡体的抗病能力。

(3)认真贯彻执行兽医卫生措施,保持鸡舍清洁、干燥,定期进行鸡舍及环境的消毒工作;勤捡蛋,粪便粘污的蛋不能进行孵化;入孵前,孵化房及用具应清洗干净,并进行消毒;入孵蛋用甲醛液熏蒸消毒。

(4)对鸡舍及环境进行清理和消毒,带鸡消毒是常采用的有效措施。通过消毒工作,减少或消灭环境中的病原体,对减少发病和疫情控制有良好作用,应作为一种防疫制度坚持执行。

二十四、李氏杆菌病

鸡李氏杆菌病又称禽单核细胞增多症,是由李氏杆菌引起的一种传染病。鸡感染后主要表现为单核细胞增生性脑膜脑炎、坏死性肝炎和心肌炎等症状。李氏杆菌还易感染家畜和人,重者表现为脑膜脑炎、流产、败血症和单核细胞增多,轻者表现为结膜炎。鸡李氏杆菌病引起鸡散发性败血症,死亡率通常较低,但有时也可高达52%～100%。本病死亡率高低常与是否存在其他疾病混合感染有关。

1. 发病特点

本病易感动物种类甚广,鸡、鸭、火鸡、鹅和金丝雀等对本病易感,其中以各种不同年龄的鸡更易感,多呈败血症经过。

患病禽类和带菌者是本病的传染源。在禽类粪便和鼻分泌物中可检出此菌,但在蛋内不含此菌。

本病的传播途径尚不完全了解。可通过消化道、呼吸道、眼结膜及受伤的皮肤感染。污染的饲料、饮水和吸血昆虫可能是主要的传播媒介。李氏杆菌可在土壤中存活 1~2 年,并能抵抗反复冻融,接触污染土壤也可感染本病。李氏杆菌在禽类粪便和鼻黏膜中均可短期存在,通常因接触病禽而迅速传播此病。

本病的发病季节多在 3~5 月份,冬季亦有发生。各种年龄的禽类都易感,但幼龄比成年禽易感,发病也较急,多呈败血症经过。在冬季营养不良,气候骤变,黏膜抵抗力低下,寄生虫或沙门菌感染、维生素 A 和维生素 B 缺乏时,均可构成本病诱因。

2. 临床症状

李氏杆菌自然感染的潜伏期很不一致,一般为 2~3 周。本病主要危害 2 月龄以下的雏鸡,发病前无明显临床症状,突然发病。病初精神委顿,羽毛粗乱,离群独偶,下痢,食欲不振,鸡冠、肉髯发绀,病禽严重脱水,皮肤呈暗紫色。随病程发展,两翅下垂,两腿软弱无力,行动不稳,卧地不起,倒地侧卧,两腿不停划动。有的则表现为无目的地乱跑、尖叫,头颈侧弯、仰头,腿部发生阵发性抽搐,神志不清,最终死亡,病程 1~3 周,死亡率可高达 85% 以上。鸡的李氏杆菌病多与寄生虫病、鸡白痢、鸡白血病等合并发生,可使症状复杂化。

3. 病理变化

剖检可见败血症变化。脑膜和脑血管明显充血。心肌有坏死灶,心包积液,心冠脂肪出血。肝脏呈土黄色,肿大,并有黄白色坏死点和深紫色瘀血斑,质脆易碎。脾脏肿大,呈黑红色。腺胃、肌胃和肠黏膜出血,黏膜脱落呈卡他性炎症。有的腹腔内含有大量血样物。肾亦肿大、炎症变化。

显微镜检查,在变性或坏死的区域可观察到大量的单核细胞浸润,坏死区及其周围可见革兰阳性杆菌。脑组织变化,神经胶质细胞增生以及大脑髓质形成血管套。在败血症时,常见肝化脓灶及心肌变性。肝、脑病变区以淋巴细胞、巨噬细胞和浆细胞浸润为特征。

4. 诊断

从内脏器官如肝、脾、心肌和血液中经常分离到李氏杆菌,有时也从脑中分离到。此外,也可以用 10 日龄鸡胚的尿囊腔接种分离本细菌。分离所得革兰阳性,不形成芽孢,有鞭毛的细菌,根据其培养特性和生化特性,即可做出诊断。

5. 治疗

发病后,要选用敏感药物。

(1)四环素粉剂,按 0.06%～0.1%混入配合饲料内,连续用药 3～5 天。

(2)庆大霉素注射液,用生理盐水稀释后每只雏鸡 5000～10000 国际单位,肌注,每天 1 次,连续用药 2～3 天,有较好治疗作用。

(3)炎速清,每 100 克兑水 300 千克,连用 3～5 天。

(4)科迪克,每瓶兑水 200 升,集中给药,连用 3～5 天。

6. 预防

预防李氏杆菌病,需加强饲养管理,鸡舍定期消毒。本病对幼龄雏危害较大,因此,加强育雏期的管理,提高机体抵抗力是预防本病的主要措施。同时,注意环境卫生,做好防疫消毒工作,及时发现清除死鸡,隔离治疗病鸡。场地、用具等用 3%石炭酸、3%来苏儿、2%火碱、5%漂白粉等严格消毒。注意周围的疫病信息,防止把病畜禽带入场内。

二十五、波氏杆菌病

鸡波氏杆菌病是由波氏杆菌引起的一种细菌性传染病,该病主要造成鸡胚胎死亡,弱雏增多,孵化率降低,各品种鸡都可感染,危害严重,应引起养鸡场的高度重视。

1. 发病特点

波氏杆菌的自然宿主是火鸡,但鸡的波氏杆菌病不如火鸡严重。

波氏杆菌病是一种高度接触性传染病，能通过与感染禽及被污染的水、垫料的接触而迅速传给易感禽。邻近的笼具间不相互传播本病。被感染鸡群污染的垫料可以持续 1～6 个月保持感染性。

研究发现，种禽可以感染禽波氏杆菌，成为健康带菌者。但该病也可通过垂直传播造成胚胎死亡和孵化率下降。另外，它还会造成成年禽的眼炎，致使单侧或双侧眼睛失明。

2. 临床症状

本病潜伏期为 7～10 天，患鸡突然出现打喷嚏症状，往往持续 1 周以上。轻轻按压鼻梁可从鼻孔中流出清亮液体，在患病的头 2 周内，鼻孔、头部和翅膀羽毛被一层湿而黏稠的分泌物覆盖，在出现症状的第 2 周，部分鸡出现颌下水肿，张口呼吸，呼吸困难及发音改变，鼻腔与气管上部被黏液样渗出物阻塞，部分鸡触检可感到气管软化。病鸡不喜运动，挤作一团，饮水、采食迟缓，鸡群生产性能下降。

3. 病理变化

病理剖检可见病变局限于上呼吸道，鼻腔和气管分泌物开始为浆液性，后变为黏液性，病变气管大面积软化，软骨环变形，背腹部萎陷，有黏液性纤维蛋白分泌物，气管环壁变厚，管腔缩小。在气管凹陷部位，黏液性分泌物的积累常常导致鸡窒息而死。在感染的头 2 周，鼻腔和器官黏膜充血，头部和颈间组织水肿。

4. 诊断

通常根据临床症状、病理变化、病原分离、血清学试验等诊断。

5. 治疗

发生该病时，应及早投喂敏感药物。

禽波氏杆菌分离株对氟哌酸超度敏感，对磺胺类药物高度敏感或超度敏感，对丁胺卡那霉素中度敏感。在饮水中按 70 毫克/

升加入烟酸,可减轻临床症状,体重增加,气管黏膜的细菌数量减少。

6. 预防

(1)禽波氏杆菌具有高度传染性,可经直接接触患禽及其污染的饮水、饲料和垫料传播。因此,应采取严格的生物安全措施和清洁消毒措施,以清除环境中污染的病原体。

(2)由于禽波氏杆菌病不仅能水平传播,而且可垂直传播,因此,做好种禽的净化工作尤其重要。通过全血平板凝集试验检查种鸡血清中波氏杆菌抗体,及时淘汰阳性者,可减少禽波氏杆菌病的发生。

(3)禽波氏杆菌病的发生主要集中在雏鸡,实验表明,雏鸡早期接种鸡波氏杆菌油乳剂灭活疫苗并不能保护雏鸡的早期感染,而种鸡在开产前用该疫苗皮下或肌内注射则可有效地防止后代雏鸡发生波氏杆菌病,保护期一般为 4～6 个月。

二十六、念珠菌病

禽念珠菌病俗称鹅口疮,又称真菌性口炎、酸臭嗉囊病等,是由白色念珠菌引起的禽类消化道传染病,主要发生在鸡、鹅和火鸡。

1. 发病特点

幼龄鸡发病率和死亡率均比成年鸡高,往往发病率较高,死亡率较低。卫生条件不良、饲料配合不当、维生素缺乏及饲养管理差等,都是促使本病发生和流行的重要因素,潮湿阴雨天气更易发生。

2. 临床症状

病鸡精神不振,饮食欲减少,羽毛松乱,嗉囊胀大,用手触摸时有痛感,嗉囊柔软松弛。眼睑、口角见有痂样病变,口腔、舌、咽喉黏膜可见黄白色假膜附着,有的病鸡可见伸颈张口呼吸,多数病鸡排带有消化不全饲料的灰白色或褐色稀便。病情严重者,则因窒息或不能采食逐渐消瘦而死。

3. 病理变化

剖检病鸡可见口腔、咽部、上颌裂隙形成黄白色干酪样物或假膜,易剥离,剥离后留有斑痕。嗉囊壁增厚,黏膜层有灰白色附着物。腺胃膨大,乳头肿胀,挤压有脓性分泌物溢出。有的肌胃角质膜溃烂,不易剥离。肠黏膜出血和溃疡。

4. 诊断

一般根据流行病学特点,典型的临床症状和特征性的病理变化可做出初步诊断。确切诊断必须采取病变器官的渗出物做抹片检查,观察酵母状的菌体和菌丝,或是进行霉菌的分离培养和鉴定。

5. 治疗

(1)病鸡口腔的溃疡灶可刮除,然后用碘甘油或 5% 甲紫涂擦。

(2)每千克饲料添加制霉菌素 50~100 毫克,连喂 1~3 周。

(3)用 0.1% 甲紫饮水,或用制霉菌素或土霉素,每千克料各 1 片,连喂 3 天,治愈率达 95%。

6. 预防

改善饲养管理及环境卫生条件,防止饲料霉变,舍内保持干燥及良好通风,勤换垫草,种蛋消毒。

(1)本病的传播途径是由发霉变质的饲料、垫料或污染饮水等在鸡群中间传播。因此,不用霉变饲料与垫料,良好的卫生措施,保持鸡舍清洁、干燥、通风能有效防止本病。

(2)潮湿雨季,在鸡的饮水中加入 0.02% 甲紫或在饲料中加入 0.1% 赤霉素,每周喂 2 次可有效预防本病。

(3)本病菌抵抗力不强,用 3%~5% 来苏儿溶液对鸡舍、垫料消毒,能有效的杀死该菌。

二十七、出血性肠炎

出血性肠炎又称鸡枯竭性肠道病,是由禽腺病毒 2 型引起幼龄鸡以突然发生抑郁、血便、高死亡率为特征的传染病,夏季多发。

1. 发病特点

本病仅发生在鸡,6～12 周龄的幼龄鸡多发,6 周龄以内和 12 周龄幼鸡偶有发生。多发生于夏季,且以放养鸡发病多。病鸡自口、鼻、泄殖腔排毒,从而污染环境、饲料和水,经消化道传染,鸟类和啮齿动物可能是机械传播者,一旦传入鸡群,则呈水平传染。

2. 临床症状

潜伏期 3～6 天。流行初期往往表现突然死亡,随后表现为精神沉郁,食欲明显降低,拉带血粪便,不久即死亡,病死率 10%～15%,高的达 60% 以上,病程 10～21 天。

3. 病理变化

(1)肉眼变化:主要累及腹腔各个器官。在急性病例中,肠道膨胀,内充满血染的黏液和饲料,偶见有坏死灶。最初的损害是在十二指肠和小肠前段。肝、肾,特别是脾可见肿大,有时表面有出血。脾的切面呈大理石样外观。在一些损害不太严重的病例,肠道内容物没有血染样液体而出现黏液性肠炎,并有一些坏死灶,黏膜呈粉红色。脾脏肿大,其他内脏器官正常。

(2)组织学变化:受侵害的肠道见充血、绒毛变性、毛细血管出血、黏膜固有层炎症细胞浸润;脾脏增生、淋巴细胞坏死,并伴有腺病毒感染的特征性变化即出现核内包涵体。据报道,这包涵体多见于肠道绒毛上皮细胞、肾、肺和法氏囊。

4. 诊断

肉眼病变有助于诊断,在脾脏发现包涵体可作证实。病原确诊,可取病鸡脾或粪便经口服或静注 6～10 周龄易感鸡,看是否出现相同症状和病变。以含包涵体的脾脏匀浆作为抗原,用双向免疫扩散试验,检测康复的或自然感染的鸡血清中的沉淀素也可确诊。

5. 治疗

(1)高免血清或康复鸡的康复血清,在疫病流行中可减少发病、死亡损失,一般皮下注射 0.5～1 毫升,应在刚发现本病的 4 天内进行方有良效。

(2)科昌Ⅰ号,每瓶溶于 150 升水,集中给药,连用3～5 天。

(3)科昌Ⅱ号,每瓶溶于 300 升水,集中给药,每次饮水不低于 4 小时,连用 3～5 天。

(4)痢克,每 1000 克拌料 800～1000 千克,供鸡采食,连用3～5 天。

(5)科痢康,每袋拌料 800 千克,集中给药。

6. 预防

感染性垫料和粪便是最普遍的传播媒介,所以首先要采取良好的生物安全措施来预防和控制疾病。用 0.0086％次氯酸钠溶液或其他杀病毒制剂,包括酚类衍生物,辅以 25℃干燥 1 周可以清洁和消毒污染的设施。但在大多数商品鸡群中,尤其是那些鸡龄层次多的鸡场,要想对病毒进行全面杀灭是不切实际的。在这种情况下,接种疫苗是控制和预防临床发病的最可行办法。

目前,国内尚无商用疫苗上市,但用分离的无毒力株制成的鸡出血性肠炎活疫用于饮水免疫,效果相当不错。

二十八、传染性发育障碍综合征

本病是一种主要侵害肉用仔鸡,引起肉用仔鸡严重生长抑制的传染性疾病。目前,对于传染性发育障碍综合征在病原或发病原因方面尚无一致意见。

1. 发病特点

病鸡和带毒鸡是主要传染源,病毒主要从肠道排出,通过污染的鸡舍、饲料和饮水,经消化道感染。也可通过种蛋垂直传播。本病在一个地区或鸡场一旦发生则很难彻底消灭,水平传播迅速。

曾报道将 1～3 日龄健康雏鸡放入病鸡群中,很快发生感染,出现明显症状。通常发病率为 5%～20%,而 6～14 日龄死亡率可达 15%左右,发病率和死亡率与饲养管理条件有密切关系。另一研究显示,当把 1～3 日龄内的健康雏鸡与 50%或 25%的病鸡放在一起时,可 100%发病,出现典型的临床症状,包括发生骨骼异常等病症,其严重程度相同。由于 7 日龄时感染鸡就不会发生骨骼发育异常,因此,可以认为该病由一只鸡到另一只鸡的传播是相当迅速的,很可能在一天之内就发生。多数资料表明,鸡场发生本病主要是由于与病鸡直接接触而引起的。

2. 临床症状

本病主要发生于肉用仔鸡,特别是 3 周龄以内的幼龄肉用仔鸡最易发生,但于不同地区不同时期以致不同的鸡群中所发生的发育障碍综合征的症状,其报道也不一致,总之可有多种症状出现。

肉用仔鸡最早发生于 3～7 日龄,开始表现为精神倦怠,水样腹泻,粪便内含未消化的食物,病鸡腹部膨胀下垂。体重迅速下降,仅为正常鸡体重的 1/3,个体矮小,生长明显受阻。羽毛发育异常,受感染的小鸡绒毛保持较长时间,主翼羽生长推迟,羽毛蓬松,干枯无光泽,容易断裂。3 周龄以上病鸡骨骼变化较为明显,表现为站立无力,跛行。嘴、脚色苍白,色素消失。头颈、肉髯水肿。

特征性的临床表现是整个鸡群生长不均匀,大小不一,1 周龄或更小时表现较为明显,一群鸡中一般有 5%～20%的鸡受感染,这些鸡到 4 周龄时只有同栏鸡的一半那么大,甚至更小。在 6～14 日龄时,可见死亡率有所升高。病鸡过量饮水、下痢、排黄色至橙咖啡色带黏液的稀粪。羽毛粗乱、无光泽,颈部单留有绒毛,翅膀上常伴有位置不整的羽毛或断裂。

3. 病理变化

剖检时可见肠道肿胀、苍白,胃肠道充满未消化的食物。腺胃肿大且增厚,有炎性反应,甚至坏死。肌胃缩小并糜烂,心包发炎,心包液增多,可见局灶性心肌炎,肝脏苍白和炎症,胰腺通常有不同程度的损害,胰腺萎缩,腺管堵塞,苍白而坚实,尤其是在胰脏远侧 1/3 段表现更为明显。胸腺和法氏囊萎缩变小。胫骨或肋骨变形,呈佝偻样变化,大腿骨骨质疏松,股骨坏死,易断裂。长骨变软,生长板变厚。

显微病理变化主要是肠道可见绒毛变钝,肠腺肿胀。腺胃内腺间组织有单核细胞浸润,这种腺胃炎可能是发育迟缓的原因之一。法氏囊小叶萎缩,胸腺见皮质部分变少,难以将皮质和髓质区分开来。胰脏早期损伤见外分泌细胞皱缩和空泡化,从而引致细胞萎缩,后期多数外分泌组织被纤维组织所取代。胰岛周围见散在的淋巴样细胞灶以及残留的外分泌组织。不正常的长骨生长板见一增殖变厚区,与肥大区界限不清,肥大区来自干骺端的血管明显减少。

生化测定表明,病鸡血浆中类胡萝卜素含量降低,而碱性磷酸酶活性升高。血液中的血浆蛋白升高而血浆色素减少。肝脏及血浆中的维生素 A、维生素 D、维生素 E 含量都下降,肝脏中的糖原含量升高,血浆中的淀粉酶活性上升,但血浆中的谷胱甘肽过氧化物酶活性降低。

4. 诊断

由于目前对本病的病原尚未最后确定,因此,在诊断上只能根据临床观察到的生长发育迟缓,结合病理解剖学上的变化来做出初步诊断,如发病年龄、腹泻、羽毛蓬乱、体形矮小、跛行以及腿骨的变化等。进一步确诊需要进行病原分离和电镜观察,在有条件的实验室可采取小肠、胰脏、腺胃等进行组织切片观察。也可测定血浆中碱性磷酸酶的活性和类胡萝卜素的浓度作为辅助诊断方法。

确诊时也应与其他类似疾病如饲料、营养消化不良等相区别。

5. 治疗

(1)三仪奇健(精制黄芪多糖溶液)＋三仪保康肽(白细胞介素)＋金唯肽(包被微生态制剂)。用法:三仪奇健,150千克水/瓶;三仪保康肽,500只鸡/瓶;金唯肽,1000千克水/袋。以上药品每天1次,连用4天。间隔3天再用3天,效果更佳。

(2)三仪倍健(核糖核酸)＋干扰肽(益生菌代谢产物)＋溶菌酶＋金唯肽。用法:三仪倍健,1000只鸡/瓶;干扰肽,1000只鸡/瓶;溶菌酶,1500只鸡/瓶;金唯肽,1000千克水/袋。以上药品每天1次,连用4天。金唯肽可连用1周,间隔3天再用5天。

6. 预防

由于病因复杂,在防治方面目前仍没有特异性的措施,采取综合性防疫措施会有利于减少本病的发生并减少经济损失。

(1)加强鸡场的综合防疫工作,育雏舍育雏工作结束后,必须更换垫料,并进行认真的清洁和消毒。通过污染场地传播是本病主要的传播方式,因此,雏鸡舍的清洁消毒对杜绝本病的传播就显得相当重要。

(2)做好饲料的贮存工作,防止贮存饲料受霉菌污染和腐烂。霉菌可在饲料中产生真菌毒素,引起鸡群的中毒、腹泻及生长抑制等类似于本病的症状。因此,妥善保管饲料就显得非常重要。在肉用仔鸡的日粮中添加0.05%的硫酸铜,可减少饲料的受潮。

(3)消除免疫抑制因素。免疫抑制因素如传染性法氏囊病等对本病有重要影响。所以种鸡和肉用仔鸡均应做好传染性法氏囊病的免疫接种工作,减少鸡群可能出现的免疫抑制现象。

(4)防治球虫病。在规模化养鸡场,球虫病对鸡是一种严重威胁。球虫病的侵袭可损伤肠道上皮使营养物质的吸收减少,生产性能降低。发生传染性发育障碍综合征的鸡群肠壁不同程度都受到损伤,受球虫的感染就显得更容易,发病也严重得多。为了减少两者之间的这种相互加强的效应,必须严格控制球虫病的发生。

(5)改善饲料的营养水平,提供质优价全的配合饲料对预防本病有一定效果。饲料必须含有高度可消化的营养物,最好添加足量的必需氨基酸,以提高饲料的利用率。

此外,维生素量的增加一般也是有益的,而脂溶性维生素好处更多。但维生素 A 的含量要限制在 12 000 单位/千克饲料以下,以避免阻碍维生素 D 的吸收。每千克饲料中添加 0.25 毫克硒和 25～100 毫克维生素 E,可防止胰脏的损害。

二十九、鸡白血病

鸡白血病是由禽白血病病毒引起的慢性传染性肿瘤病,也叫做鸡淋巴细胞白血病,俗称"血瘤病"。

1. 发病特点

该病是由国外品种传入国内的,在 2006 年报道后有蔓延趋势,已引起农业部和国内禽病专家的高度关注。此病最早发生在肉鸡,现在蛋鸡发生比例越来越高,不但造成鸡只死亡,而且生产性能也受到较大影响。

病毒主要经卵垂直传播,种蛋的感染频率较低,但用感染的鸡蛋孵出的雏鸡,可发生持续性毒血症,增加了鸡白血病死亡的危险性。而且可使后代鸡群的产蛋量下降,并将感染通过鸡蛋一代一代传播下去,但公鸡不引起病毒的垂直感染。由于日龄、性别、品种的不同,鸡白血病发病率有很大差异。生产中发现本病多发生在 4 月龄以上,特别是 6 月龄以上的母鸡,4 月龄以下的鸡很少发生。病鸡通过粪便和唾液排毒,从而造成同群鸡的水平传播。

2. 临床症状

主要临床症状表现为皮肤有多处血泡或出血斑,抓破后血液稀薄不凝固、流血过多而导致鸡只死亡,部分鸡群发病率高达35%～40%,病鸡表现鸡冠和肉垂苍白,皱缩,偶尔发绀,食欲不振,消瘦,腹部膨大,用手触及可摸到肿大的肝脏。产蛋量减少,常伴有下痢,病鸡最后因极度消耗衰竭而死亡。

3. 病理变化

剖检可见实质器官肿大,出血,尤其是肝脏深紫色、肿大,可充满整个腹腔,肿瘤多为灰白色,轮廓较清晰,脾、肝肿瘤最为严重,其他器官(肾、肺、心、骨髓、腔上囊和肠系膜等)也有很多肿瘤。骨不化病的长骨呈弓型或中间粗两端细的纺锤形。

4. 诊断

在超过16～20周龄的鸡体上发现典型的肿瘤和明显的肝肿大时,就要考虑本病。拔一根带羽髓的羽毛,做琼脂扩散试验即可确诊。

鸡白血病主要与马立克病相鉴别,要点是法氏囊的病理变化不一致,实验室血清学和病毒分离可以鉴别。

5. 治疗

目前还无治疗方法,只有做好预防。

6. 预防

(1)用不带病毒母鸡产的种蛋去孵化,入孵前要消毒。

(2)大鸡和小鸡不要混养,保持合适距离。

(3)定期检查,发现病鸡随时淘汰,发现可疑鸡,立即隔离观察。

(4)此病毒随粪排出,病鸡和可疑鸡的粪便要做发酵处理,杀死病毒。

(5)注重鸡场的防疫消毒工作,鸡场环境及鸡舍用具要定期消毒,对进出车辆、人员也要采取切实可行方法进行消毒,将病源消灭,这是最有效的预防办法。

三十、网状内皮组织增殖病

禽网状内皮组织增殖病是继鸡白血病和马立克病之后的第三种病毒性肿瘤病。网状内皮组织增殖病病毒,属于反转录病毒科的 C 型肿瘤 RNA 病毒。

1. 发病特点

本病主要通过水平传播和垂直传播。当病鸡出现病毒血症时,其粪便及分泌物中带毒,被污染的饲料及饮水等可使健康鸡群感染。蚊子也可传染本病。

此外,给鸡注射马立克病疫苗时,由于疫苗中混有该病病毒造成感染。

2. 临床症状

网状内皮组织增殖病是指由网状内皮组织增殖病病毒群的反转录病毒引起的一群病理综合征,包括急性网状细胞肿瘤形成、矮小综合征和淋巴组织与其他组织形成慢性肿瘤。

(1)急性网状细胞瘤:潜伏期 3 天,多在潜伏期过后 6～12 天内死亡。无明显的临床症状,死亡率可达 100%。

(2)发育障碍综合征:表现生长发育迟缓或停滞,体格瘦小,但消耗饲料不减。羽毛粘到局部的毛干上,羽毛和羽支变细,透明感增强,邻近的羽刺脱落变稀。

(3)形成慢性肿瘤的病例,临床表现渐进性消瘦和贫血。

3. 病理变化

(1)急性网状细胞肿瘤:病理变化是肝、脾肿大,并伴有局灶性灰白色肿瘤结节或是弥漫性肿大;胰脏、心脏、小肠、肾脏及性腺有时可见肿瘤;常见胸腺、法氏囊萎缩现象;偶尔引起鸡的外周神经肿大。常见肝、脾等器官的实质组织发生变性坏死,有时可见纤维

(2)矮小综合征：剖检可见尸体瘦小、血液稀薄、出血、腺胃糜烂或溃疡、肠炎、坏死性脾炎以及胸腺与法氏囊萎缩等变化。有的见肾脏稍肿大。两侧坐骨神经肿大，横纹消失。

(3)慢性肿瘤形成：包括鸡法氏囊型淋巴瘤、鸡非法氏囊型淋巴瘤及其他的淋巴瘤。鸡法氏囊型淋巴瘤潜伏期较长，表现为肝脏、法氏囊呈肿瘤性生长；鸡非法氏囊型巴瘤潜伏期最短的为 6 周，表现为法氏囊萎缩，脾、肝、心和胸腺有肿瘤，外周神经肿胀，接近于矮小综合征；其他淋巴瘤，如脾脏、肝脏、胰腺和肠道有弥漫性浸润肿大或结节性淋巴病。

4. 诊断

可根据肝、脾脏肿大，有点状或弥漫性灰白色病灶，生长发育障碍，个体瘦小，但消耗饲料不减等特点做出初步诊断。确诊应做病理组织学、血清学及病毒学检查。

5. 治疗

目前无有效的防治方法。

6. 预防

(1)主要应加强预防措施，禁止用病鸡的种蛋孵化雏鸡，对种鸡场进行检测监督，淘汰阳性鸡，发现被感染的鸡群应采取隔离措施并扑杀，烧毁或深埋病鸡。

(2)对污染的鸡舍要进行清洗，消毒。

(3)使用马力克病疫苗时，应特别注意要用无本病病毒污染的疫苗。

三十一、鸡坏死性肠炎

鸡坏死性肠炎又称肠毒血病，是由魏氏梭杆菌 A 型或 C 型引起的一种毒性传染病。

1. 发病特点

魏氏梭菌在自然界广泛存在，如水、土壤、饲料以及动物的肠道内都含本菌。

本病一年四季均可发生,但在炎热潮湿的季节多发。多种动物都可感染本病,在禽类中仅有鸡能自然感染,常发生于 2～12 周龄的鸡,但 3～6 个月的鸡也有发生。传播途径主要是经消化道摄入致病菌。当饲养管理不当、肠道机能降低、病原体及其肠毒素对肠黏膜造成损伤时可诱发该病。一些学者认为球虫感染是使魏氏梭菌感染和发病的主要原因。受污染的尘埃、污物、垫料、饲喂的变质动物蛋白质都是本病的传染源。

2. 临床症状

以突然发病、急性死亡为特征。有的病雏表现为精神沉郁,羽毛松乱,两眼闭合,食欲减退或废绝,贫血,排红色乃至黑褐色煤焦油样粪便,有的粪便混有血液和肠黏膜组织。多数病雏不显任何症状而突然死亡。疾病在鸡群中持续 5～10 天,死亡率 2%～50%。慢性病鸡生长发育受阻,排灰色稀粪,最后衰竭而死,耐过鸡多发育不良,肛门周围常被粪便污染。

3. 病理变化

病变主要在小肠,尤其是空肠和回肠。可见小肠有严重的弥漫性黏膜坏死。表现为肠管肿大,肠腔内充满气体,肠壁充血、出血或因附着黄褐色伪膜而肥厚、脆弱。剥去伪膜可见肠黏膜由渗出性炎症到坏死性炎症的各阶段变化。肠内容物少而呈白色、黄白色或灰色,有的呈血样、黑红色并有恶臭味。盲肠内有陈旧血样内容物。慢性病例多在肠黏膜形成伪膜。

4. 诊断

临床上可根据症状及典型的剖检及组织学病变做出诊断。进一步确诊可采用实验室方法进行病原的分离和鉴定及血清学检查。

5. 治疗

由于魏氏梭菌主要存在于粪便、土壤、灰尘、污染的饲料、垫料以及肠内容物中。为了迅速控制本病,在施用高敏药物的同时,还必须做好勤换垫料,及时清扫粪便;勤喂少添饲料,搞好栏舍及周围的清洁消毒;对病死鸡只及时认真做好无害处理,病鸡及时隔离饲养与治疗。

(1)青霉素:雏鸡每只每次 2000 国际单位,成年鸡每只每次 2 万～3 万国际单位,混料或饮水,每日 2 次,连用 3～5 天。

(2)杆菌肽:雏鸡每只每次 0.6～0.7 毫克,青年鸡 3.6～7.2 毫克,成年鸡 7.2 毫克,拌料,每日 2～3 次,连用 5 天。

(3)红霉素:每日每千克体重 15 毫克,分 2 次内服;或拌料,每千克饲料加 0.2～0.3 克,连用 5 天。

(4)林可霉素:拌料,每千克体重 15～30 毫克,每日 1 次,连用 3～5 天。

(5)肠舒,每瓶溶于 150 升水,集中给药,连用 3～5 天。

(6)福肠安,每瓶 100 克兑水 200 千克混饮,连用 3 天。

(7)肠毒康,每 100 克兑水 300 升混饮,每日 2 次,连用 3～5 天。

6. 预防

做好日常的卫生工作,场舍、用具要定期消毒,粪便、垫草要勤清理,以减少病原扩散造成的危害。禽舍加强通风,避免养殖密度大。优质动物性蛋白合理添加,保证饲料品质;换料至少要经过 3 天的过渡期,以减少应激等不良因素的刺激。有效控制球虫病的发生,对预防本病有积极作用。健康鸡要采取药物(如多抗速补、速溶金维他、禽六福等)预防措施,控制本病发生。

三十二、禽结核病

禽结核病是由禽结核杆菌引起的一种慢性传染病,特征是引起鸡组织器官形成肉芽肿和干酪样钙化结节。

1. 发病特点

潜伏期长达 2～12 个月。禽结核病在家禽中以鸡最为敏感。从病禽肠道排出的粪便,被污染的环境都是主要的传染源,当病变在气管黏膜时,呼吸道也是一个潜在的感染来源。传播途径主要是呼吸道和消化道或损伤的皮肤、黏膜,也可以通过种蛋来传播。

2. 临床症状

本病早期看不到明显症状,仅有贫血,消瘦,产蛋下降,随着病程的发展,病禽表现羽毛发暗,蓬松、鸡冠、肉垂、耳垂苍白贫血,肌肉萎缩,尤以胸肌明显。患关节炎和骨髓结核的病禽呈现一侧跛行,跳跃式步态行走。有时一只翅膀下垂,腹泻、消瘦,最后衰竭死亡,也有因肝、脾破裂而突然死亡者。患脑膜结核时有呕吐、兴奋,抑制等神经症状。肝脏受损时表现黄疸。产蛋下降或停产。肠道有结核性溃疡,可见严重下痢。患有肺结核时表现咳嗽,呼吸快且粗厉。皮肤结核是头部皮肤有结核结节。

3. 病理变化

脾、肝肿大,灰黄色,有结节,大小不一,结节内为干酪样物。肠道结节由粟粒到豌豆大小,切面为干酪样坏死物,或见肠系膜成典型的"珍珠病"。严重时,肺、肾、心包、食道、气囊、嗉囊、卵巢、腹膜壁等器官有结核结节,界限明显,坚韧如软骨,呈单个或多发弥散性存在,切开结节可见内容物呈黄白色干酪样坏死,结节周围有一层纤维素性包囊,一般不钙化。有的病例骨骼和骨髓也受到侵害。

4. 诊断

剖检时,发现典型的结核病变,即可做出初步诊断,进一步确诊需进行实验室检查。

5. 治疗

本病一旦发生,通常无治疗价值。如若治疗可在严格隔离状态下进行药物可选择异烟肼(30 毫克/千克)、乙二胺二丁醇(30 毫克/毫升)、链霉素等进行联合治疗,可使病禽临床症状减轻。建议疗程为 18 个月,一般无毒副作用。

6. 预防

禽结核杆菌对外界环境因素有很强的抵抗力,其在土壤中可生存并保持毒力达数年之久,一个感染结核病的鸡群即使是被全部淘汰,其场舍也可能成为一个长期的传染源。因此,消灭本病的最根本措施是建立无结核病鸡群。

(1)淘汰感染鸡群,废弃老场舍、老设备,在无结核病的地区建立新鸡舍。

(2)引进无结核病的鸡群。对养禽场新引进的禽类,要重复检疫 2~3 次,并隔离饲养 60 天。

(3)检测小母鸡,净化新鸡群。对全部鸡群定期进行结核检疫(用结核菌素试验及全血凝集试验等方法),以清除传染源。

(4)禁止使用有结核菌污染的饲料。淘汰其他患结核病的动物,消灭传染源。

(5)采取严格的管理和消毒措施,限制鸡群运动范围,防止外来感染源的侵入。

此外,已有报道用疫苗预防接种来预防禽结核病,但目前还未做临床应用。

三十三、鸡冠癣

鸡冠癣又称头癣或黄癣,是由头癣真菌引起的一种传染病,其显著特征是在头部无毛处尤其是在鸡冠上长有黄白色鳞片状的顽癣。

1. 发病特点

该病多发于多雨潮湿的天气,一般多是通过皮肤伤口传染或接触传染。在鸡群拥挤、通风不良以及卫生条件较差等情况下均可加剧该病的发生与传播。

该病各种年龄的鸡都能感染,通常情况下,6 月龄以内的鸡较少发病,重型品种鸡较易感染。库蠓是该病的主要传播媒介。

2. 临床症状

鸡冠病变部有白色或黄白色的圆斑或小丘疹,皮肤表面有一层麦麸状的鳞屑,好像撒落的面粉。由冠部逐渐蔓延至冠部、肉髯、眼睛四周以及头部无毛部分的皮肤和躯体,羽毛逐渐脱落。随着病情的发展,鳞屑增多,形成厚痂,使病鸡痒痛不安、体温升高、精神萎靡、羽毛松乱、流涎、行走不便、排黄白色或黄绿色稀粪。

3. 病理变化

剖检时,严重病例可见上呼吸道和消化道黏膜有点状坏死,形成一种坏死结节和淡黄色的干酪样沉着物,偶见肺脏及支气管发生炎症变化。在临床上,该病的主要特征是在患病鸡的头部无毛处,尤其是在鸡冠上长有黄白色鳞片状的顽癣。

4. 诊断

根据患部的病变特征即可做出诊断。必要时可取表皮鳞片用 10%氢氧化钠处理 1~2 小时后进行观察,如发现短而弯曲的线状菌丝体及孢子群即可确诊。

5. 治疗

发现病鸡及时隔离治疗,重病鸡必须做淘汰处理。轻者先将患部用肥皂水清洗皮肤表面的结痂和污垢,然后用以下药物治疗:

(1)10%水杨酸、酒精或油膏适量,擦患部,每天或隔天 1 次。

(2)10%福尔马林软膏适量,擦患部,每天 1 次。

(3)制霉菌素 2 万~3 万国际单位,1 次内服,每天 3 次,连用 3~5 天。

(4)10%福尔马林 1 份,凡士林 20 份,凡士林水浴融化,加入福尔马林,震摇,凝固后成软膏,患部用肥皂水洗净后涂布。

6. 预防

预防本病的主要措施是扑灭传播媒介库蠓。流行季节对鸡舍内外每周喷洒杀虫药,可用 0.01% 的敌百虫或 0.03% 的蝇毒磷溶液喷洒。同时还可在鸡饲料中添加泰灭净等药物进行预防。搞好环境卫生,饲养密度适当,并保证良好的通风换气。此外,在购买鸡时应加强检疫,确保不引进患有该病的鸡。

三十四、疏螺旋体病

鸡疏螺旋体病是一种以波斯锐喙蜱和鸡刺皮螨传播,由螺旋体科的鹅包柔氏螺旋体引起鸡败血性传染病。

1. 发病特点

鸡、鸭、鹅、麻雀等均可自然感染,鸽有较强抵抗力,各日龄禽类均易感。由蜱和吸血昆虫叮咬后传播,蜱可通过卵将本病垂直传递给其后代。鸡螨和虱能机械传播,多发于 4～7 月炎热季节。康复禽不携带病原菌,随病痊愈该菌在血液和组织中同时消亡。也经皮肤伤口和消化道感染,死亡率较高。

2. 临床症状

潜伏期 5～9 天。

(1)急性:突然发病,体温升高,精神不振,此刻做血涂片镜检,可见到较多螺旋体。这时排浆液绿色稀粪,贫血,黄疸,消瘦,抽搐,很快死亡。

(2)亚急性:鸡多见,体温时高时低,呈弛张热。随体温升高,血液中可查到螺旋体。

(3)一过性:较少见,发热,厌食,1～2 天体温下降,血中螺旋体消失,不治可康复。

3. 病理变化

主要病理变化为脾脏明显肿大,呈瘀斑状出血,外观如斑点状。肝脏肿大,有出血点和坏死灶。有时见肾脏肿大。肠道为渗出性肠炎。

4. 诊断

临床上如若怀疑本病,可在病禽发病初期采集血液制成湿片,在暗视野显微镜下观察,当发现疏螺旋体即可确诊。螺旋体在血中的出现与体温升高有直接关系,螺旋体检出率与体温升高成正比,具有重要诊断价值。

此外,采集病料接种鸡胚尿囊腔,2～3 天后在尿囊液中可看到病原体。我国学者曾用琼脂扩散和凝集试验进行诊断。

5. 治疗

据报道,土霉素是治疗鸡疏螺旋体病的高效药物,治愈率达96.7％,土霉素还有较好的预防作用。青霉素亦有一定疗效,但治疗后血中螺旋体仍有再现现象,治愈率较低。

另外,通过药敏试验,发现石榴皮对螺旋体有较好的致死作用,其次为黄连和大蒜。

6. 预防

本病的预防主要是消灭该病的传播媒介,除采用喷洒、药浴方法消灭禽体上的蜱外,还应注意消灭在禽舍内外栖息的蜱。

此外,加强饲养管理,增强家禽抗病力,特别是对引进禽只做好检疫,是预防本病不可忽视的问题。

三十五、传染性腺胃炎

近几年来,鸡传染性腺胃炎呈逐年升高趋势。本病病程长,发病率高,死亡率高,给养殖户带来了巨大的经济损失。

1. 发病特点

(1)传染性腺胃炎可发生于不同品种的蛋鸡和肉鸡,其次以蛋雏鸡和青年鸡多发,然后为肉用公鸡和杂交肉鸡。

(2)该病的发生可能有比较大的局限性(即发病多集中在一个地理区域)。可通过空气飞沫传播或经污染的饲料、饮水、用具及排泄物传播,与感染鸡同舍的易感鸡通常在 48 小时内出现症状,所以说发病的鸡群大多来源同一个种鸡场或同一品系的鸡种;病原可能是垂直传播,水平传播或水平传播很弱(即不能同居感染)。很多鸡场同一日龄两批不同品种或来源鸡苗,一批发病,一批不发病。即使放在同一笼内也不能互相感染。

(3)本病无季节性,一年四季均可发生,但以秋、冬季最为严重,多散发。流行较广,传播速度较快。7～10日龄各品种雏鸡易感,育雏室温度较低的鸡群更易发病,死亡率低,发病后其继发大肠杆菌、支原体、新城疫、球虫、肠炎等疾病,而引起死亡率上升。

(4)该病是一种综合征,也是一种"开关"式疾病,病因复杂(病原＋诱因)。在良好饲养管理下(无发病诱因时)不表现临床症状或发病很轻。当有发病诱因时,鸡群则表现出腺胃炎的临床症状,诱因越重越多,腺胃炎的临床症状表现越重。

2. 临床症状

病鸡精神不振,食欲降低或废绝,生长不良,很快脱水消瘦死亡。大群整齐度下降,大小参差不齐,发病鸡的体重仅为同批鸡的1/3～1/2,大部分鸡咳嗽、甩鼻等呼吸道症状,眼结膜潮红,羞明流泪;发病初期粪便基本正常,后期拉黄绿色稀粪;病鸡羽毛不整,无光泽,颜面消瘦,鸡冠肉髯苍白;病鸡从开始发病到死亡7天左右,每天都有病鸡出现,每天都有死亡鸡只。

3. 病理变化

眼观腺胃明显肿大,呈球形,体积可达原来的1～2倍,质地较硬;胃壁明显增厚,呈外翻状;腺胃乳头水肿、充血、出血或乳头凹陷消失,周边出血、坏死或溃疡;乳头流出脓性分泌物;胸腺、法氏囊萎缩,部分病鸡肾脏肿大,有尿酸盐沉积;后期耐过的鸡、腺胃出血症状消失,乳头凹陷、肌胃明显缩小,内壁深绿色,肠道变细,无内容物。

4. 诊断

根据流行病学调查,结合临床症状,剖检出现的肉眼病变和显微病变做出初步诊断。目前,还没有血清学试验用于临床诊断,所以新发病地区和有混合感染的鸡群很容易误诊,要特别注意鉴别诊断。

5. 治疗

(1)上午:腺胃炎消(75 千克料/袋)+金蟾毒败(50 千克料/袋)开水焖烫 30 分钟后一起集中拌料,所拌料量在 2～3 小时用完,连用 4～5 天。下午:左旋咪唑 1 片／千克体重,口服或拌料,连用 3 天。

(2)腺胃康,每 100 克兑水 150 千克(或拌料 75 千克),每日 1 次,供禽饮服,连喂 3～7 天。

(3)胃康平,每 100 克拌料 40 千克,每日 1 次,供禽服用,连喂 3～4 天。投喂前用开水浸泡半小时,药渣拌料。药汁饮水效果更佳。

6. 预防

(1)平时要加强饲养管理,搞好环境卫生,饲养密度要适宜,注意通风换气。

(2)严格执行卫生和消毒措施,针对主要病原进行相应的免疫接种,有助于将该病发病率控制在最低。

(3)10～20 日龄,注射鸡腺胃型传染性支气管炎油乳剂灭活苗或组织灭活苗,0.3～0.5 毫升/只;产蛋前 15～20 日再注射 1 次,每只 0.5 毫升,能很好预防本病。

(4)控制日粮中各种霉菌、真菌及其毒素对鸡群造成的各种危害。此外,日粮中的生物源性氨基酸,包括组胺、组氨酸等的控制也是降低鸡腺胃炎发生的有效措施。

三十六、低血糖

肉鸡低血糖又叫尖峰死亡综合征,是一种病原不明的传染病。

1. 发病特点

主要侵害肉用仔鸡，至今尚未鉴定出本病病源。以 7～18 日龄为发病高峰期，有 42 日龄的商品代肉鸡也发生本病的报道。潜伏期一般 10～12 天。

2. 临床症状

临床表现为突然出现的高死亡率，至少持续 3～5 天，同时，出现低血糖特征，病鸡头部轻微震颤，共济失调，大声尖叫，瘫痪蹲地，肢外伸，昏迷。白色下痢，早期下痢明显，晚期常因排粪不畅有米汤样粪便滞留在泄殖腔。急性临床症状消失后常出现跛行，有的病鸡可康复。

3. 病理变化

肝脏稍肿大，偶见出血或有针尖大白色坏死点，免疫器官中胸腺明显萎缩，有出血点；胰腺、法氏囊等也有不同程度的萎缩，肾呈花斑样，输尿管中有尿酸盐沉积，泄殖腔还总有大量米汤样粪便。

4. 诊断

此病没有特异的诊断方法，主要依据以下 3 点进行诊断：

(1)17～18 日龄的肉鸡发病（头部震颤、共济失调、瘫痪），并出现大面积死亡。

(2)感染严重鸡血糖水平大于 20～80 毫克/分升。

(3)肝脏有坏死点和米汤样白色腹泻。

5. 治疗

(1)对于发病鸡群可加 5％葡萄糖，电解多维，鱼肝油，维生素 C 配合"先导"、"百年"饮水，可大大降低死亡率。

(2)利巴韦林＋黄金搭档＋聚苷肽(3 倍量)饮水。

(3)混感速治＋科福欣饮水（加糖），同时，用人用西咪替丁 1 片1000 克料＋"威达 100"拌料。

6. 预防

(1)防止温度忽高忽低，通风不良，氨气浓度过大，突然断料、停水等一切应激因素。

（2）鸡只在应激或强制停料时极易形成低血糖。因此,控制光照可以缓解低血糖的发生和发展,其机理是在生理条件下,黑暗可促进鸡群释放褪黑激素,使糖原生成转变呈糖原异生,从而有效抑制血糖的急性下降,发病鸡可每日给阳光 16 小时,夜间间断给光并采食饮水。

三十七、气囊炎

大多数情况下,气囊炎不是一个单独的疾病,仅仅是某些全身性感染的症状,是由病毒、支原体、大肠杆菌等病原引起,由于该症状病因较多,同时能相互的继发,严重的肉鸡群 20～30 日龄不得不全群出售。

1. 发病特点

该病一年四季均有发生,但以春、秋季节最为高发。细菌、病毒、支原体、饲养管理等都可造成气囊炎的发生。

（1）温度、湿度、通风不合理是主要的诱发因素:饲养管理中的通风和温度、湿度控制不当是气囊炎的主要诱发因素。

在生产中发现一些养殖户,在秋、冬季节总是怕鸡舍温度上不来,而又不舍得烧太多的燃料,为了保温经常不通风,导致鸡舍特别潮湿,棚内的塑料布上、棚顶上的雾滴特别多,加上鸡的粪便使地面极其潮湿,造成舍内湿度过大。有的养殖户鸡舍温度很高,通风也很好,鸡舍空气很好,但粉尘特别大。

（2）密度与环境污染也是本病发病的主要原因:养殖户不注重调节养殖环境,饲养密度过大,消毒隔离期不足,消毒不够彻底,大肠杆菌大量存在,很容易成为污染源,导致下一批鸡大批发病。

（3）鸡呼吸系统结构原因:由于生理原因,使鸡机体形成一个半开放的系统,空气中病原微生物,很容易通过上呼吸道造成全身感染,也是气囊炎高发的重要原因。因此,鸡呼吸系统的这种结构成了大肠杆菌感染的便利通道,大肠杆菌一旦突破呼吸系统的黏膜屏障,会迅速通过气囊进入胸腔和腹腔,感染内部器官,常在临床上表现为气囊炎。

(4)应激也是一个气囊炎的诱发因素:鸡群做完免疫后出现咳嗽、甩鼻、呼噜的,如不能及时治疗很快便引起气囊炎。

(5)免疫抑制病也是一个诱发因素:由于免疫抑制病的存在,机体对外界致病原敏感性增加,有可能转变为呼吸道综合征。

2. 临床症状

病鸡呼吸道症状明显,张口伸颈呼吸,气喘、甩鼻、呼噜、肿头、肿眼、流泪,个别鸡肉髯肿胀,精神萎靡,食欲减退,甚至废绝,渴欲增加,呈黄、白色下痢,羽毛松乱,无光泽,冠爪干燥无光。

3. 病理变化

病死鸡冠紫,口腔充满黏液,严重者,剪开腹下皮肤能看到脂肪发黄或有炎性渗出物。打开腹腔,胸气囊充满黄色干酪样物,心包积液,腹气囊呈沫状物和黄色干酪物,其中30%的病死鸡有心包炎、肝周炎的病变,脾肿大,小肠空扁,鼻腔、气管充满黏液。鸡肝脏稍肿,心包炎、肝周炎、气囊浑浊,严重者有黄白色干酪样物,腹膜炎,个别鸡在整个肺脏上包裹一层黄白色干酪样物(典型病变),肺脏充血、出血、喉头出血,气管出血严重。腺胃乳头无明显变化,肌胃无变化,整个肠道充血、黏膜脱落,肾肿(间质出血)。

4. 诊断

根据发病情况和剖检变化,可进行初步诊断,但确诊需相关实验室检查。

5. 治疗

对气囊炎治疗的基本原则是"对因治疗,对症治疗,加强饲养管理"。

(1)对因治疗:就是对发生气囊炎的原因——消除,针对气囊炎发生的原因采取相对应的措施,这些措施包括相应的抗病毒治疗、抗菌消炎治疗、改善饲养环境,处理好合理加强通风和合理提高环境温度之间的关系。虽然一些病因是不容易消除的,但还是要尽力而为之。

(2)对症治疗:由于生理原因,气囊炎发生后,通过注射、饮水、拌料后,药物的吸收难以达到有效的血药浓度,对气囊上的微生物很难杀死,效果不很可靠。因此,对治疗气囊炎的药物选择应该选用组织穿透能力强、血液浓度高、敏感程度高的药物作为首选药物,如阿奇霉素、替米考星、林可霉素、甲磺酸培氟沙星、强力霉素、杆杀等。

使用气雾法用药能够使药物直达病灶,对气囊上的微生物予以直接杀灭。但气雾法用药应使用能调节雾滴粒子大小的专门的气雾机来进行,适宜大小的雾滴能够穿透肺脏而直到气囊。

通过以上2种方法的配合用药,使气囊的血管内外都能达到一定的治疗浓度对气囊炎的治疗会取得很好的效果。一定不要只强调对气囊炎的单纯治疗,而更应该重视对发病的病因和全身进行治疗。

(3)加强饲养管理:对气囊炎的治疗和恢复有着非常重要的意义,加强通风换气,保持舍内空气清新是呼吸道病包括气囊炎治疗的重要措施之一,起着一个事半功倍的效果,如不能给鸡群一个清新的空气环境,气囊炎的恢复将事倍功半。合理的湿度和密度是空气清新的一个必备条件。在发生气囊炎时,适宜的温度在气囊炎的恢复方面也具有很重要的意义,温度过低不利于气囊炎的恢复。

6. 预防

本病发病主要原因与环境因素非常大,饲养管理好的鸡场,一旦发病很好控制,死亡率也很低,饲养管理差的鸡场一旦发病,不好控制,并且越来越重,死亡率偏高。所以说环境的控制对本病的发生发展非常重要。

(1)采用合理的饲养密度;保证鸡舍良好的通风,控制鸡舍内有害气体的含量;保持鸡舍内适宜的湿度。

(2)加强饲养管理工作,给鸡群供给足够的营养物质,做好日常的消毒卫生工作,保持鸡场、鸡舍的环境卫生。对于病死鸡只要深埋或彻底销毁,杜绝传染源,给予鸡群良好的生存环境。鸡场应建立生物安全体系和采用全进全出的生产制度。

(3)购进优质鸡苗,确保无支原体垂直传播。

(4)在育雏时控制好支原体与大肠杆菌病,做完疫苗后用大肠杆菌与支原体药,中后期控制好病毒病。

(5)选择优质的疫苗,防疫之后做好呼吸道的预防措施。发现鸡群患呼吸道了,及时全面治疗,边治疗边调理,不要犹豫顾及成本,将呼吸道病控制在萌芽阶段是关键。

第三节　烈性传染病的扑灭措施

一旦发生一类动物疫病或暴发流行二类、三类动物疫病时,立即报兽医防疫员或相关部门进行诊断,并迅速将病鸡、可疑病鸡隔离观察,将症状明显或死亡鸡送兽医部门检验,及早做出诊断,一旦确诊为传染病,应根据"早、快、严、小"的原则,迅速采取以下措施。

1. 严格隔离封锁

当鸡场发生重大疫情时应立即采取隔离封锁措施,停止场内鸡群流动或转群,实行封闭式饲养,禁止饲养员及工作人员串栏、串栋活动,非场内工作人员禁止进入生产区,停止售苗、售蛋。将病鸡和可疑病鸡隔离在较为偏僻安全的地方单独饲养,专人看护,禁止出售和引进活鸡。

2. 加强消毒扑灭病原

鸡场发生疫情后在隔离封锁时,应立即对鸡舍、地面、饲槽、水槽及其他用具清洗后进行彻底消毒,扑灭鸡舍周围环境中存在的病原体。

3. 紧急接种

鸡场除平时按免疫程序做好免疫接种外,当发生疫情时,应对已确诊的疫病迅速采用该病的疫苗或高免血清,对受威胁的健康鸡进行紧急接种,使其尽快得到免疫力。尽早采取紧急接种,能明显有效地控制疫情,减少损失。

4. 扑杀、无害化处理病死鸡

鸡场发生一些烈性传染病或人畜共患病的患病鸡要立即扑杀。对于无治疗意义和经济价值不大的病鸡、死鸡尽快淘汰处理,并将这些病鸡及病死鸡集中深埋或焚烧等无害化处理,将病鸡舍内的垫草焚烧或与粪便一起发酵后作肥料,禁止随意丢弃病死鸡。如果对有利用价值的病鸡进行加工处理时,需经动物防疫监督检验部门检疫认可后,在不扩散病原的情况下才能进行加工处理,减少损失。

(1)动物尸体的运送

①运送前的准备

Ⅰ.设置警戒线、防虫:动物尸体和其他须被无害化处理的物品应被警戒,以防止其他人员接近、防止家养动物、野生动物及鸟类接触和携带染疫物品。如果存在昆虫传播疫病给周围易感动物的危险,就应考虑实施昆虫控制措施。如果对染疫动物及产品的处理被延迟,应用有效消毒药品彻底消毒。

Ⅱ.工具准备:运送车辆、包装材料、消毒用品。

Ⅲ.人员准备:工作人员应穿戴工作服、口罩、护目镜、胶鞋及手套,做好个人防护。

②装运

Ⅰ.堵孔:装车前,应将尸体各天然孔用蘸有消毒液的湿纱布、棉花严密填塞。

Ⅱ.包装:使用密闭、不泄漏、不透水的包装容器或包装材料包装动物尸体,小动物和禽类可用塑料袋盛装,运送的车厢和车底不透水,以免流出粪便、分泌物、血液等污染周围环境。

Ⅲ.注意事项:箱体内的物品不能装的太满,应留下半米或更多的空间,以防肉尸的膨胀(取决于运输距离和气温);肉尸在装运前不能被分割,运载工具应缓慢行驶,以防止溢溅;工作人员应携带有效消毒药品和必要消毒工具以及处理路途中可能发生的溅溢;所有运载工具在装前卸后必须彻底消毒。

③运送后消毒:在尸体停放过的地方,应用消毒液喷洒消毒。土壤地面,应铲去表层土,连同动物尸体一起运走。运送过动物尸体的用具、车辆应严格消毒。工作人员用过的手套、衣物及胶鞋等也应进行消毒。

(2)尸体无害化处理方法

①深埋法:掩埋法是处理畜禽病害肉尸的一种常用、可靠、简便易行的方法。

Ⅰ.选择地点:应远离居民区、水源、泄洪区、草原及交通要道,避开岩石地区,位于主导风向的下方,不影响农业生产,避开公共视野。

Ⅱ.挖坑:坑应尽可能的深(2~7米)、坑壁应垂直。

Ⅲ.尸体处理:在坑底洒漂白粉或生石灰,可根据掩埋尸体的量确定(0.5~2.0千克/平方米)掩埋尸体量大的应多加,反之可少加或不加。动物尸体先用10%漂白粉上清液喷雾(200毫升/平方米),作用2小时。将处理过的动物尸体投入坑内,使之侧卧,并将污染的土层和运尸体时的有关污染物如垫草、绳索、饲料、少量的奶和其他物品等一并入坑。

Ⅳ.掩埋:先用40厘米厚的土层覆盖尸体,再放入未分层的熟石灰或干漂白粉20~40克/平方米(2~5厘米厚),然后,覆土掩埋,平整地面,覆盖土层厚度不应少于1.5米。

Ⅴ.设置标识:掩埋场应标志清楚,并得到合理保护。

Ⅵ.场地检查:应对掩埋场地进行必要的检查,以便在发现渗漏或其他问题时及时采取相应措施,在场地可被重新开放载畜之前,应对无害化处理场地再次复查,以确保对牲畜的生物和生理安全。复查应在掩埋坑封闭后3个月进行。

Ⅶ.注意事项:石灰或干漂白粉切忌直接覆盖在尸体上,因为在潮湿的条件下熟石灰会减缓或阻止尸体的分解。

②焚烧法:焚烧法既费钱又费力,只有在不适合用掩埋法处理动物尸体时用。焚化可采用的方法有柴堆火化、焚化炉和焚烧窖(坑)等,此处主要讲解火化法。

Ⅰ.选择地点:应远离居民区、建筑物、易燃物品,上面不能有电线、电话线,地下不能有自来水、燃气管道,周围有足够的防火带,位于主导风向的下方,避开公共视野。

Ⅱ.准备火床

十字坑法:按十字形挖两条坑,其长、宽、深分别为2.6米、0.6米、0.5米,在两坑交叉处的坑底堆放干草或木柴,坑沿横放数条粗湿木棍,将尸体放在架上,在尸体的周围及上面再放些木柴,然后,在木柴上倒些柴油,并压以砖瓦或铁皮。

单坑法:挖一条长、宽、深分别为2.5米、1.5米、0.7米的坑,将取出的土堆堵在坑沿的两侧。坑内用木柴架满,坑沿横架数条粗湿木棍,将尸体放在架上,以后处理同上法。

双层坑法:先挖一条长、宽各2米、深0.75米的大沟,在沟的底部再挖一长2米、宽1米、深0.75米的小沟,在小沟沟底铺以干草和木柴,两端各留出18～20厘米的空隙,以便吸入空气,在小沟沟沿横架数条粗湿木棍,将尸体放在架上,以后处理同上法。

Ⅲ.焚烧

摆放动物尸体:把尸体横放在火床上,最好把尸体的背部向下,而且头尾交叉,尸体放置在火床上后,可切断动物四肢的伸肌腱,以防止在燃烧过程中,肢体的伸展。

浇燃料:燃料的种类和数量应根据当地资源而定。当动物尸体堆放完毕、且气候条件适宜时,用柴油浇透木柴和尸体(不能使用汽油),然后,在距火床10米处设置点火点。

焚烧:用煤油浸泡的破布作引火物点火,保持火焰的持续燃烧,在必要时要及时添加燃料。

焚烧后处理:焚烧结束后,掩埋燃烧后的灰烬,表面撒布消毒剂。填土高于地面,场地及周围消毒,设立警示牌。

Ⅳ.注意事项:应注意焚烧产生的烟气对环境的污染;点火前所有车辆、人员和其他设备都必须远离火床,点火时应顺着风向进入点火点;进行自然焚烧时应注意安全,须远离易燃易爆物品,以免引起火灾和人员伤害;运输器具应当消毒;焚烧人员应做好个人防护;焚烧工作应在现场督察人员的指挥控制下,严格按程序进行,所有工作人员在工作开始前必须接受培训。

③发酵法:这种方法是将尸体抛入专门的动物尸体发酵池内,利用生物热的方法将尸体发酵分解,以达到无害化处理的目的。

Ⅰ.选择地点:选择远离住宅、动物饲养场、草原、水源及交通要道的地方。

Ⅱ.建发酵池:池为圆井形,深9~10米,直径3米,池壁及池底用不透水材料制作(可用砖砌成后涂层水泥)。池口高出地面约30厘米,池口做一个盖,盖平时落锁,池内有通气管。如有条件,可在池上修一小屋。尸体堆积于池内,当堆至距池口1.5米处时,再用另一个池。此池封闭发酵,夏季不少于2个月,冬季不少于3个月,待尸体完全腐败分解后,可以挖出作肥料,两池轮换使用。

第三章　寄生虫病的防治

当某一种或某几种寄生虫暂时或长久地寄生于鸡体内或体表并引起相应的疾病,称为鸡寄生虫病。寄生虫病是一种慢性侵袭性疾病,能使患病鸡机体消瘦、代谢过程障碍、生产性能降低,最后因贫血、中毒或衰竭而死亡。因此,应予以重视,及时治疗,以减少这些病害给养鸡户造成的损失。

第一节　寄生虫病的发病特点及预防

鸡寄生虫病分体内和体外寄生虫两种。体内寄生虫包括球虫病、住白细胞原虫病、组织滴虫病、绦虫病、蛔虫病、盲肠线虫病、胃线虫病、前殖吸虫病;体外寄生虫常见羽虱、螨等。

一、寄生虫的感染途径

寄生虫的感染途径指来自传染源的病原体,经一定方式再侵入其他易感鸡所经过的途径。

1. 经口吃入感染

易感鸡吞食了被侵袭性幼虫或虫卵污染的饲草、饲料、饮水、土壤或其他物体,或吞食了带有侵袭性阶段虫体的中间宿主、补充宿主或媒介等之后而遭受感染。大多数寄生虫是经口感染的,如蛔虫、球虫等。

2. 经皮肤感染

某些寄生虫的感染性幼虫可主动钻入鸡皮肤而感染;吸血昆虫在吸血时,可把感染期的虫体注入鸡体内引起感染,如住白细胞虫病等。

3. 接触感染

病鸡与健康鸡通过直接接触，或感染阶段虫体污染的环境、笼具及其他用具与健康鸡接触引起感染，如螨、虱等。

二、宿主及其类型

体内或体表被寄生虫暂时或永久性寄生的动物称为宿主。寄生虫的发育过程比较复杂，大部分寄生虫适于在一定种类范围的宿主体寄生，少数则能寄生于多种宿主，有的只能寄生于一种宿主。有的寄生虫在一个宿主体便能完成其发育史，有的则是幼虫和成虫阶段分别寄生于不同的宿主。

1. 终末宿主

被性成熟阶段虫体（成虫）或有性繁殖阶段虫体所寄生的宿主。如鸡是绦虫的终末宿主，蠓和蚋是住白细胞原虫的终末宿主。

2. 中间宿主

被性未成熟阶段虫体（幼虫）或无性繁殖阶段虫体寄生的宿主。如蚂蚁是绦虫的中间宿主，鸡是住白细胞原虫的中间宿主。

3. 第二中间宿主

某些寄生虫的幼虫阶段需要在两个中间宿主体内发育，才能达到对终末宿主的感染性阶段，则其早期幼虫寄生的宿主称为第一中间宿主，晚期幼虫寄生的宿主称为第二中间宿主。例如前殖吸虫的第一中间宿主为淡水螺蛳，第二中间宿主是蜻蜓的成虫和稚虫。

4. 带虫宿主

某种寄生虫感染宿主后，随着宿主抵抗力的增强或通过药物治疗，宿主处于隐性感染、自然康复或临床治愈状态，对寄生虫保持着一定的免疫力，不表现临床症状，但宿主体内保留有一定数量的虫体，这样的宿主称为带虫宿主。由于带虫者不表现明显的症状,往往易被人们忽视,但带虫者经常不断地向周围环境散播病原,是重要的传染源。此外,一旦带虫宿主抵抗力下降,便可导致疾病复发。

5. 媒介

通常是指在脊椎动物宿主间传播寄生虫病的一种低等动物,更常指的是传播血液原虫病的吸血节肢动物。媒介可以是寄生虫的中间宿主,也可以是终末宿主,有的则只对寄生虫的传播起着机械性传递的作用。

三、寄生虫对宿主的损害

寄生虫侵入宿主或在宿主体内移行、寄生时,其对宿主是一种"生物性刺激物",影响也是多方面的,但由于各种寄生虫的生物学特性及其寄生部位等不同,因而对宿主的致病作用和危害程度也不同。

1. 机械性损害

吸血昆虫叮咬或寄生虫侵入宿主机体之后,在移行过程中和在特定寄生部位寄生的机械性刺激,可使宿主的器官、组织受到不同程度的损害,如创伤、发炎、出血、肿胀、堵塞、挤压、萎缩、穿孔和破裂等。

2. 夺取宿主营养和血液

寄生虫常以经口吃入或由体表吸收的方式,把宿主的营养物质变为虫体自身的营养,有的则直接吸取宿主的血液或淋巴液作为营养,引起宿主的营养不良、消瘦、贫血、抗病力和生产性能降低等。

3. 毒素的毒害作用

寄生虫在生长发育和繁殖过程中产生的分泌物、代谢物、脱鞘液和死亡崩解产物等,可对宿主产生轻重不等的局限性或全身性毒性作用,尤其对神经系统和血液循环系统的毒害作用较为严重。

4. 引入其他病原体,传播疾病

寄生虫不仅本身对宿主有害,还可在侵害宿主时,将某些病原物如细菌、病毒和原虫等直接带入宿主体内,或为其他病原体的侵入创造条件,使宿主遭受感染而发病。

四、寄生虫病的诊断要点

1. 观察临床症状

患病鸡一般表现为消瘦、贫血、黄疸、水肿、营养不良、发育受阻和消化障碍等慢性、消耗性疾病的症状,虽不具有特异性,但可作为发现寄生病的参考。

2. 调查流行因素

了解发病情况,摸清寄生虫病的传播和流行动态,为确立诊断提供依据。

3. 尸体剖检

对患病鸡进行剖检,观察其病理变化,寻找病原体,分析致病和死亡原因,有助于正确诊断。

五、寄生虫的预防措施

寄生虫种类繁多、分布广,所以防治鸡寄生虫病必须掌握寄生虫的发育规律和流行规律,采取必要的综合性措施,才能有效地控制寄生虫病的发生和流行,减少经济损失。

1. 定期驱虫

应用驱虫药或其他方法将鸡体内或体表的寄生虫驱除或杀灭,是养鸡场和农村养殖专业户在生产实践中常用的有效方法。根据不同的要求,又可分为治疗性驱虫和预防性驱虫。前者指鸡已经发生寄生虫病并在确诊的基础上进行,这种驱虫随时都能进行,目的是杀灭虫体,治愈病鸡;后者又称计划性驱虫,目的是保护鸡只不受或少受寄生虫的侵害。

鸡体内的寄生虫包括绦虫、吸虫、线虫等在内的寄生蠕虫;球虫、组织滴虫和住白细胞原虫等在内的寄生原虫。不同种类的寄生虫应选用相应的高效低毒的驱虫药。如鸡感染绦虫或感染次睾吸虫,常选用丙硫苯咪唑和吡喹酮。此外,鸡群驱虫宜早不宜迟,要在出现症状前驱虫。对于寄生蠕虫,在正常情况下,放养的鸡群宜2个月驱1次虫。还有一些寄生虫病具有明显的季节性,这与寄生虫从发育到感染期所需的气候条件、中间宿主或传播媒介的活动有关。因此,各类寄生虫的驱虫时间应根据其传播规律和流行季节来确定,通常在发病季节前对鸡群进行预防性驱虫。如球虫病,其发病季节与气温、湿度密切相关,流行季节为4~10月份,其中以5~9月份发病率最高,在这期间饲养雏鸡尤其要注意球虫病的预防。

体表寄生虫寄生在鸡的皮肤和羽毛上,包括永久性寄生的羽虱、螨等以及暂时性寄生的蚊、蝇、蜱、蠓、蚋等。驱杀鸡体外寄生虫,常用胺菊酯、溴氢菊酯、苄呋菊酯或敌百虫溶液等驱虫剂对鸡群体表进行喷雾或药浴。这对于永久性寄生的螨、虱杀灭效果好。而对暂时性寄生的蚊、蝇、蜱、蠓、蚋等,由于它们白天栖息在鸡舍或窝棚的角落里以及鸡舍或窝棚外面的草丛中,因此,除了用驱虫剂对体表喷雾,还应对鸡舍或窝棚的周围环境进行喷雾驱杀。杀灭了外寄生虫也可以预防其他一些寄生虫病的发生,如在夏秋季节杀灭了库蠓就能够有效地预防住白细胞原虫病。但值得注意的是,在配制驱虫药时,应注意药物的浓度,以避免发生鸡只中毒。

2. 粪便无害化处理

由于大多数寄生虫的虫卵、幼虫、节片、卵囊随粪便排出体外,一旦散布出去,污染场地、环境、水源、饲料等,就成为危险的传染源。所以,做好粪便管理就能消灭外界环境中的大量病原体。驱虫后的鸡应集中管理,驱虫使用的场地、房舍、饲具等应彻底消毒。驱虫后的粪便集中进行无害化处理,现多采用的粪便堆积发酵、坑沤发酵,利用生物热杀死寄生虫卵、卵囊和幼虫,以防止粪便中的病原体污染环境感染新的鸡群,或引起原鸡群重复再感染。

3. 消灭中间寄主及切断传播媒介

有些寄生虫如绦虫、线虫、吸虫等寄生蠕虫的传播,需要中间宿主的参与,绦虫、组织滴虫的发育必须经过蚂蚁或甲壳虫等昆虫体内才能完成,当鸡啄食这些昆虫后,即可感染发病。因此,消灭中间宿主,也是预防某些寄生虫病的必不可少的措施之一。

有些寄生虫的中间宿主和媒介是较难控制的,可以利用它们的习性,设法回避或加以控制。应尽可能改善环境卫生,创造不利于各种寄生虫中间宿主(蚂蚁、甲虫、蚯蚓、蜗牛等)隐匿和孳生的条件。

4. 提高鸡只自身抵抗力

提高鸡只自身抵抗力是必不可少的措施,如给予全价饲料,使鸡获得必需的氨基酸、维生素和矿物质;改善管理,减少应激因素,使鸡能获得利于健康的环境。对于雏鸡还应给以特殊的照顾。

5. 免疫预防

寄生虫病的免疫预防尚不普遍。原虫病中,球虫病有强毒苗和致弱苗,但虫苗可能有潜在的危险,故应在兽医的监督下使用。

第二节　寄生虫病的治疗

一、球虫病

鸡球虫病是由艾美尔属的各种球虫寄生于鸡肠道引起的常见且危害十分严重的原虫病,发病率和死亡率均较高。

1. 发病特点

(1)易感宿主:各个品种的鸡均有易感性,只是发病轻重有所差异。鸡球虫病一般暴发于3~6周龄雏鸡,其中以15~50日龄的鸡发病率最高,主要由艾美耳球虫引起。艾美耳球虫常侵害8～18周龄的鸡。成年鸡多为带虫者。

(2)感染来源:病鸡、耐过鸡和带虫鸡均为感染源,耐过鸡可持续排出卵囊达7个月之久,卵囊在室外潮湿的土壤中可存活2年,因此,连续使用陈旧鸡舍和场地往往是引起球虫病流行的重要因素。

(3)感染途径:鸡球虫的感染途径是摄入有活力的孢子化卵囊,凡被污染的饲料、饮水、土壤或用具等,都有卵囊存在,其他动物、昆虫、野鸟和尘埃以及管理人员,都可成为球虫病的传播者。

(4)流行季节:球虫病通常在潮湿多雨、气温较高的季节里暴发。北方多见于4～9月,7～8月为高峰期;南方及北方密闭式现代化鸡场,一年四季均可发生,但以温暖潮湿季节多发。鸡舍潮湿、拥挤、通风不良、饲料品质差,以及缺乏维生素A和维生素K,均能促使本病的发生和流行。

2. 临床症状

鸡球虫病可分为急性型和慢性型。

(1)急性型:病程为2～3周,多见于雏鸡。发病初期精神沉郁,羽毛松乱,不爱活动;食欲废绝,鸡冠及可视黏膜苍白,逐渐消瘦;排水样稀便,并带有少量血液。若是盲肠球虫,则粪便呈棕红色,以后变成血便。雏鸡死亡率高达100%。

(2)慢性型:多见于2～4月龄的雏鸡或成鸡,症状类似急性型,但不大明显。病程长达数周或数月,病鸡逐渐消瘦,产蛋减少,间歇性下痢,但较少死亡。

3. 病理变化

病鸡消瘦,鸡冠与黏膜苍白,内脏变化特点主要是出血性肠炎,其病变部位和程度与球虫的种类有关。

急性病例多为柔嫩艾美耳球虫感染,主要侵害盲肠,两支盲肠显著肿大,可为正常的3～5倍,肠腔中充满凝固的或新鲜的暗红色血液,盲肠上皮变厚,有严重的糜烂。

慢性病例多为毒害艾美耳球虫感染所致,主要损害小肠中段,使肠壁扩张、增厚,有严重的坏死。在裂殖体繁殖的部位,有明显的淡白色色斑点,黏膜上有许多小出血点。肠管中有凝固的血液或有胡萝卜色胶冻状的内容物。

若多种球虫混合感染,则肠管粗大,肠黏膜上有大量的出血点,肠管中有大量的带有脱落的肠上皮细胞的紫黑色血液。

4. 诊断

活鸡用饱和盐水漂浮法或粪便涂片查到球虫卵囊,或死后取肠黏膜触片或刮取肠黏膜涂片查到裂殖体、裂殖子或配子体,均可确诊为球虫感染,但由于鸡的带虫现象极为普遍,因此,是不是由球虫引起的发病和死亡,应根据临床症状、流行病学资料、病理剖检情况和病原检查结果进行综合判断。

5. 治疗

迄今为止,国内外对鸡球虫病的防治主要是依靠药物。目前已报道的抗球虫药达 40 余种,现今广泛使用的有 20 种。我国养鸡生产上使用的抗球虫药品种,包括进口的和国产的,共有十余种。各种抗球虫药在使用一段时间后,都会引起虫体的抗药性,甚至抗药虫株,有时对同类的其他药物也产生抗药性。因此,必须每隔一段时间便合理地变换使用抗球虫药。

(1)球痢灵,按饲料量的 0.02％～0.04％投服,以 3～5 天为一疗程。

(2)氨丙啉,按饲料量的 0.025％投服,连续投药 5～7 天。应用本药期间,应控制每千克饲料中维生素 B_1 的含量以不超过 10 毫克为宜,以免降低药效,无休药期。

(3)克球粉(可爱丹),用量用法同球痢灵。

(4)氯苯胍,按饲料量的 0.0033％投服,以 3～5 天为一疗程。

(5)盐霉素(沙利诺麦新)剂量为 70 毫克/千克,拌饲料中,连用5天。

(6)三字球虫粉(磺胺氯吡嗪钠)治疗量饮水按0.1%浓度,混料按0.2%比例,连用3天。同时对细菌性疾病也有效。

(7)马杜拉霉素(加福)预防量为5毫克/千克,长期应用。

(8)百球清:按25~30毫克/千克浓度饮水,连用2天。

(9)常山酮:用6毫克/千克混饲连用1周后,改用3毫克/千克浓度混饲,休药期为5天。

(10)福球净,每瓶兑水150千克混饮,连用3~5天。

(11)球必宁,每瓶溶水200升水混饮,连用3~5天。

(12)百球灭,每瓶兑水200升混饮,连用3~5天。

(13)球立欣,每瓶溶于200升水混饮,连用3~5天。

6.预防

对于一直在网上或笼养的后备母鸡和蛋鸡,不需要药物预防;对于从平养移至笼养的后备母鸡,在上笼前要实施药物预防,上笼后即可不再预防。

(1)预防用药

①氨丙啉:预防浓度为100~125毫克/千克,连用2~4周。

②氯苯胍:预防按30~33毫克/千克浓度混饲,连用1~2个月。

③硝苯酰胺(球痢灵):预防浓度为125毫克/千克,连用3~5天。

④莫能霉素:预防按100~125毫克/千克浓度混饲,连用3~5天。

⑤盐霉素:预防按50~60毫克/千克浓度混饲,连用3~5天。

⑥麦杜拉霉素(抗球王、杜球):预防按5~6毫克/千克浓度混饲,连用3~5天。

⑦球虫康,每袋拌料100千克,连用3~5天。

⑧球克,每100克兑水400~500千克混饮,连用3天。

⑨杀球灵：预防按 1 毫克/千克浓度混饲连用 3 天。

（2）鸡舍要每天打扫，保持清洁干燥。水槽、食槽、鸡笼等用具都应定期彻底清扫冲洗，墙壁、地面也要使用 30％生石灰水进行消毒，饲养管理人员出入鸡舍应更换鞋子，避免鸡舍之间互相感染，从而减少球虫卵囊的发育，这对控制球虫病的发生具有重要意义。

（3）通常球虫卵囊随粪便排出后，在一定条件下需 1～3 天才能发育成有感染性的孢子卵囊，因此，鸡场中的粪便要在当天或次日打扫清除，并运到远处进行堆积发酵处理，利用发酵产生的热和氨气杀死卵囊，防止饲料和饮水被污染。

（4）要坚持雏鸡与成鸡分开饲养。另外，对于不同批次的雏鸡也要严禁混养，最好实行全进全出制以切断传染源。在饲养期间，每天注意雏鸡吃食、饮水、精神、排便等情况，有病及时隔离治疗，或淘汰病重者。

（5）初期往往看不到血粪，等到大量的血粪出现时，病情已经严重。因此，在血粪出现之前，能判断球虫病即将发生就显得特别重要。球虫病出现的前 1～2 天采食量明显增多，一部分鸡排的粪便水分偏多，少量鸡伴有巧克力色的粪便。脱落的羽毛比正常多，出现这些现象时就要开始用药。

二、蛔虫病

鸡蛔虫病是由禽蛔科禽蛔属的蛔虫寄生于鸡小肠内引起的一种常见线虫病。本病遍及全国各地，在地面饲养的鸡群中，感染往往十分严重，常影响雏鸡的生长发育，甚至造成大批死亡。

1. 发病特点

蛔虫卵是流行传播的传染源。成熟的雌虫在鸡的肠道内产卵，卵随粪便排出体外，污染环境、饲料、饮水等，在适宜的条件下，经过 1～2 周时间卵发育成小幼虫，具备感染能力，这时的虫卵称感染性虫卵。健康鸡吞食了被这种虫卵污染了的饲料、饮水、污物,就会感染蛔虫病。

2. 临床症状

雏鸡常表现为生长发育不良,精神沉郁,行动迟缓,食欲不振,下痢,有时粪中混有带血黏液,羽毛松乱,消瘦、贫血,黏膜和鸡冠苍白,最终可因衰弱而死亡。严重感染者可造成肠堵塞导致死亡。成年鸡一般不表现症状,但严重感染时表现下痢、产蛋量下降和贫血等。当饲料中缺乏维生素 A 和维生素 B 时,感染和发病更为严重。

3. 病理变化

病鸡宰杀时血液十分稀薄,十二指肠、空肠、回肠甚至肌胃中均可见到大小不等的蛔虫,严重者可把肠道堵塞。

4. 诊断

采集鸡粪用饱和盐水漂浮法检查虫卵,或尸体剖检时在小肠或腺胃和肌胃内发现有大量虫体即可确诊。

5. 治疗

用药一般在傍晚时进行,次日早上把排出的虫体、粪便清理干净,防止鸡再啄食虫体又重新感染。

(1)驱蛔灵(哌嗪、磷酸哌哔嗪):每千克体重 0.3 克,1 次性内服。

(2)左旋咪唑:每千克体重 10～15 毫克,1 次内服。

(3)驱虫净:每千克体重 10 毫克,1 次内服。

(4)抗蠕敏:每千克体重 25 毫克,1 次内服。

(5)驱虫灵:每千克体重 10～25 毫克,1 次内服。

(6)丙硫苯咪唑:每千克体重 10 毫克,混饲喂药。

6. 预防

(1)防治本病的关键是搞好鸡舍环境卫生,及时清理积粪和垫料,堆积发酵。

（2）大力提倡与实行网上饲养、笼养，使鸡脱离地面，减少接触粪便、污物的机会，可有效预防蛔虫病的发生。

（3）不同年龄的鸡要分开饲养，并做好鸡群每年 2～3 次的定期预防性驱虫工作。

三、绦虫病

绦虫病是由绦虫（常见的赖利绦虫有棘沟赖利绦虫、四角赖利绦虫和有轮赖利绦虫三种）寄生于鸡肠道而引起的一类寄生虫病。在流行区，放养的雏鸡可以大群感染并引起死亡。

1. 发病特点

鸡的绦虫病分布十分广泛，危害面广且大。感染多发生在中间宿主活跃的 4～9 月份，各种年龄的鸡均可感染，但以雏鸡的易感性更强，25～40 日龄的雏鸡发病率和死亡率最高，成年鸡多为带虫者。饲养管理条件差、营养不良的鸡群，本病易发生和流行。

2. 临床症状

由于成虫的寄生，一方面破坏了肠黏膜的完整性，引起肠壁的结节和炎症，大量感染时虫体集聚成团，导致肠阻塞，甚至肠破裂而引起腹膜炎；另一方面虫体的代谢产物被吸收后可引起中毒反应，出现神经症状。轻度感染时症状不明显。感染严重时，病鸡表现为消化不良，食欲减退，粪便稀薄或混有血样黏液；渴感增加，体弱消瘦，两翅下垂，羽毛逆立，蛋鸡产卵量减少或停产。雏鸡发育受阻或停止，可能继发其他疾病而死亡。

3. 病理变化

剖检时除可在肠道发现虫体外，还可见尸体消瘦、肠黏膜肥厚，有时肠黏膜上有出血点。肠管有多量恶臭黏液，黏膜贫血和黄染。棘沟赖利绦虫感染时，十二指肠黏膜有肉芽肿性结节，其中有米粒大小呈火山口状的凹陷，其内常可发现虫体。

4. 诊断

根据鸡群的流行特点、临床症状、粪便检查发现虫卵或孕节，剖检病鸡发现虫体即可确诊。

5. 治疗

(1)硫双二氯酚 100～200 毫克/千克饲料，拌入饲料中喂服，4 天后再喂服 1 次。

(2)丙硫苯咪唑 20 毫克/千克饲料，拌入饮料中 1 次喂服。

(3)氯硝柳胺 100～150 毫克/千克饲料，拌入饮料中 1 次喂服。

(4)甲苯咪唑 30 毫克/千克饲料，拌入饲料中 1 次喂服。

(5)氢溴酸槟榔素以 3 毫克/升配成 0.1％水溶液喂服。

(6)驱绦灵，每 100 克拌料 25 千克，1 次服用。

6. 预防

对鸡绦虫病的防治应采取综合性措施。

(1)定期驱虫：在流行地区或鸡场，应定期给雏鸡驱虫。丙硫苯咪唑对赖利绦虫等有效，剂量按 15 毫克/千克体重，小群鸡驱虫可制成药丸逐一投喂，大群鸡则可混料 1 次投服。

(2)消灭中间宿主：鸡舍、运动场中的污物、杂物要彻底清理，保持平整干燥，防止或减少中间宿主的滋生和隐藏。

(3)及时清理粪便：每天清除鸡粪，进行堆积发酵，通过生物热灭杀虫卵。

四、组织滴虫病

组织滴虫病又名盲肠肝炎或黑头病，是由组织滴虫属的组织滴虫引起的一种急性原虫病。本病的特征是盲肠发炎呈一侧或两侧肿大，肝脏有特征性坏死灶。多发于雏鸡，成年鸡也能感染，但病情较轻。

1. 发病特点

(1)在自然感染的鸡中,多发于雏鸡,尤其是 2 周龄到 4 月龄的鸡最易感。成年鸡也能感染,但病情较轻。

(2)感染了球虫的病鸡排出的粪便污染饲料、饮水、用具和土壤,通过消化道而感染其他鸡。如病鸡同时有异刺线虫寄生时,此种原虫则可侵入鸡异刺线虫体内,并转入其卵内随异刺线虫卵排出体外,从而得到保护,即能生存较长时间,成为本病的感染源。

2. 临床症状

本病的潜伏期一般为 2 周左右,病鸡精神萎靡,食欲不振,缩头,羽毛松乱,翅下垂;排黄色或淡绿色粪便,急性感染时可排血便;后期鸡冠、肉髯发绀,呈暗黑色,故又称黑头病,病程达 1～3 周。

3. 病理变化

病变主要在盲肠和肝脏,典型的病例可见一侧或两侧盲肠肿大,触之坚硬,呈香肠状,但粗细不均匀。肠腔内容物坚实干燥,有干硬的干酪样物充塞,横断切开,切面呈同心圆层状,中心是黑红色凝白块,外面包裹着灰白色或淡黄色的渗出物和坏死的肠壁组织。盲肠黏膜坏死和增厚,形成溃疡,表面附有黄绿色半干酪样渗出物。有时盲肠溃疡穿破肠壁,引起腹膜炎。肝脏的病变是肿大,形成特殊的坏死病灶,坏死病灶为圆形或不正圆形,中央稍下陷,边缘略为隆起,呈淡黄色或淡绿色。坏死灶大小不一,有时互相连成大片的溃疡区,有时仅有稀疏的几个。

4. 诊断

在一般情况下,根据组织滴虫病的流行病学、临床症状和特征性的病理变化,尤其是盲肠和肝脏的病理变化便可做出初步诊断。但在并发有球虫病、沙门菌病、曲霉菌病时,必须用实验室方法检查出病原体方可确诊。

5. 治疗

甲硝哒唑(灭滴灵):400 毫克/千克,拌料饲喂。如果配合左旋咪唑(或丙硫苯咪唑)同时应用,疗效会更好。

6. 预防

(1)由于组织滴虫的主要传播方式是通过盲肠内的异刺线虫虫卵为媒介,所以,有效的预防措施是避免鸡接触异刺线虫虫卵。因此,在进雏鸡前鸡舍应彻底消毒。

(2)在本病的易发季节,应在饲料中添加甲硝唑、苯胺硫脲等药物;同时,也应定期在饲料中添加驱虫净、左旋咪唑、虫克星等药物,驱除鸡盲肠内的异刺线虫,使组织滴虫没有生存环境。

(3)加强鸡群的卫生管理,注意通风,降低舍内密度,尽量网上平养,以减少接触虫卵的机会,定期用左旋咪唑驱虫。

五、住白细胞原虫病

鸡住白细胞原虫病又称白冠病,是由住白细胞原虫引起的以出血和贫血为特征的寄生虫病,在我国各地均有发生,常呈地方流行性,对雏鸡危害严重,发病率高,症状明显,常引起大批死亡。

1. 发病特点

(1)不同品种和年龄的鸡都能感染,但以 3～6 周龄的雏鸡发病率较高。肉鸡感染后机体消瘦,增长缓慢。

(2)发病鸡是主要的传染源,库蠓为主要的传播媒介。

(3)本病的发生有明显的季节性,主要发生在库蠓活动的季节里,南方多发生于 4～10 月份,北方多发生于 7～9 月份。

2. 临床症状

雏鸡发病严重,死亡率高,主要表现为贫血严重,鸡冠和肉髯苍白,有的可在鸡冠上出现圆形出血点,故又称为"白冠病";感染后 10 天左右的鸡,严重者因咯血、出血、呼吸困难而死亡,死前口流鲜血是其特征性症状;感染轻微的鸡出现食欲不振,精神沉郁,流涎、下痢,粪便呈青绿色。

中鸡和成年鸡感染后,一般死亡率不高。主要表现为鸡冠苍白,排水样的白色或绿色粪便。中鸡发育受阻,成年鸡产蛋下降或停产。

3.病理变化

死亡鸡剖检时的特征性病变是口流鲜血,口腔内积存血液凝块,鸡冠苍白,血液稀薄。全身皮下出血,肌肉特别是胸肌和腿部肌肉散在明显的点状或斑块状出血。肝脏肿大,在肝脏的表面有散在的出血斑点。肾脏周围常有大片出血,严重者大部分或整个肾脏被血凝块覆盖。双侧肺脏充满血液,心脏、脾脏、胰脏、腺胃也有出血。肠黏膜呈弥漫性出血,在肠系膜、体腔脂肪表面、肌肉、肝脏、胰脏的表面有针尖大至粟粒大与周围组织有明显界限的灰白色小结节,这种小结节是住白细胞虫的裂殖体在肌肉或组织内增殖形成的集落,是本病的特征病变。

4.诊断

根据流行病学资料、临床症状和病原学检查即可确诊。

5.治疗

(1)可选用复方泰灭净500毫克/千克混饲,连用5～7天。也可选用磺胺二甲氧嘧啶0.04%和乙胺嘧啶4毫克/千克混于饲料,连用1周后改用预防量,或0.1%复方新诺明拌料,连用3～5天有较好的治疗效果。也可用0.02%复方敌菌净拌料进行治疗。

(2)用安乃近、阿司匹林等解热镇痛药来解热止痛,增加食欲,在饲料和饮水中加入多维来增强机体的抵抗力。

(3)对于肉鸡和产蛋鸡,为了防止由于饲喂时间短药物残留而对人体造成的危害,可采用纯中草药制剂进行治疗,如用球特威(山东大鸡制药有限公司生产),按0.25%进行拌料喂服,对该病防治能取得较好的效果。

(4)红冠灵,每袋1000克拌料1000千克(兑水2000千克),连用 4～5 天。

(5)白冠泰,每袋拌 50 千克料,连用 3～5 天。

(6)金三特,每瓶溶于 150 升水,连用 3～5 天。

(7)恒尔三清,A 袋兑水 125 千克,连用 3 天,3 天之后开始用 B 袋兑水 125 千克,连用 3 天,或 A、B 袋分上、下午用,预防量减半。集中供禽饮用,连用 3～6 天。

6. 预防

主要应防止禽类宿主与媒介昆虫的接触。在蠓、蚋活动季节,可以安装细孔的纱门、纱窗防止成虫飞入鸡舍吸血,或每隔 6～7 天,用 0.1‰除虫菊酯喷洒使其消灭在周围的环境中,对于减少鸡住白细胞原虫病的发生具有极其重要的意义。

六、鸡虱

虱属于节肢动物门,昆虫纲,食毛目,是鸡、鸭、鹅的常见体外寄生虫。它们寄生于禽的体表或附于羽毛、绒毛上,严重影响禽群健康和生产性能,常造成很大的经济损失。

1. 发病特点

鸡羽虱的传播方式主要是直接接触。秋冬季羽虱繁殖旺盛,羽毛浓密,同时鸡群拥挤在一起,是传播的最佳季节,鸡羽虱不会主动离开鸡体,但常有少量羽毛等散落到鸡舍,产蛋箱上,从而间接传播。

2. 临床症状

羽虱繁殖迅速,以羽毛和皮屑为食,使禽类奇痒不安,鸡因啄痒而伤及皮肤,羽毛脱落,日渐消瘦,产蛋量减少,以头虱和大体虱危害最大,使雏鸡生长发育受阻,甚至由于体质衰弱而死亡。

3. 诊断

在鸡皮肤和羽毛上查见虱或虱卵即可确诊。

4. 治疗

(1)烟雾法:用 25％的敌虫聚酯通用油剂,按每立方米鸡舍空间 0.01 毫升的剂量,用带有烟雾发生装置的喷雾器喷烟,喷烟后密闭鸡舍 2～3 小时。

(2)喷雾法:将 25％的敌虫聚酯通用油剂作为原液,用水配制成 0.1％的乳剂,直接喷洒于鸡体。

(3)药浴法:用 25％的溴氰聚酯加水配制成 4000 倍液,将药液盛放于水缸或大锅内,先浸透鸡体,再捏住鸡嘴浸一下鸡头,然后捋去羽毛上的药液,置于干燥处晾干鸡体;也可用 2％洗衣粉水溶液涂洗全身。

(4)白酒法:用棉球蘸白酒涂在鸡虱寄生部位皮肤,3～4 次可根治。

(5)烟叶水法:干烟叶 50 克用开水 1 千克浸泡 2 小时后,用烟叶擦鸡全身以擦湿为度,不可擦得太湿太久,否则容易中毒。

(6)植物油法:取植物油 250 克,食醋 250 克,混匀后,涂抹于鸡虱寄生处,每天早、晚各 1 次,连用 2 天,即可治愈。

(7)洗衣粉法:家用洗衣粉的水溶液,有脱去虫体体表蜡质、堵塞气孔的作用,可使虫体迅速窒息死亡。因此,用 1％～2％的洗衣粉水溶液洗涤鸡体,杀灭鸡虱效果好。同时,还具有安全、洗涤鸡体污垢,保持清洁卫生的好处。

(8)灭虫素法:灭虫素每毫升含伊维菌素 10 毫克,是防治鸡虱病安全、高效的药物,适宜剂量以每千克体重 1％灭虫素 0.2 毫克于翅内侧皮下注射,间隔 10 天,再注射 1 次,一般 2 次即可治愈。此法治鸡虱疗效显著,较药浴方便,不受季节限制。

(9)樟脑丸法:先把樟脑丸轧碎研成粉末,于夜晚鸡上窝时均匀地撒在鸡舍内,隔 4 天后检查鸡体,若发现仍有活虱存在,可用同样方法加大些用量,便可全部消灭鸡舍和鸡身上的虱子。如果鸡身上的虱子较多,也可将樟脑粉少许撒入鸡的羽毛之中,效果更佳。

值得注意的是,无论采用哪种方法,要想达到理想的灭虱效果,彻底杀灭鸡羽虱,最好是鸡体、鸡舍、产蛋箱等同时用药。间隔10天再用药1次,这样便可彻底地杀灭鸡羽虱。

5. 预防

(1)为了控制鸡虱的传播,必须对鸡舍、鸡笼、饲喂用具、饮水用具及环境进行彻底消毒。

(2)对新引起的鸡群,要加强隔离检查和灭虱处理,可用5%的氯化钠、0.5%的敌百虫、1%的除虫菊酯、0.05%的蝇毒灵等。

七、螨病

螨又称疥癣虫,主要有鸡皮刺螨、羽管螨、膝螨和气囊螨,是寄生在鸡体表的一种寄生虫。

1. 发病特点

(1)不同品种和年龄的鸡都能感染,但成年鸡比雏鸡发病率高。

(2)发病鸡和带虫鸡是主要的传染源,通过直接接触而感染,也可通过被污染的物品而间接感染。

(3)饲养密度过大,鸡舍潮湿,卫生状况不良容易发生本病。尤其在秋末以后,阳光直射时间减少,皮温恒定,湿度增高,有利于螨的生长繁殖。

2. 临床症状

螨虫寄生有全身性,寄生在鸡的腿、腹、胸、翅膀内侧、头、颈、背等处,吸食鸡体血液和组织液,并分泌毒素引发鸡皮肤红肿、损伤继发炎症,反复侵袭、骚扰引起鸡不安,影响采食和休息,导致鸡体消瘦、贫血、生长缓慢,严重影响上市品质。

3. 诊断

用镊子取出病灶中的小红点,在显微镜下检查,见到螨幼虫即可确诊。

4.治疗

大群发生刺皮螨后,可用20%的杀灭菊酯乳油剂稀释4000倍,或0.25%敌敌畏溶液对鸡体喷雾,要注意防止中毒。环境可用0.5%敌敌畏喷洒。

对于感染膝螨的患鸡,可用0.03%蝇毒磷或20%杀灭菊酯乳油剂2000倍稀释液药浴或喷雾治疗,间隔7天,再重复1次。大群治疗可用0.1%敌百虫溶液,浸泡患鸡脚、腿4~5分钟,效果较好。

5.预防

(1)保持圈舍和环境的清洁卫生,定期清理粪便,清除杂草、污物,堵塞墙缝,粪便集中堆肥发酵等,以减少螨虫数量;定期使用杀虫剂预防,一般在鸡出栏后使用辛硫磷对圈舍和运动场地全面喷洒,间隔10天左右再喷洒1次。

(2)防止交叉感染,新老鸡群分隔饲养严格执行全进全出制度,避免混养,严格卫生检疫,发现感染及时诊治。注意新老鸡群的隔离饲养,建立隔离带,防止交叉感染。

(3)感染鸡群的治疗可用阿维菌素、伊维菌素等拌料内服,用量为每千克饲料用0.15~0.2克。对商品鸡可用灭虫菊酯带鸡喷雾,也可使用沙浴法、药浴法或个体局部涂抹2%的碳酸软膏等。

八、前殖吸虫病

前殖吸虫病是由前殖科前殖属的多种吸虫寄生于鸡的直肠、泄殖腔、腔上囊和输卵管内引起的,常导致母鸡产蛋异常,甚至死亡。

1.发病特点

前殖吸虫病多呈地方性流行,其流行季节与蜻蜓的出现季节相一致,多发生在春季和夏季。

2. 临床症状

感染初期,患鸡外观正常,但蛋壳粗糙或产薄壳蛋、软壳蛋、无壳蛋,或仅排蛋黄或少量蛋清,继而患鸡食欲下降,消瘦,精神萎靡,蹲卧墙角,滞留空巢,或排乳白色石灰水样液体,有的腹部膨大,步态不稳,两腿叉开,肛门潮红、突出,泄殖腔周围沾满污物,严重者因输卵管破坏,导致泛发性腹膜炎而死亡。

3. 病理变化

输卵管发炎,黏膜充血、出血,极度增厚,后期输卵管壁变薄甚至破裂。腹腔内有大量浑浊的黄色渗出液或脓样物。

4. 诊断

根据症状,结合查到粪便中虫卵,或剖检有输卵管病变并查到虫体可确诊。

5. 治疗

驱虫可用下列药物:

(1)六氯乙烷:以每千克体重 0.2～0.3 克,混入饲料中喂给,每天 1 次,连用 3 天。

(2)丙硫苯咪唑(抗蠕敏):每千克体重 80～100 毫克,1 次内服。

(3)吡喹酮:每千克体重 30～50 毫克,1 次内服。

6. 预防

勤清除粪便,堆积发酵,杀灭虫卵,避免活虫卵进入水中;及时治疗病禽,每年春、秋两季有计划地进行预防性驱虫。

九、异刺线虫病

异刺线虫病又称盲肠虫病,是由异刺科异刺属的异刺线虫寄生于鸡盲肠内引起的一种线虫病。本病在鸡群中普遍存在。

1. 发病特点

各种年龄家禽均有易感性,但营养不良和饲料中缺乏矿物质

(尤其是磷和钙)的幼鸡最易感;鸡感染本病时没有明显的季节性,但 7～8 月份最易发生;有时感染性虫卵被蚯蚓吞食,可在蚯蚓体内长期保持生命力,当鸡吃入蚯蚓时感染本病。

2. 临床症状

感染初期幼虫侵入盲肠黏膜时,能机械损伤盲肠组织,导致肠黏膜肿胀,肠壁上出现结节,引起盲肠炎和下痢。虫体代谢产物可使机体中毒,患鸡表现为食欲不振,发育停滞,消瘦,严重时造成死亡。成年鸡产蛋量下降。

3. 病理变化

尸体消瘦,盲肠肿大,肠壁发炎和增厚,有时出现溃疡灶。盲肠内可查见虫体,尤以盲肠尖部虫体最多。

4. 诊断

用直接涂片或饱和盐水漂浮法做粪便检查,在粪中发现虫卵和尸体剖检在盲肠中发现虫体即可确诊,但应注意与蛔虫卵相区别。

5. 治疗

可用下列药物进行治疗:

(1)噻苯唑 500 毫克/千克饲料,拌入饲料中 1 次内服。

(2)丙硫苯咪唑 40 毫克/千克饲料,拌入饲料中 1 次内服。

(3)甲苯唑 30 毫克/千克饲料,拌入饲料中 1 次内服。

(4)康苯咪唑 50 毫克/千克饲料,拌入饲料中 1 次内服。

(5)左旋咪唑 35 毫克/千克饲料,拌入饲料中 1 次内服。

(6)硫化二苯胺(酚噻嗪),中雏 0.3～0.5 克/只,成年鸡0.5～1.0 克/只,拌入饲料中内服。

6. 预防

(1)保持鸡舍内外的清洁卫生,及时清扫粪便并进行堆积发酵。保持饲槽、饮水器的清洁,并定期消毒。

(2)将雏鸡与成年鸡分开饲养,防止成年鸡带虫传播给雏鸡。

(3)加强饲养管理,饲料中应保持足够的维生素 A、维生素 B 和动物性蛋白。

(4)定期进行驱虫,幼鸡每 2 个月驱虫 1 次,成年鸡每年驱虫 2～4 次。

(5)夏天应每隔 10～15 天,用开水或热碱水烫洗地面、饲养槽以及其他一切用具 1 次。

十、胃线虫病

胃线虫病是由华首科华首属和四棱科四棱属的线虫寄生于禽类的食道、腺胃、肌胃和小肠内引起的寄生虫病。

1. 发病特点

成熟雌虫在寄生部位产卵,卵随粪便排到外界,被中间宿主吃入后,在其体内经 20～40 天发育成感染性幼虫,鸡因吃入带有感染性幼虫的中间宿主而感染。在鸡胃内,中间宿主被消化而释放出幼虫,并移行到寄生部位,经 27～35 天发育为成虫。

2. 临床症状

虫体寄生量小时症状不明显,但大量虫体寄生时,患鸡消化不良,食欲不振,精神沉郁,翅膀下垂,羽毛蓬乱,消瘦,贫血,下痢。雏鸡生长发育缓慢,成年鸡产蛋量下降。严重者可因胃溃疡或胃穿孔导致死亡。

3. 病理变化

死鸡皮下肌肉苍白,心冠脂肪水肿。肌胃肌肉有高粱大及豌豆大小的结节,尤其以前囊处严重;结节表面不平整、质地如橡胶,切开后发现有少量干酪样坏死;每个结节中有 1～4 条虫体不等,虫体暗红色且盘曲于结节深处,因此,分离时较困难。切开肌胃可见胃壁发炎增厚,肌纤维溶解和坏死,所以颜色变浅。角质层剥离正常,角质层下散在绿豆大小的灰白色坏死灶,与坏死灶相对应处的肌胃黏膜下层有出血性炎症和溃疡灶,并且有数量不等的线虫寄生,较容易分离。腺胃壁肥厚,黏膜面坏死,胃腔内发现大量草绿色虫体布满于腺胃乳头,其形状与肌胃中发现的一样。其他脏器无明显病变。

4. 诊断

检查粪便查到虫卵,或剖检发现胃壁发炎、增厚,有溃疡灶,并在腺胃腔内或肌胃角质层下查到虫体即可确诊。

5. 治疗

(1)左旋咪唑按每千克体重 20～30 毫克,混入饲料中喂给,或配成 5% 水溶液嗉囊内注射。

(2)用噻苯唑按每千克体重 300～500 毫克,1 次内服。

6. 预防

加强饲料和饮水卫生;勤清除粪便,堆积发酵;消灭中间宿主,可用 0.005% 敌杀死或 0.0067% 杀灭菊酯水悬液喷洒禽舍四周墙角、地面和运动场;满 1 月龄的雏禽可作预防性驱虫 1 次。

十一、毛细线虫病

毛细线虫病是由毛首科毛细线虫属的有轮毛细线虫、鸽毛细线虫、膨尾毛细线虫、鹅毛细线虫、鸭毛细线虫、捻转毛细线虫等寄生于禽类消化道引起的。我国各地均有发生,严重感染时可引起鸡死亡。

1. 发病特点

成熟雌虫在寄生部位产卵,虫卵随禽粪便排到外界,直接型发育史的毛细线虫卵在外界环境中发育成感染性虫卵,其被禽类宿主吃入后,幼虫逸出,进入寄生部位黏膜内,约经 1 个月发育为成虫。间接型发育史的毛细线虫卵被中间宿主蚯蚓吃入后,在其体内发育为感染性幼虫,禽啄食了带有感染性幼虫的蚯蚓后,蚯蚓被消化,幼虫释出并移行到寄生部位黏膜内,经 19～26 天发育为成虫。

2. 临床症状

患鸡精神萎靡，头下垂；食欲不振，常做吞咽动作，消瘦，下痢，严重者，各种年龄的鸡均可发生死亡。

3. 病理变化

虫体在寄生部位掘穴，造成机械性和化学性的刺激。轻度感染时，嗉囊和食道壁只有轻微炎症和增厚；严重感染时，则增厚与发炎变为显著，并有黏液脓性分泌物和黏膜的溶解、脱落或坏死等病变；食道和嗉囊壁出血，黏膜中有大量虫体。在虫体寄生部位的组织中有不明显的虫道。淋巴细胞浸润，淋巴滤泡增大，形成伪膜，并导致腐败是常见的病变。

4. 诊断

用粪便检查法发现虫卵，或剖检死禽发现虫体和相关病变即可做出诊断。

5. 治疗

治疗时选用下列药物均有良好疗效：

(1)左旋咪唑：按每千克体重20～30毫克，1次内服。

(2)甲苯咪唑：按每千克体重20～30毫克，1次内服。

(3)甲氧啶：按每千克体重200毫克，用灭菌蒸馏水配成10%溶液，皮下注射。

6. 预防

搞好环境卫生；勤清除粪便并作发酵处理；消灭禽舍中的蚯蚓；对禽群定期进行预防性驱虫。

十二、比翼线虫病

比翼线虫病是由比翼科比翼属的线虫引起的，虫体寄生于禽类（主要是鸡）的喉头、气管。患禽张口呼吸，故又名开嘴虫病。本病全国各地均有发生，呈地方性流行。

1. 发病特点

主要危害雏鸡,死亡率可达 100％,成年鸡受害不大。常见的种类有气管比翼线虫,斯克里亚宾比翼线虫。

感染性虫卵或幼虫常污染饲料和饮水,对外界抵抗力较弱。但在蚯蚓体内可保持感染力 4 年,在蛞蝓和蜗牛体内可存活 1 年以上。一些野鸟任何年龄都有易感性而不出现症状,是本虫的天然宿主,这些野鸟体内排出的虫卵,通过蚯蚓体内发育后,对鸡的感染力增强,成为鸡的重要感染源。在家禽中常感染的禽是鸡,其他易感禽类还有雉鸡、松鸡、鹧鸪等。

2. 临床症状

幼虫移行时,可引起肺脏出血、水肿、大叶性肺炎。成虫吸附在气管黏膜上吸血,刺激了气管黏膜,使宿主发生卡他性、黏液气管炎,贫血。雏鸡对比翼线虫耐受性低,少量感染便出现症状。病鸡伸颈,张嘴呼吸,咳嗽,头部下垂,闭眼蹲坐,呼吸有哨音,左右甩头,有时可甩出虫体。口腔内充满泡沫状液体。雏鸡初期精神食欲不振,贫血消瘦,后出现呼吸困难,窒息而死亡。成年鸡症状轻微或无症状。

3. 病理变化

幼虫移经肺脏,可见肺瘀血,水肿和肺炎病变。成虫期可见气管黏膜上有虫体附着及出血性卡他性炎症,气管黏膜潮红,表面有带血黏液覆盖。

4. 诊断

根据症状,结合粪便或口腔黏液检查见有虫卵,或剖检病鸡在气管或喉头附近发现虫体即可确诊。

5. 治疗

(1)碘溶液 1.5 毫升/羽,用拆除针头的一次性注射器将药液徐徐注入病危鸡气管,以杀灭气管的虫体。

(2)全群鸡用丙硫苯咪唑按 25 毫克/千克体重混饲驱虫 5 天,

同时,饮水中加入 2‰电解多维,或用噻苯唑 350 毫克/千克体重内服,未发病鸡噻苯唑按 0.05‰～0.1‰的比例混饲定期驱虫;同时,用 5%氟苯尼考,按 0.1‰的比例拌料以防继发感染。

6. 预防

勤清除粪便,发酵消毒;保持禽舍和运动场卫生、干燥,杀灭蛞蝓、蜗牛等中间宿主,流行区对禽群体进行定期预防性驱虫;发现病禽及时隔离并用药治疗。

第四章　中毒病的防治

中毒是指某种外界的毒物进入动物机体后,引起相应的病理变化甚至危害动物生命的病理过程。

近年来,随着养鸡业的发展,鸡中毒病的发生已与以往有所不同,出现一些新的动向。过去常见的一些中毒病如磺胺药、喹乙醇、食盐中毒等,由于养殖技术的推广和养鸡者技术水平的提高使这些病逐渐得到预防和控制,但一些新的中毒病发病率增高,危害严重。

第一节　中毒病的发病特点及预防

引起鸡中毒病的原因很多,毒物的主要来源有用药过量、饲料霉变、饲料中某些成分过量、消毒药液过量等。

一、中毒病的发病原因

1. 由饲料的保存与调制方法不当引起

(1)对饲料或饲料原料保管不当,导致其发霉变质而引起中毒,如黄曲霉毒素中毒、杂色曲霉毒素等。

(2)利用含有一定毒性成分的农副产品饲喂,由于未经脱毒处理或饲喂量过大而引起中毒,如菜籽饼、棉籽饼中毒等。

2. 由管理不当引起

鸡舍内由于管理不当往往会引起消毒剂或有害气体的中毒,如一氧化碳中毒、氨气中毒、甲醛(福尔马林)中毒、高锰酸钾中毒等。

3. 由药物引起

如果用于治疗的药物使用剂量过大，或使用时间过长而引起中毒，如磺胺类药物中毒、聚醚类抗球虫药中毒、喹乙醇（快育灵）中毒等。

（1）重复用药：目前，由于兽药市场不规范，许多厂家产品实际有效成分与标示成分不相符，纯中药制剂中含有西药成分，饲料中添加某些药物添加剂，养殖户在联合用药或轮换用药时，出现同一成分的药物重复使用，导致剂量过大。

（2）蓄积中毒：由于养鸡集约化程度高，饲养环境差，造成细菌病、病毒病、寄生虫病等传染病发病率高，养鸡户为了防治传染病，长时间使用药物，特别是肉用仔鸡，有些鸡群从入栏到卖出，整个饲养期基本不停药，极易导致慢性蓄积中毒。

（3）随意增加剂量：有些养鸡户为了急于控制疾病，加倍使用药量的现象非常普遍，有些甚至增加几倍量，导致药物中毒。

（4）误用药物：养殖户由于错误计算、错误操作导致用药错误，引起中毒。有些饲养者药物稀释时兑水量或拌料量计算不正确，导致药物浓度加大。有的饲养者由于责任心不强，错误用药，或拌药不均匀，导致药物中毒。

4. 由于农药、化肥与杀鼠药对环境的污染引起

常因采食被其污染的饲料、饮水或误食毒饵（如磷化锌中毒、氟乙酰胺中毒等）而发生中毒。此外，有些农药，在兽医临床上还用来防治畜禽寄生虫病，若剂量过大，或药浴时浓度过高，也可引起中毒。

5. 由于工业污染引起

工厂排放的废水、废气及废渣中的有毒物质未经有效的处理，污染周围大气、土壤及饮水而引起的中毒。

6. 由地质化学的原因引起

由于某些地区的土壤中含有害元素，或某种正常元素的含量

过高,使饮水或饲料中含量亦增高而引起的中毒,如氟中毒等。

二、中毒病的发病特点

在鸡群中发生中毒时,往往表现以下特点:

(1)疾病的发生与鸡采食的某种饲料、饮水或接触某种毒物有关。

(2)患病家禽的主要临床症状一致,因此,在观察时要特别注意中毒鸡的特征性症状,以便为毒物检验提示方向。

(3)在急性中毒时,家禽在发病之前食欲良好,禽群中食欲旺盛的由于摄毒量大,往往发病早、症状重、死亡快,往往出现同槽或相邻饲喂的家禽相继发病的现象。

(4)从流行病学看,虽然可以通过中毒试验而复制,但无传染性,缺乏传染病的流行规律。且大多数毒物中毒时鸡体温不高或偏低。

(5)急性中毒死亡的鸡在尸体剖检时,胃内充满尚未消化的食物,说明死前不久食欲良好,死于机能性毒物中毒的鸡,实质脏器往往缺乏肉眼可见的病变。

(6)死于慢性中毒的病例,可见肝脏、肾脏或神经出现变性或坏死。

三、中毒病的诊断要点

鸡的中毒,除少数中毒病可根据其特征性临床症状做出诊断外,一般均较困难,尤其是慢性中毒。因此,在诊断中毒病时,必须根据病史材料、临床症状、病理剖检变化等综合分析,才能做出正确的诊断。

1. 病史调查

(1)在同一饲养管理条件下,是否突然成群发病、症状相似,平时健康而食欲旺盛的发病多且症状重,但没有传染病的流行特点。

(2)仔细调查鸡舍及储存饲料处周围的环境,检查饲料的品质及加工处理方法。

(3)鸡群体附近是否堆放过化肥或农药,周围有无化工厂的废水、废气、废渣等。

(4)将可疑饲料再喂中毒鸡时,多不采食。

2. 症状检查

轻症病例可进行系统检查,重危病例重点检查消化系统的变化、神经症状及全身机能状态。

(1)消化系统:食欲减退或废绝,流涎,腹痛,腹泻,便血等。

(2)神经系统:知觉迟钝,嗜眠,昏迷或兴奋,痉挛,局部或全身麻痹,瞳孔散大或缩小。

(3)循环系统:心脏衰弱,可视黏膜发绀。

(4)呼吸系统:呼吸急促或呼吸困难,肺气肿,肺水肿。

(5)体温:一般体温正常或偏低,但重金属元素中毒体温可升高。

3. 病理剖检变化

一般中毒死亡的鸡,剖检后均有病理变化,剖检时要注意嗉囊和胃脏内容物是否有毒物残渣等。如果是刺激性毒物,则消化道黏膜有炎症或腐蚀性变化,如潮红、肿胀、出血、黏膜脱落、溃疡、穿孔等,实质脏器的脂肪变性、混浊肿胀、出血、血液颜色呈鲜红色或黑褐色变化等。

4. 防治试验

在缺乏毒物检验条件或一时得不出检验结果的情况下,可采取停喂可疑饲料或饮水,观察发病是否停止。同时,根据可能引起中毒的毒物分别运用特效解毒剂进行治疗,根据疗效来判断毒物的种类,此法具有现实意义。

5. 动物试验

可选择一两只年龄、体重、健康状况相近的同种鸡,投给病鸡吃剩的饲料,观察是否中毒。

四、中毒病的救治

1. 切断毒源

必须立即停喂可疑有毒的饲料或饮水。

2. 阻止或延缓机体对毒物的吸收

对经消化道接触毒物的病禽,可根据毒物的性质投服吸附剂、黏浆剂或沉淀剂。

3. 排出毒物

可根据情况选用切开嗉囊冲洗或服用泻药。

4. 解毒

使用特效解毒剂,如有机磷农药中毒,对于出现症状的鸡,应立即使用胆碱酯酶复活剂(解磷定或氯磷定,每只肌内注射 $0.2\sim$ 0.5 毫升),并同时应用阿托品(每只皮下肌内注射 $0.1\sim0.25$ 毫克)。而氟乙酰胺农药中毒,可用解氟灵按每千克体重 0.1 克肌内注射,中毒严重的病例还要使用氯丙嗪。

5. 对症治疗

中毒的鸡群用葡萄糖溶液饮服,以增强肝脏的解毒功能。此外,还应调整鸡体内电解质和体液、增强心脏机能、维持体温。

五、中毒病的预防

多数中毒性疾病一旦发生,确实比较棘手,一是有些中毒症目前尚缺乏针对性的解毒药物;二是一旦中毒,一般都是急性经过的多,往往还来不及抢救即造成死亡损失;三是有些中毒鸡群经抢救后虽已脱险,但已对部分鸡的生长发育造成了影响,所以必须注意平时的预防才是上策。

1. 选择优质饲料

选购饲料时应注意饲料有无霉变,鱼粉的色泽、气味及含盐量是否正常(尤其是含盐量必须心中有数),饼粕的加工工艺及生熟度等。存放饲料的仓库应凉爽、干燥、通风良好等。

2. 合理正确用药

用药时,特别是使用毒性较大的药物时,应按说明用量准确计算后使用,必须加倍时,应在有关技术人员指导下进行,切忌盲目加倍。拌料必须均匀,可用逐级扩大的方法进行。

3. 做好环境卫生

采用烧煤取暖时,应通风换气,保证室内空气流通,经常检查取暖设施。防止烟筒堵塞、倒烟、漏烟;舍内要有通风换气设备,并定期检查。

第二节　中毒病的治疗

一、食盐中毒

食盐中毒是指鸡摄取食盐过多或连续摄取食盐而饮水不足,导致中枢神经机能障碍的疾病。

1. 发病特点

饲料中添加食盐量过大,或大量饲喂含盐量高的鱼粉,同时饮水不足,即可造成鸡中毒。正常情况下,饲料中食盐添加量为0.25%～0.5%。当雏鸡饮服0.54%的食盐水时,即可造成死亡;饮水中食盐浓度达0.9%时,5天内死亡100%。如果饲料中添加5%～10%食盐,即可引起中毒。另据资料报道,饲料中添加20%食盐,只要饮水充足,不至于引起死亡。因此,饮水充足与否,是食盐中毒的重要原因。饲料中其他营养物质,如维生素E、钙、镁及含硫氨基酸缺乏时,可增加食盐中毒的敏感性。

2. 临床症状

食盐中毒其实质是钠中毒,有急性中毒与慢性中毒之分。

（1）急性中毒：鸡群突然发病，饮水骤增，大量鸡围着水盆拼命喝水，许多鸡喝得嗉囊十分膨大，水从口中流出也不离开水源，同时，出现大量营养状况良好的鸡发生突然死亡，部分病鸡表现呼吸困难、喘息十分明显，中毒死亡的鸡有的从口中流出血水来。中毒鸡群普通下痢，排稀水状消化不良的粪便，检查鸡群时，可听到病鸡排稀便时发出的响声。

（2）慢性中毒：鸡群起病缓慢，饮水逐渐增多，粪便由干变稀。由于规模化养鸡多采用自流给水，有时鸡饮水增多的现象不易被发现，因此，粪便变化的特征对于发现食盐的慢性中毒非常重要。随着病程的延长，病重的鸡冠脸变为深红，冠峰黑紫，冠体皱缩耷拉，粪便由稀水状变为稀薄的黄、白、绿色。采食量下降，群中死亡鸡增多，产蛋鸡群产蛋量停止上升或下降，蛋壳变薄，出现砂顶、薄皮、畸形蛋等。由于下痢的刺激，鸡的子宫发生轻重不等的炎症，产蛋时子宫回缩缓慢，发生脱肛、啄肛等并发症。

3. 病理变化

（1）急性中毒死亡的小鸡与青年鸡，营养状况良好，胸部肌肉丰满，但苍白贫血，胸腹部皮下积有多少不等的渗出液，由于皮下水肿，跖部变得十分丰润，肝脏肿大，质地硬，呈现淡白、微黄色或红白相间的、不均匀的瘀血条纹；腹腔中积液甚多，心包积水超过正常的 $2\sim3$ 倍，心肌有大点状出血；肾脏肿大，肠管松弛，黏膜轻度充血。急性中毒的产蛋鸡，除有上述症状外，卵巢充血、出血十分明显。

（2）慢性食盐中毒的产蛋鸡，肠黏膜及卵巢充血、出血，蛋变性坏死，输卵管炎或腹膜炎。

4. 诊断

根据鸡的临床症状、病理特征与食盐增加史可初步确诊，必要时可测定饲料食盐含量。

5. 治疗

发现可疑食盐中毒时,首先要立即停用可疑的饲料和饮水,并送有关部门检验,改换新鲜的饮用水和饲料,饮水中加 5% 葡萄糖水。同时,皮下注射 20% 安纳咖,成年鸡 0.5 毫升/只,幼鸡 0.1~0.2 毫升/只,饮水中加 10% 葡萄糖水和维生素 C,连用数天。

给病鸡应间断地逐渐增加饮用水,否则,一次大量饮水可促进食盐吸收扩散,反而使症状加剧或会导致组织严重水肿,尤其脑水肿往往预后不良。

6. 预防

严格控制鸡的食盐进量,在饲料中必须搅拌均匀。盐粒应粉细,保证供足水并且不间断。

二、棉籽饼中毒

生产实践中所见的棉籽饼中毒,多是由于长期不间断地饲喂未经去毒处理的棉籽饼,致使棉酚在体内蓄积而引起。

1. 发病特点

大量应用或少量连续饲喂未经脱毒处理的棉籽饼,可导致中毒发生。棉籽饼中毒的实质是棉酚及其衍生物中毒,棉酚在棉籽饼内以结合棉酚和游离棉酚两种形式存在,一般认为结合棉酚是无毒的。棉籽饼的毒性与其加工工艺有很大的关系,冷榨棉籽饼的毒性大,而高温高压榨油法,使游离棉酚减少,降低棉籽饼的毒性,即便如此,棉籽饼在饲料中的添加量也不应超过 8%~10%。饲料中维生素 A、钙、铁(棉籽饼缺乏)及蛋白质不足(不宜形成结合棉酚)时,也会促使发生棉酚中毒。

2. 临床症状

病初鸡群食欲降低,饮水量增多,精神不振,羽毛松散,结膜呈蓝紫色,鸡冠稍肿,呈暗紫色,两腿无力,肌肉震颤。

急性中毒则出现口、鼻、肛门等天然孔出血,排血色稀粪。蛋鸡产蛋急剧下降,蛋壳粗糙,软壳蛋及畸形蛋数量增加,机体逐渐消瘦,种公鸡睾丸萎缩,精液品质差,种蛋的受精率和孵化率降低。

3. 病理变化

皮下胶冻样水肿,腹腔积水,肝脏呈土黄色、实质脆弱,肺充血、水肿、出血,心肌变性,肠黏膜肿胀、出血并有溃疡,内容物呈暗褐色。公鸡睾丸发育不良,母鸡卵巢极度萎缩。

4. 诊断

根据本病特征性的症状和病理变化,结合有过量或长期饲喂棉籽饼的病史,即可做出诊断。

5. 治疗

本病无特效治疗方法。发病后,立即停止喂给有棉酚的配合饲料。病鸡用硫酸亚铁以 0.5% 比例均匀拌料喂服,连用 3 天后,剂量减半,再连用 7 天。同时可以使用维生素 E,每千克饲料加 10～20 克,拌匀,连用 15 天,可以加促母鸡产蛋功能的恢复。

6. 预防

合理利用棉籽饼,可以预防棉籽饼中毒。

(1)去毒处理:棉籽饼最好经过脱毒处理后再配入饲料内,棉籽饼脱毒的方法有铁剂处理法和干热处理法。铁剂处理法是用 0.1%～0.2% 的硫酸亚铁溶液浸泡数小时即可;干热处理法是将棉籽饼以 80～85℃ 干热 2 小时也可使其毒性降低。

(2)限制喂量,间歇饲喂:棉籽饼在雏鸡日粮中不宜超过2%～3%,蛋鸡不宜超过 5%～7%,经过去毒处理后,肉鸡日粮中可占 15%～20%,否则不宜超过 10%。为防止棉酚在体内蓄积,应在连续投喂 1～2 个月后停喂 2～3 周,使体内残毒排出。

(3)补充青料或添加多维:青绿饲料可显著增强机体对游离棉酚的解毒能力,并能防止继发性维生素 A 缺乏。

三、菜籽饼中毒

菜籽饼是一种很好的蛋白质饲料,氨基酸比较齐全,但菜籽饼中含有硫葡萄糖苷及芥酸,在机体芥子水解酶的作用下,产生有毒物质,引起鸡中毒。

1. 发病特点

菜籽饼的含毒量与其品种有关,而不同品种的鸡对菜籽饼的耐受能力也有差异。普通菜籽饼在产蛋鸡饲料中的比例占 8%、肉用仔鸡后期饲料占 10%即可引起中毒。

2. 临床症状

最初是采食减少,粪便干硬或稀薄、带血等不同的异常变化,生长缓慢、产蛋量下降、软蛋增多、孵化率下降。

3. 病理变化

剖检主要是甲状腺肿大,胃黏膜充血或出血,肾肿大,肝脏萎缩有滑腻感,消化道(尤其是胃)内容物稀薄呈黑绿色,肠黏膜脱落出血。

4. 诊断

根据临床症状、病理学特征结合饲料调查是否过量采食未经适当处理的油菜籽饼即可确诊。

5. 治疗

发现中毒立即停喂含有菜籽饼的饲料,饮用 5%葡萄糖水,饲料中添加维生素 C。

6. 预防

(1)喂量要适当:鸡的日粮中,搭配菜籽饼的比例不宜过高。一般来说,生长鸡用量可占精料的 5%～10%,占干物质量 5%～8%,这样不经去毒也可和其他饲料搭配使用。

(2)进行必要的去毒处理:为了安全利用菜籽饼,尤其是鸡日粮中菜籽饼搭配量超过 10%时,应该进行必要的去毒处理。常用方法是坑埋法,此法应避开梅雨和高温季节,选择地势高燥、土质较好的地方(不可在树下),挖一宽 0.8 米,深 0.8 米,长度按菜籽饼数量确定的长方形坑,内铺 3 厘米厚的麦草,将粉碎成末的菜籽饼以 1∶1 比例加水拌湿埋入坑内,上铺一薄层麦草,再覆土 40 厘米厚。四周开排水沟,以防雨水渗入。2 个月后,即可开坑利用。注意四周发霉结块的局部不宜作饲料。采用此法无需其他设备,去毒率在 90% 以上。蒸煮法是小规模少量饲喂时,可将粉碎的菜籽饼用温水浸泡 8～12 小时,将水倒去,再加清水煮沸 1 小时,并时时搅拌,即可使毒物蒸发。

(3)增喂青绿饲料:增喂青饲料可改善整个饲料的适口性和减轻菜籽饼的毒害作用,但不宜喂富含芥子酶的十字花科植物,如白菜、萝卜、甘蓝等。

(4)防止中毒:禁用霉变菜籽饼喂鸡,配料时,应充分搅拌均匀,以免有些鸡误食菜籽饼过多,引起中毒。

四、黄曲霉毒素中毒

黄曲霉毒素是黄曲霉菌的代谢产物,广泛存在于各种发霉变质的饲料中,对畜禽和人类都有很强的毒性,鸡对黄曲霉毒素比较敏感,中毒后以急性或慢性肝中毒、全身性出血、腹水、消化机能障碍和神经症状为特征。

1. 发病特点

由于采食了被黄曲霉菌或寄生曲霉等污染的含有毒素的玉米、花生粕、豆粕、棉籽饼、麸皮、混合料和配合料等而引起。黄曲霉菌广泛存在于自然界,在温暖潮湿的环境中最易生长繁殖,产生黄曲霉毒素。黄曲霉毒素及其衍生物有 20 余种,引起鸡中毒的主要毒素有 B_1、B_2、G_1、G_2、M_1、M_2,以 B_1 的毒性最强。以幼龄的鸡特别是 2～6 周龄的雏鸡最为敏感。

2. 临床症状

鸡龄不同,临床表现各异。

(1)雏鸡:表现精神沉郁,食欲不振,消瘦,鸡冠苍白,虚弱,凄叫,拉淡绿色稀粪,有时带血。腿软不能站立,翅下垂。

(2)育成鸡:精神沉郁,不愿运动,消瘦,小腿或爪部有出血斑点,或融合成青紫色,如乌鸡腿。

(3)成鸡:耐受性稍高,病情和缓,产蛋减少或开产期推迟,个别可呈极度消瘦的恶病质而死亡。

3. 病理变化

(1)急性中毒:肝脏充血、肿大、出血及坏死,色淡呈黄白色,胆囊充盈。肝细胞弥漫脂肪变性,变成空泡状,肝小叶周围胆管上皮增生形成条索状。肾苍白肿大。胸部皮下、肌肉有时出血,肠道出血。

(2)慢性中毒:常见肝硬变,体积缩小,颜色发黄,并呈白色点状或结节状病灶,肝细胞大部分消失,大量纤维组织和胆管增生,个别可见肝癌结节,伴有腹水;心包积水;胃和嗉囊有溃疡;肠道充血、出血。

4. 诊断

根据有食入霉败变质饲料的病史、临床症状、特征性剖检变化,结合血液化验和检测饲料发霉情况,可做出初步诊断。确诊则需对饲料用荧光反应法进行黄曲霉毒素测定。

5. 治疗

发现鸡群有中毒症状后,立即对可疑饲料和饮水进行更换。对本病目前尚无特效药物,对鸡群只能采取对症治疗,如给鸡饮用5％葡萄糖水,有一定的保肝解毒作用。灌服高锰酸钾水,破坏消化道内毒素,以减少吸收。同时,对鸡群加强饲养管理,有利于鸡的康复。

6. 预防

(1)饲料防霉：严格控制温度、湿度，注意通风，防止雨淋。为防止饲粮发霉，可用福尔马林对饲料进行熏蒸消毒；为防止饲料发霉，可在饲料中加入防酶剂，如在饲料中加入 0.3％丙酸钠或丙酸钙，也可用克霉或诗华抗霉素等。

(2)染毒饲料去毒：可采用水洗法，用 0.1％的漂白粉水溶液浸泡 4～6 小时，再用清水浸洗多次，直至浸泡水无色为宜。

五、赭曲霉毒素中毒

赭曲霉毒素是对鸡毒素最大霉菌毒素，主要由赭曲霉、硫色曲霉、蜂蜜曲霉、纯绿曲霉等组成，很容易在饲料中形成。

1. 发病特点

赭曲霉毒素中毒是动物采食了含有赭曲霉毒素的饲料，导致肾脏和肝脏损害为特征的中毒性疾病。

2. 临床症状

临床表现因动物品种、年龄及毒素剂量的不同而有差异。

(1)雏鸡：表现精神不振，生长发育缓慢，消瘦，食欲大减而喜饮，排粪频繁、稀软，甚至腹泻、脱水。有些病鸡随病情发展呈现神经症状，如外周反射机能丧失，站立不稳，多取蹲坐姿势，有的共济失调，腿和颈肌呈阵发性纤维性震颤，甚至休克而死亡，死亡率较高。肉用仔鸡可引起骨软弱，随体重增加胫骨直径变粗，易骨折，主要是骨样组织形成缺乏和骨质疏松。

(2)产蛋鸡：表现食欲降低，体重下降，产蛋减少，蛋重减轻，腹泻，肾功能减退，并引起缺铁性贫血。蛋壳出现黄斑，还可引起种蛋孵化时早期胚胎死亡，鸡胚畸形，影响孵化率，后代生长缓慢。

3. 病理变化

剖检主要病变为肾脏肿大、苍白；肝脏、胰腺苍白；输尿管、肾脏、心脏、肝脏和脾脏有白色尿酸盐沉积。

4. 诊断

根据饲喂霉变饲料的病史,结合多尿、烦渴、腹泻等临床症状和肾脏肿大、苍白等病理变化,可初步诊断。确诊必须对饲料、肾脏、肝脏等样品进行赭曲霉毒素 A 测定,常用的方法有高效液相色谱法、薄层层析法、酶联免疫吸附法等。

5. 治疗

本病尚无特效疗法。中毒鸡应立即停喂可疑饲料,并禁食,酌情选用人工盐和植物油等泻剂,以清除胃肠中有毒的内容物;或内服鞣酸等保护肠黏膜;供给充足的饮水;然后,给予容易消化、富含维生素的新鲜饲料;病情严重者应强心、补液、利尿,并采取保护肝功能和肾功能等措施。

6. 预防

主要是防止饲料被霉菌污染。玉米、大麦等饲料收割后要晒干,使水分含量低于 12%,同时要使用防霉剂,通常使用的防霉剂有丙酸、霉敌、除霉净等,但这些物质只能防止发霉,但不能消除毒素。

六、磺胺类药物中毒

磺胺类药物(磺胺脒、磺胺二甲嘧啶、磺胺嘧啶、磺胺甲基异噁唑、磺胺间甲氧嘧啶、复方敌菌净、复方新诺明等)是一类化学合成的抗菌药物,有着较广的抗菌谱,对某些疾病疗效显著,性质稳定易于储藏。但是,此类药物的副反应比用抗生素稍多,甚至引起中毒。

1. 发病特点

磺胺类药物是防治鸡传染病和某些寄生虫病的一类最常用的合成化学药物。用药剂量过大,或连续使用超过 7 天,即可造成中毒。据报道,给鸡饲喂含 0.5% 磺胺二甲基嘧啶(SM2)或磺胺甲基嘧啶(SM1)的饲料 8 天,可引起鸡脾出血性梗死和肿胀,饲喂至第 11 天即开始死亡。复方敌菌净在饲料中添加至 0.036%，第 6 天即引起死亡。维生素 K 缺乏可促发本病。复方新诺明混饲用量超过 3 倍以上，即可造成雏鸡严重的肾肿。

2. 临床症状

病鸡急性磺胺类药物中毒的主要症状表现为不食、腹泻、兴奋不安、痉挛和麻痹等。

慢性中毒患鸡表现为精神沉郁，全身虚弱，食欲减少，口渴，腹泻，肉髯、鸡冠苍白，羽毛松乱；生长发育不良；有的病鸡头部肿大呈蓝紫色；成年鸡产蛋量急剧下降，蛋壳变薄且粗糙，褐壳蛋褪色；重病鸡出现贫血，黄疸，血液凝固时间延长。

3. 病理变化

最常见的病变是皮肤、肌肉和内脏器官的出血。肝脏肿大，紫红色或黄褐色，有出血斑点和坏死灶；肾脏肿大呈土黄色，有出血点，输尿管变粗，充满尿酸盐；腺胃黏膜、肌胃角质膜下及小肠黏膜出血；脾肿大，有出血点和灰白色的坏死区。

4. 诊断

根据用药史、临床中毒症状和病理剖检变化，结合实验室化验（肝或肾中磺胺类药物含量超过 20 毫克/千克时），可做出诊断。

5. 治疗

一旦发现中毒症状，应立即停药，供应充足的加 1%～5% 的小苏打水，每千克饲料中加维生素 C 0.2 克，连用 1～2 周。也可使用百毒解，以 0.5%～1% 的浓度饮水，连用 3～5 天。对于中毒不很严重的鸡都有一定的疗效。

6. 预防

(1)1 月龄以下的雏鸡和产蛋鸡应避免使用磺胺类药物。

(2)各种磺胺类药物治疗剂量不同，应严格掌握，防止超量，连续用药时间不超过 5 天。

(3)选用含有增效剂的磺胺类药物，如复方敌菌净、复方新诺明等,其用量较小,毒性也就比较低。

(4)治疗肠道疾病,如球虫病等,应选用肠内吸收率较低的磺胺药,如复方敌菌净等。这样一方面肠内浓度高,可增进疗效,同时血液中浓度低,毒性较小。

(5)用药期间务必供给充足的饮水。

七、呋喃唑酮中毒

呋喃类药物有呋喃唑酮(痢特灵)、呋喃西林、呋喃妥因和呋吗唑酮等,尤以呋喃西林的毒性最大。由于价格便宜,使用效果较好,被广泛用于鸡白痢、鸡伤寒、副伤寒和球虫等病。用药剂量过大或连续用药时间过长、药物在饲料中搅拌不均匀等均可引起中毒。

1. 发病特点

呋喃唑酮毒性较强,特别是雏鸡对其敏感,使用不当,易发生中毒。

呋喃唑酮的预防剂量(拌料)为 0.01%,连用不超过 15 天;治疗剂量为 0.02%,连用不超过 7 天。据报道,饲料中添加量为 0.04%,连用 12~14 天,即可引起鸡中毒;添加量为 0.06%,4~5 天即可中毒;添加量为 0.08%,3~4 天即可中毒。

2. 临床症状

(1)急性中毒:病禽初期精神沉郁,羽毛松乱,两翅下垂,缩头呆立,站立不稳,减食或不食。继而出现典型的神经症状,兴奋不安、转圈、鸣叫、倒地后两腿伸直作游泳姿势、角弓反张,抽搐而死。也有呈昏睡状态,最后昏迷而死。

(2)慢性中毒:呈现腹水症的特征。腹部膨大,按压有波动感。

3. 病理变化

(1)急性中毒:口腔、消化道黏膜及其内容物均呈黄染。肠黏膜充血、出血。肠道浆膜呈黄褐色。心肌变性、发硬、心脏扩张。

肝脏肿大呈淡黄色。

(2)慢性中毒：腹腔充满淡黄色的液体，肝脏硬、表面凹凸不平，心包积液，心扩张。

4. 诊断

根据有过量或连续应用呋喃类药物的病史、典型的神经症状及剖检变化即可诊断。

5. 治疗

立即停喂呋喃唑酮和含呋喃唑酮的饲料。给鸡群饮用5％葡萄糖水，维生素C粉，每10克加水50千克；维生素 B_1，每只鸡每天25毫克，维生素 B_{12} 针剂，每100只鸡15毫升，让鸡自由饮水，病情严重者用滴管灌服，连续治疗3天。对慢性中毒引起腹水症者，可试用腹水净、腹水消等药物。

6. 预防

(1)使用呋喃类药物应严格控制剂量，一般每千克饲料添加25～35毫克，用于抗菌治疗时，按每千克体重10毫克投药，每日2次。

(2)饮水时浓度只应是拌料的一半，因为鸡的采食量比饮水量少1倍。

(3)呋喃西林水溶性差，不可饮水投药。

八、喹乙醇中毒

喹乙醇又名倍育诺、快育灵、喹酰胺醇，因其具有良好的广谱抗菌效果，尤其是对大肠杆菌、沙门菌等革兰阴性致病菌所致的消化道疾病具有良好的疗效，并具有促进生长，提高饲料转化率等作用而被广泛应用于生产实践，是常用的添加剂之一。该药在正确使用的前提下确能产生良好的效果，特别是在饲养环境较差的场地使用效果更为显著。但由于使用方法不当等问题，在生产实践中喹乙醇中毒现象时有发生，常造成重大损失。

1. 发病特点

喹乙醇作为鸡生长促进剂,一般在饲料中加入$(25～30)\times10^{-6}$($25～30$ 克/吨)。预防细菌性传染病,一般在饲料中添加 100 克/吨喹乙醇,连用 7 天,停药 $7～10$ 天。治疗量一般在饲料中添加 200 克/吨喹乙醇,连用 $3～5$ 天,停药 $7～10$ 天。据报道,饲料中添加 300 克/吨喹乙醇,饲喂 6 天,鸡就呈现中毒症状。饲料中添加 1000 克/吨喹乙醇饲喂 240 日龄蛋鸡,第三天即出现中毒症状。

另外,喹乙醇在鸡体内有较强的蓄积作用,小剂量连续应用,也会蓄积中毒。

2. 临床症状

一般中毒情况下,常是强壮鸡突然抽搐或角弓反张,倒地死亡。有时可见冠髯发绀,扭颈转圈,口流黏液,脚软甚至瘫痪。鸡群时有拉稀,重者下痢,偶有发呆。死亡时间不集中,常呈散发形式,几乎每天伤亡由多只到少数,可维持短则半日、长达两月的时间。死亡率视其用药量的大小、次数、间隔时间不同而差异很大,达 3%～60%不等。

3. 病理变化

剖检可见口腔有黏液,多数病鸡的嗉囊和肌胃内含有淡黄色的内容物,鸡冠、胸下、肛门少毛部位有散在瘀血斑,皮下组织干燥无光。肌胃角质层下有出血点及出血斑,小肠黏膜呈弥散性出血。尤以十二指肠为甚,腺胃到小肠段黏膜易剥离,呈糜烂状,肠腔内含有大量灰黄色黏液。泄殖腔严重出血。肝脏肿大,表面呈土黄色,切面外翻,质地脆弱。肾脏可见轻微肿大,密布针尖状出血点,皮质、髓质呈暗灰色,界限不清,输尿管多有淡黄色或白色沉淀物。血液呈深紫褐色。心脏体积增大,右心扩张瘀血,冠状沟脂肪及心外膜等处可见针尖大小的出血点,心肌色淡且弛缓。

4. 诊断

根据临床症状和病理变化,结合用药史可做出初步诊断。必要时可送含药饲料进行实验室化验,最终达到确诊。

5. 治疗

迄今为止,尚未见有关对喹乙醇中毒进行解毒的特效药物。对于已发生中毒的病鸡,除停止使用一切抗生素类药物和含药饲料外,对症疗法一般是采取保护肝脏和促进肾脏排泄、增强机体抵抗力等措施。可在饮水中投入 0.1%～0.15% 的碳酸氢钠、6%～8% 的蔗糖或 3%～4% 的葡萄糖,供病鸡自由饮用,或用 5% 的硫酸钠水溶液给鸡连饮 3 天。同时,投喂相当于营养需要 5～10 倍的复合维生素或 0.1% 的维生素 C,有条件时也可煎服具有疏肝、利尿、解毒作用的中草药(但切忌投用抗生素类药物),同时给予充足的饮水。

以上措施能减少损失,但严重中毒的鸡只一般预后不良。

6. 预防

许多临床实践证实,喹乙醇具有中等到明显的蓄积毒性。因此,为了避免喹乙醇中毒,应严格控制用药量和使用时间,鸡要按推荐的喹乙醇混饲浓度(25～35 毫克/千克,即 1000 千克饲料添加喹乙醇原料药粉 25～35 克或 5% 的喹乙醇预混剂 500～700 克)进行使用。

喹乙醇一般不推荐内服药作治疗用,如非用不可时,内服的最大剂量为雏鸡 30 毫升/千克体重,成鸡 50 毫克/千克体重,每天内服 1 次,或以同样剂量分 2 次内服(给药间隔为 12 小时),使用时间不得超过 3 天。混料使用时,必须充分搅拌均匀,可采取等量递增混合法,这一方面尤其适用于个体养鸡户自己混料。

另外,喹乙醇难溶于水,一般不要采用饮水方式给药。

九、痢菌净中毒

在目前的兽药生产中,因痢菌净效果较好,价格又比较低廉,经常被添加于各种制剂(包括可溶性粉剂和中药散剂等)中,因此,很容易造成剂量过大或长期使用而引起急性和蓄积中毒。

1. 发病特点

计量不准确而造成中毒;搅拌不均匀引起该药中毒;用药时间过长而发生中毒;生产厂家生产兽药不注明成分,养鸡户加量使用而发生中毒;经销药品者瞎指挥造成药物中毒。

2. 临床症状

病鸡缩颈呆立,翅膀下垂,喙、爪发绀,不喜活动,常呆立,采食减少或废绝。个别雏鸡发出尖叫声,腿软无力,步态不稳,肌肉震颤,最后倒地,抽搐而死。病程随中毒程度不同而不同,本病刚开始中毒的特点是长的越快的鸡死亡率比例越高,观察临床表现时应注意这点。

3. 病理变化

死亡后的雏鸡全身脱水,肌肉呈暗紫色,腺胃肿胀,乳头出血,肌胃皮质层脱落、出血、溃疡。肺脏瘀血、肿大,肠道有弥漫性小出血点。肝脏肿大,呈暗红色,质脆易碎,肾脏出血,心脏松弛,心内膜及心肌有散在性的出血点。有极个别鸡盲肠壁还出现出血。刚中毒时解剖症状是腺胃和肌胃交接处有暗褐色坏死,到发病后期坏死更严重,有的从外面就能看见。

4. 诊断

根据用药史、临床表现、病理解剖表现即可诊断。

5. 治疗

(1)立即停止饲喂超量的痢菌净拌料和饮水,将已出现神经症状和瘫痪的病鸡予以淘汰。

(2)中毒鸡群使用5%~8%葡萄糖和0.04%的维生素C饮

水,连用 3 天。

(3)每 50 千克饲料中加维生素 A、维生素 D₃ 粉,含硒维生素 E 粉各 50 克拌料,连喂 5～7 天。也可在饮水中加复合维生素制剂,连用 3 天。

(4)引起腹膜炎及并发其他细菌性感染,在拌料中加 0.25% 的大蒜素,连用 4～6 天。

6. 预防

鸡正常口服量每天 5～10 毫克/千克体重或 2～12 周龄时拌料 100 毫克/千克,若大于此剂量,并长时间饲喂即会出现中毒反应。因此,应选用正规常规厂家生产的产品,并弄清含量,按量用药避免不必要的损失。

十、马杜霉素中毒

马杜霉素属一种新型的离子载体抗生素,该药对鸡球虫病具有良好的疗效。目前,我国也有不少厂家进行生产,并冠以"杜球"、"克球皇"、"抗球王"等商品名进行推广应用。由于该药毒性较大,使用剂量过大易所致中毒。

1. 发病特点

马杜霉素用量少,有时混饲浓度超过 5 毫克/千克即可引起中毒。例如,目前市售的各种不同含量马杜霉素的商品药物及浓缩料较多,一些用户盲目加大用量,或将几种含该药的商品药联合使用,或在已经添加马杜霉素的浓缩料中随意再添加药物,从而造成用量过大,导致鸡只中毒发生。

2. 临床症状

主要表现为鸡群饮水量与采食量均减少,拉绿色稀粪,消瘦,脚爪皮肤干燥、呈暗红色,两腿无力,行走困难。若停药及时,一般无死亡。急性中毒病例主要表现为饮食明显减少或废绝,两腿无力或瘫痪,可造成不同程度的死亡。

3. 病理变化

肝微肿或不肿大,轻度瘀血,呈暗红或黑红色。胆囊肿大,充满黑绿色胆汁。必外膜有出血点或出血斑。肾脏多肿大,瘀血,有的可见尿酸盐沉积。腺胃黏膜充血水肿,十二指肠、小肠轻度充血或出血,肠内容物为黏液样物质。腿肌轻度充血,有的肌肉失水,呈暗红色。

4. 诊断

可根据鸡群用药情况调查结果,结合临床症状、病理变化等进行诊断。必要时可进行人工复制毒料发病试验,以达到确诊。

5. 治疗

立即停用含有马杜拉霉素及其他抗球虫或抗菌药物的饲料。饮水中添加 3% 葡萄糖和 0.02% 维生素 C,以提高鸡体抗病力和解毒能力。症状较重的鸡可借用人用输液管灌服,每天 2 次,一般停药后 5 天左右鸡群便可恢复正常。

6. 预防

马杜霉素对鸡球虫病虽具有良好的防治效果,但其安全范围小。因此,在使用时必须严格按规定量使用,切忌超量用药,并在使用时计算和称量准确,以防引起中毒。

十一、高锰酸钾中毒

高锰酸钾是鸡常用的消毒药,一般用法是溶解在饮水中喂给,如果剂量掌握不当,浓度过高,极易造成鸡急性中毒。

1. 发病特点

由于饮用的高锰酸钾溶液浓度过高,而引起中毒。当在饮水中浓度达到 0.03% 时对消化道黏膜就有一定腐蚀性,浓度为0.1% 时,可引起明显中毒。成年鸡口服高锰酸钾的致死量为1.95 克。其作用除损伤黏膜外,还损害肾、心和神经系统。

2. 临床症状

口、舌及咽部黏膜发紫、水肿,呼吸困难,流涎,白色稀便,头颈伸展,横卧于地。严重者常于 1 天内死亡。

3. 病理变化

剖检中毒死亡的鸡体,可见消化道黏膜,特别是嗉囊黏膜,有严重的出血和溃烂。

4. 诊断

中毒鸡群有饮服高锰酸钾浓度过高史。观察到病鸡呼吸困难,腹泻,甚至突然死亡;剖检可见口、舌和咽部黏膜变红紫色和水肿,嗉囊、胃肠有腐蚀和出血现象,即可做出诊断。

5. 治疗

鸡中毒后,立即停用高锰酸钾溶液,并喂服大量清水,这对早期中毒有一定的解毒作用;也可用浓度为 3% 的双氧水 10 毫升加水 100 毫升,喂服洗胃或用牛奶洗胃。此外,喂服蛋清也可解毒。

6. 预防

(1)给鸡饮水消毒时,只能用 0.01%～0.02% 的高锰酸钾溶液,不宜超过 0.03%。消毒黏膜、洗涤伤口时,也可用 0.01%～0.02% 的高锰酸钾溶液。消毒皮肤,宜用 0.1% 浓度。

(2)用高锰酸钾饮水消毒时,要待其全部溶解后再饮用。

十二、甲醛中毒

甲醛作为一种消毒剂,能使蛋白质变性,呈现强大的杀菌作用,这一点早已得到证实和公认,在养禽业已广泛使用多年,主要用于各种物品的熏蒸消毒,也可用于浸泡消毒和喷洒消毒,能杀死繁殖型细菌,且能杀死芽孢、病毒和霉菌。但在实践中,因甲醛使用不当导致鸡群中毒的情况时有发生,常造成重大的经济损失。

1. 发病特点

养鸡生产中用甲醛熏蒸进行消毒,因熏蒸时甲醛气体能分布到每一个角落,消毒效果好,但甲醛对呼吸道和消化道的黏膜以及眼结膜等具有很强的刺激性和腐蚀性。带鸡熏蒸时,每立方米空间用甲醛 7 毫升为正常浓度,若熏蒸后气体大部未排出或者带鸡熏蒸时浓度使用不当,时间过长,可发生甲醛中毒。

2. 临床症状

急性中毒时,鸡精神沉郁,食欲、饮欲均明显下降,眼流泪、怕光、眼睑肿胀。流鼻、咳嗽、呼吸困难,甚至张口喘息,排黄绿色或绿色稀便,往往窒息死亡。

慢性中毒时,鸡精神沉郁,食欲减退,软弱无力,咳嗽,有啰音。

3. 病理变化

剖检可见皮下水肿,腹腔积液,肺有散在性、局限性的炎症病灶。

4. 诊断

根据病史、临床症状及病理解剖即可确诊,但需要与慢性呼吸道病、传染性支气管炎等鉴别诊断。

5. 治疗

(1)发现雏鸡甲醛中毒,立即将雏鸡移至新鲜空气处,给予充足的氧气。并给予 0.8% 的稀氨水蒸气吸入,或 2% 的碳酸氢钠雾化吸入。用抗生素防治感染时禁用磺胺类药物,以防在肾小管内形成不溶性甲酸盐而导致尿闭。

(2)雏鸡甲醛中毒后要加强饮水,饮水中加入少许尿素,或活性炭、牛奶、豆浆、蛋清等物质,可减轻毒物对黏膜的刺激;同时,给予 3% 的碳酸铵或 15% 的醋酸铵溶液口服,使甲醛变为毒性较小的乌洛托品(六次甲基四胺)。

(3)眼内用清洁水或 2% 的碳酸氢钠液冲洗,并用可的松眼液滴眼。同时加强饲养管理,精心护理。

6. 预防

(1)应在进鸡前 7 天对鸡舍进行熏蒸消毒,密封消毒 1 天后,通风排净余气,提高鸡舍温度,仍无刺激性的气味,方可进雏。

(2)严禁带鸡消毒。

十三、有机磷农药中毒

有机磷农药使用最广泛的高效杀虫剂,常用的有 1605、1059、3911、乐果、敌敌畏、敌百虫等。这类农药对鸡有很强的毒害作用,稍有不慎即可发生中毒,此外,残留于农作物上的少量有机磷对鸡也有毒害作用。

1. 发病特点

由于对农药管理或使用不当,致使鸡中毒。如用有机磷农药在鸡舍杀灭蚊、蝇或投放毒鼠药饵,被鸡吸入;饮水或饲料被农药污染;防治禽寄生虫时药物使用不当;其他意外事故等。

2. 临床症状

最急性中毒往往不见任何症状而突然发病死亡。急性病例,可见不食、流涎、流泪、瞳孔缩小、肌肉震颤、无力、共济失调、呼吸困难、鸡冠与肉髯发绀,腹泻,后期病鸡出现昏迷,体温下降,常卧地不起而衰竭而死。

3. 病理变化

由消化道食入者常呈急性经过,消化道内容物有一种特殊的蒜臭味,胃肠黏膜充血、肿胀,易脱落。肺充血水肿,肝、脾肿大,肾肿胀,被膜易剥离。心脏点状出血,皮下、肌肉有出血点。病程长者有坏死性肠炎。

4. 诊断

根据病史,有与农药接触或误食被农药污染的饲料等情况。发病鸡口流涎量多而且症状明显,瞳孔明显缩小,肌肉震颤痉挛等。胃内容物有异味,一般可初步诊断。必要时进行实验室诊断,做有机磷定性试验。

5. 治疗

发现中毒病例,消除病因,采取对症疗法。

(1)一般急救措施:清除毒源。经皮肤接触染毒的,可用肥皂水或 2% 碳酸氢钠溶液冲洗(敌百虫中毒不可用碱性药液冲洗)。经消化道染毒的,可试用 1% 硫酸铜内服催吐或切开嗉囊排除含毒内容物。

(2)特效药物解毒:常用的有双复磷或双解磷,成鸡肌注 40～60 毫克/千克;同时,配合 1% 硫酸阿托品每只肌注 0.1～0.2 毫升。

(3)支持疗法:电解多维和 5% 葡萄糖溶液饮水。

6. 预防

在用有机磷农药杀灭鸡舍或鸡体表寄生虫及蚊蝇时,必须注意使用剂量,勿使农药污染饲料和饮水。

十四、一氧化碳中毒

一氧化碳中毒是由于鸡吸入一氧化碳气体所引起的以血液中形成多量碳氧血红蛋白所造成的全身组织缺氧为主要特征的中毒疾病。

1. 发病特点

鸡舍往往有烧煤保温的病史,由于暖炕裂缝,或烟囱堵塞、倒烟、门窗紧闭、通风不良等原因,都能导致一氧化碳不能及时排出,引起中毒,一般多为慢性。

2. 临床症状

(1)轻度中毒:鸡体内碳氧血红蛋白达到 30%,病鸡呈现流泪、呕吐、咳嗽、心动疾速、呼吸困难。此时,如能让其呼吸新鲜空气,不经任何治疗即可得到康复。如若环境空气未彻底改善,则转入亚急性或慢性中毒,病鸡羽毛蓬松,精神委顿,生长缓慢,容易诱发上呼吸道和其他群发病。

(2)重度中毒:鸡体内碳氧血红蛋白可达50%。病鸡不安,不久即转入呆立或瘫痪、昏睡,呼吸困难,头向后伸,死前发生痉挛和惊厥。若不及时救治,则导致呼吸和心脏麻痹死亡。

3. 病理变化

尸体剖检可见血管和各脏器内的血液呈鲜红色,脏器表面有小出血点。若病程长慢性中毒者,则其心、肝、脾等器官体积增大,有时可发现心肌纤维坏死,大脑有组织学改变。

4. 诊断

根据接触一氧化碳的病史、临床上群发症状和病理变化即可诊断。如能化验病鸡血液内的碳氧血红蛋白则更有助于本病的确诊。

5. 治疗

发现鸡群中毒后,应立即打开鸡舍门窗或通风设备进行通风换气,同时,尽量保证鸡舍的温度,饲养人员也要做好自身防护。病鸡吸入新鲜空气后,轻度中毒鸡可自行逐渐康复。

对于中毒较严重的鸡皮下注射糖盐水及强心剂,有一定的疗效。为防止继发感染可应用抗生素类药物给全群鸡饲喂。

6. 预防

预防一氧化碳中毒,应经常检查鸡舍或育雏舍内的取暖设施,特别是在寒冷季节用煤炉取暖时,要注意与煤炉相连的烟囱周围障碍物造成的气流环境及其应有的高度,以免在风向多变时因戗风造成煤烟逆返、倒烟。舍内要设有风斗或通风孔及其他通风换气设备,并定期检查,确保室内通风换气良好。

十五、氨气中毒

鸡舍长时间不清除粪便,加上温度、湿度较大,四周和鸡舍顶部又密不透风,鸡舍中有人难以接受的刺激眼、鼻、喉黏膜的氨气充斥,可以引起氨气中毒。

1. 发病特点

正常鸡舍氨的浓度应低于 25 毫克/千克,此时,即使能嗅到氨的臭味,但对鸡的生长无大危害,当氨浓度超过 25 毫克/千克时,能刺激眼睛引起结膜炎,氨浓度达到 75 毫克/千克时,便可造成中毒,甚至死亡。

氨气中毒冬季及早春时节较为常见,北方比南方地区更为多见。

2. 临床症状

轻度中毒时,鸡有角膜炎和结膜炎,羞明流泪,呼吸加快,粪便变稀,采食量下降,生长发育减缓,消瘦,产蛋率下降。当严重中毒时,鸡羽毛无光泽,食欲降低甚至废绝,鼻流稀薄黏液,稀便、绿便增多。出现严重的呼吸症状,伸颈深呼吸,有的甩头,打呼,呼吸麻痹,头颈后仰或前伸,倒地,突然出现大批死亡。

3. 病理变化

病鸡消瘦,皮下发绀。尸僵不全,血液稀薄色淡。鼻、咽、喉、气管黏膜、眼结膜充血、出血。肺瘀血或水肿,心包积液、脾微肿。肾脏变性,色泽灰白。肝肿大,质地脆弱。在慢性中毒病例胸腹腔可见到尿酸盐沉积。

4. 诊断

根据本病的临床症状和病理变化,结合鸡舍内氨味较浓,人进去后刺鼻刺眼可做出诊断。

5. 治疗

若初诊为鸡氨气中毒,应及时采取有效措施,消除病因,通风换气,减轻症状,及时治疗并发症或继发症,才能把损失降到最低水平,特别对于有可能恢复正常生产性能的鸡群。

(1)发现鸡群有氨气中毒症状时,要马上打开门窗、排气孔和排气扇等所有通风设备,对鸡舍进行通风换气;要清除鸡舍粪便和垫料,同时,用草木灰铺撒地面,有条件的可以把鸡转移至环境较好的另一鸡舍。

(2)当鸡舍内氨气浓度较高而通风不良时,可以向舍内墙、棚壁上喷雾稀盐酸,降低氨气浓度。

(3)饮水中按0.03%浓度加入硫酸铜;全群鸡饮服或灌服1%稀醋酸,每只5~10毫升,或1%硼酸水溶液洗眼,涂擦氯霉素眼膏,并供饮5%糖水,口服维生素C片0.05~0.1克/只,并辅以普康素等免疫增强剂饮水,一般经1~2天即可痊愈;对于已出现诸如咳嗽、拉稀等中毒症状的鸡,饮水中加入适量的环丙沙星,或在饲料中用110~330毫克/千克的北里霉素,以免继发感染。

6. 预防

(1)强通风管理:鸡舍要安装通风换气设备,并根据情况定时开启。如无换气设备的鸡舍,则应视具体情况,适时打开窗户进行通风换气,这在寒冷的冬季和其他季节的夜间显得尤为重要,所以应加强夜间检查。

(2)控制鸡群饲养密度:舍内鸡群饲养密度越大,越易引起舍内氨气浓度超标。所以,舍内鸡只密度应合理,一般冬季密度可适当高些,夏季密度可适当低些。

(3)切断舍内产生氨气之源:要勤于打扫,定期清除粪便,保持舍内清洁卫生。为防止鸡舍潮湿,可按鸡只比例放置饮水器并旋转合理位置,及时通风换气,在舍内垫料潮湿处用生石灰吸湿或用干木屑吸湿,从而降低鸡舍内湿度,减少氨气的产生。

十六、鸡酸中毒

酸中毒是夏季鸡的一种常发疾病,轻则造成少量死亡,重则可以导致全群覆没。因此,夏季养鸡一定要严防酸中毒。

1. 发病特点

夏季气温较高,剩食过夜或饲料受潮、受热极易腐败变酸,被鸡采食后会刺激嗉囊壁,引起炎症。若剩食在腐败过程中产酸过多,酸就会通过鸡的嗉囊壁和肠壁进入血液,导致鸡酸中毒。

2. 临床症状

鸡发生酸中毒后一般鸡冠发紫、离群呆立、翅膀下垂、羽毛蓬松、食量大减,甚至拒食。用手压嗉囊,有的空虚,有的充满液体,将鸡倒提,则会从其口中淌出泡沫状酸臭的液体,病情严重的鸡还会发生昏迷或死亡。

3. 病理变化

消化道广泛充血、出血,嗉囊内有的空虚,有的充满液体,液体酸臭。

4. 诊断

根据临床症状和鸡采料史即可诊断。

5. 治疗

鸡一旦发生酸中毒,应立即停喂发热变质的饲料,然后,根据其中毒程度的轻重及时治疗。对酸中毒较轻的鸡,配制 2% 的小苏打水,让其自由饮用;给酸中毒较重的鸡投喂小苏打粉,每天 2 次,每次 5 克;对酸中毒严重的鸡应施行小手术,切开嗉囊,清除内容物,再用 2% 的小苏打水冲洗 2~3 次,缝合后 6~12 小时喂少量葡萄糖粉。

6. 预防

(1)每次配制或购进的饲料不宜太多,存放饲料的库房应保持干燥、通风、凉爽,避免饲料霉变。

(2)习惯拌湿料喂鸡的农户最好改喂干粉料,可在食槽边放置清水,让鸡自由饮用。

(3)不用发热、发酵的饲料喂鸡,应以少喂勤添、不留剩料过夜为原则,食具经常刷洗,保持清洁。

十七、尿素中毒

尿素中毒是指鸡采食含有尿素的饲料,导致消化道、肝、肾及神经机能障碍的疾病。

1. 发病特点

由于饲喂了含有尿素的鱼粉、肉骨粉或饼粕类饲料之故。这些饲料原料的尿素是人为加入的,达到提高粗蛋白的含量、以劣充优的目的。鱼粉中尿素的掺入量一般在 4%~8%,最高达 13%。鸡与反刍动物不同,在胃肠内不能够利用尿素,很容易发生中毒。

2. 临床症状

精神沉郁,食欲减退,饮欲增强,口腔有黏液,嗉囊软,步态不稳,排灰白色、水样稀便,最终消瘦死亡。

3. 病理变化

胃肠壁肿胀、增厚,肠黏膜出血。肝、肾出血,肾肿大。大鸡往往呈现肾、输尿管结石,腹腔浆膜黏附一层灰白色的尿酸盐。

4. 诊断

根据采食了掺有尿素的鱼粉、肉骨粉或饼粕类饲料、临床特征和相关的实验室检查即可诊断。

5. 治疗

(1)立即更换饲料,禁止鸡继续摄入含有尿素的饲料。

(2)对急性中毒,抑制尿酶的活性减少肠道内氨的产生,可用1%的常醋溶液连饮 1 天。

(3)促进尿酸盐的排除,消除肾肿,可选用肾肿解毒药或护肾宝,连续饮水 4~5 天。

(4)支持疗法,5%葡萄糖溶液与电解多维,连续饮水 4~5 天。

6. 预防

对购进的蛋白类饲料原料进行严格的检测,杜绝使用掺有尿素的饲料原料。

十八、氟中毒

氟是动物机体不可缺少的微量元素之一,在机体内直接参与骨骼代谢,维持正常的钙磷平衡。在一定的 pH 值下,适量的氟有助于钙磷形成羟基磷灰石,促进成骨过程,并能使骨骼的强度增加,密度提高。但氟的需要量很少。如果饲料中氟过量就会引起氟中毒。

1. 发病特点

氟中毒有急性中毒与慢性中毒之分。主要是由于利用含氟量高的磷酸钙、磷酸氢钙或石粉作为饲料原料引起的。国家标准规定磷酸氢钙的含氟量低于 0.18%,而劣质的磷酸氢钙含氟量甚至高达 4.16%,造成鸡中毒在情理之中。这种劣质的磷酸氢钙是由于不经脱氟处理所致,有些石粉含氟量高达 1.12%,也能造成鸡中毒。其次,由于长期饮服含氟量高的水,如西北地区的部分盆地、盐碱地、盐池及沙漠的边缘地下浅层水和部分沿海地区地下深层水等。

2. 临床症状

(1)急性中毒:食欲废绝,呕吐,腹痛,腹泻,呼吸困难,脉搏细数。肌肉震颤,阵发性肌肉痉挛。

(2)慢性中毒:幼鸡比成鸡敏感。雏鸡表现站立不稳,两腿向外叉开,呈"八"字形,跗关节肿大,严重的瘫痪,并有腹泻。最后倒地不起,衰竭死亡。成年鸡采食量下降,羽毛粗乱脱羽,排灰白色水样稀便,病鸡肌肉震颤无力,腿软瘫痪,呈蹲伏状或侧卧,产蛋下降,破损蛋、软壳蛋和畸形蛋明显增加,蛋壳薄而脆,颜色变浅。病程长的生长迟缓、冠苍白、羽毛松乱、无光泽。

3. 病理变化

(1)急性中毒:肠黏膜肿胀、充血、出血。心脏、肝脏和肾脏等出血、变性。

(2)慢性中毒:幼鸡消瘦,长骨和肋骨较柔软,易弯曲,肋骨与肋软骨结合部呈串珠样的肿胀。喙质软如橡皮,喙苍白。成年鸡骨骼易折断,骨髓颜色变淡。

4. 诊断

可根据发病情况和所喂饲料调查、临床症状及剖检变化做出初步诊断。必要时,可进行饲料中氟含量测定,当所测指标超过规定量时即可确诊。

5. 治疗

(1)立即更换饲料,严禁继续摄入高氟饲料。

(2)急性中毒:在饲料中添加 0.1%的硫酸铝,饮水中加入 0.5%的氯化钙,连用 4～5 天。

(3)慢性中毒:在饲料中补足家禽需要的钙、磷,并适当增加多维素的用量。

6. 预防

(1)防止氟中毒发生,关键是把好原料关并及时检测饲料、饮水中的氟含量,一旦超标,要迅速更换。在选购磷酸氢钙时,一定要选择信誉好、质量可靠厂家产品。一旦购入含氟量偏高的磷酸氢钙,在使用时可搭配一定比例的含氟量低的优质磷酸氢钙使用,以降低饲料中的总氟含量,避免发生中毒。也可适当提高日粮中的钙含量,因为钙与氟有一定的拮抗作用。据大量的研究证明,饲料中钙的含量可影响氟的吸收,一般情况下,鸡日粮中 80%氟可被吸收,加入钙后可使氟吸收率降至 50%。

(2)在饲料中使用植酸酶,以减少氟来源。植酸酶可提高植酸磷的利用率。据认为植酸磷的有效率只有 30%左右,但如果在日粮中添加植酸酶,可大大提高植酸磷的利用率(60%～70%),从而减少磷酸氢钙的使用量,降低饲料中的氟含量。

(3)养殖场必须加强饲料检测意识,要定期对日粮以及磷矿石、鱼粉、骨粉、石粉中的氟含量进行检测,使鸡饲料中的氟含量在规定范围内,以防过量造成中毒。

第五章　鸡营养代谢病的防治

　　鸡在生长发育过程中,需要从饲料中摄取适当数量和质量的营养。任何营养物质的缺乏或过量和代谢失常,均可造成机体内某些营养物质代谢过程的障碍,由此而引起的疾病,称为营养代谢病。

第一节　营养代谢病的发病特点及预防

　　鸡营养代谢病主要包括维生素缺乏及其代谢障碍疾病,矿质元素缺乏及代谢障碍疾病,蛋白质、糖、脂肪代谢障碍疾病。

一、营养代谢病的发生原因

1. 营养物质摄入不足或过剩

　　饲料的短缺、单一、质地不良,饲养不当等均可造成营养物质缺乏。为提高鸡的生产性能,盲目采用高营养饲喂,常导致营养过剩;高钙日粮,造成锌相对缺乏等。

2. 营养物质需要量增加

　　产蛋及生长发育旺期,对各种营养物质的需要量增加;慢性寄生虫病、马立克病、结核等慢性疾病对营养物质的消耗增多。

3. 营养物质吸收不良

　　见于两种情况,一是消化吸收障碍,如慢性胃肠疾病、肝脏疾病及胰腺疾病;二是饲料中存在干扰营养物质吸收的因素,如磷、植酸过多降低钙的吸收等。

4. 参予代谢的酶缺乏

一类是获得性缺乏，见于重金属中毒、有机磷农药中毒；另一类是先天性酶缺乏，见于遗传性代谢病。

5. 内分泌机能异常

如锌缺乏时血浆胰岛素和生长激素含量下降等。

二、营养代谢病的发病特点

1. 群体发病

在集约饲养条件下，特别是饲养失误或管理不当造成的营养代谢病，常呈群发性，同舍或不同禽舍的鸡同时或相继发病，表现相同或相似的临床症状。但这种病在鸡群之间不发生接触性传染，与传染病有明显的区别。

2. 起病缓慢

营养代谢病的发生一般要经历化学紊乱、病理学改变及临床异常 3 个阶段。从病因作用至呈现临床症状常需数周、数月乃至更长时间。病鸡体温一般偏低或在正常范围内，大多有生长发育停止、贫血、消化和生殖机能紊乱等临床症状。有的可能长期不出现明显的临床症状而成为隐性型。

3. 常以营养不良和生产性能低下为主症

营养代谢病常影响鸡的生长、发育、成熟等生理过程，而表现为生长停滞、发育不良、消瘦、贫血、异嗜、体温低下等营养不良综合征，产蛋、产肉减少等。

4. 多种营养物质同时缺乏

在慢性消化疾病、慢性消耗性疾病等营养性衰竭症中，缺乏的不仅是蛋白质，其他营养物质如铁、维生素等也显不足。

5. 地方流行

由于地球化学方面的原因，土壤中有些矿物元素的分布很不均衡。我国缺硒地区分布在北纬 21°～53°和东经 97°～130°，呈一条由东北走向西南的狭长地带,包括 16 个省、市、自治区,约占国土面积的 1/3。我国北方省份大都处在低锌地区,以华北面积为最大,在这些地区应注意鸡的硒缺乏症和锌缺乏症。

三、营养代谢病的诊断要点

1. 临床检查

全面系统的对所搜集到的症状,参照流行病学资料,进行综合分析。根据临床表现有时可大致推断营养代谢病的可能病因,如鸡的不明原因的跛行、骨骼异常,可能是钙、磷代谢障碍病。

2. 治疗性诊断

为验证临床检查结果建立的初步诊断或疑问诊断,可进行治疗性诊断,即补充某一种或几种可能缺乏的营养物质,观察其对疾病的治疗作用和预防效果。治疗性诊断可作为营养代谢病的主要临床诊断手段和依据。

3. 病理学检查

有些营养代谢病可呈现特征性的病理学改变,如维生素 A 缺乏时,禽的上部消化道和呼吸道黏膜角化不全等。

4. 实验室检查

主要测定患病个体及发病鸡群血液、羽毛及组织器官等样品中某种(些)营养物质及相关酶、代谢产物的含量,作为早期诊断和确定诊断的依据。

5. 饲料分析

饲料中营养成分的分析,提供各营养成分的水平及比例等方面的资料,可作为营养代谢病,特别是营养缺乏病病因学诊断的直接证据。

四、营养代谢病的预防

营养代谢病可以通过饲料、土壤、水质检验和分析查明病因。

只要去除致病因素,加强治疗,就能得以预防。

(1)根据鸡的品种、生长发育不同阶段和生产性能等要求,合理调配日粮,保证全价饲养。

(2)开展营养代谢病的监测,定期对鸡群进行抽样调查,了解各种营养物质代谢的变动,正确估价或预测鸡的营养需要,早期发现病鸡。

(3)实施综合防治措施,如地区性矿物元素缺乏,可采用饲料调换方法,提高饲料中相关元素的含量。

第二节 营养代谢病的治疗

一、维生素 A 缺乏症

维生素 A 缺乏症是由于动物缺乏维生素 A 引起的以分泌上皮角质化和角膜、结膜、气管、食管黏膜角质化、夜盲症、干眼病、生长停滞等为特征的营养缺乏性疾病。

1. 发病特点

导致维生素 A 缺乏的原因主要有以下几方面:

(1)饲料中多种维生素添加量不足或其质量低劣。

(2)多种维生素配入饲料后时间过长,或饲料中缺乏维生素 E,不能保护维生素 A 免受氧化,而造成失效较多。

(3)以大白菜、卷心菜等含胡萝卜素很少的青绿植物代替多维素。

(4)长期多病,肝脏中储存的维生素 A 消耗很多而补给不足。

(5)饲料中蛋白质含量过低,维生素 A 在鸡体内不能正常转移输送,即使供给充足也不能很好发挥作用。

(6)种鸡缺乏维生素 A,其所产的种蛋孵化率低,孵出的雏鸡也都缺乏维生素 A。

2. 临床症状

雏鸡和初开产的鸡常易发生维生素 A 缺乏症。雏鸡一般发生在 1～7 周龄,若 1 周龄的鸡发病,则与母鸡缺乏维生素 A 有关。其症状特点为厌食,生长停滞,消瘦,倦睡,衰弱,羽毛松乱,运动失调,瘫痪,不能站立。黄色鸡种胫喙色素消退,冠和肉垂苍白。病程超过 1 周仍存活的鸡,眼睑发炎或粘连,鼻孔和眼睛流出黏性分泌物,眼睑不久即肿胀,蓄积有干酪样的渗出物,角膜混浊不透明,严重者角膜软化或穿孔失明。口黏膜有白色小结节或覆盖一层白色的豆腐渣样的薄膜,但剥离后黏膜完整无出血溃疡现象。食道黏膜上皮增生和角质化。

成年鸡通常在 2～5 个月内出现症状,一般呈慢性经过。轻度缺乏维生素 A,鸡的生长、产蛋、种蛋孵化率及抗病力受到一定影响,往往不易被察觉,使养鸡生产在不知不觉中受到损失。患鸡食欲不振、消瘦、精神沉郁、鼻孔和眼睛常有水样液体排出,眼睑常常黏合在一起,严重时可见眼内乳白干酪样物质(眼屎),角膜发生软化和穿孔,最后失明。鼻孔流出大量黏稠鼻液,病鸡呈现呼吸困难。鸡群呼吸道和消化道黏膜抵抗力降低,易诱发传染病。继发或并发骨骼发育障碍所致的运动无力、两腿瘫痪,偶有神经症状,运动缺乏灵活性。鸡冠白有皱褶,爪、喙色淡。母鸡产蛋量和孵化率降低,公鸡繁殖力下降,精液品质退化,受精率低。

3. 病理变化

剖检病鸡或重病鸡,可见口腔、咽部及食道黏膜上出现许多灰白色小结节,有时融合连片,称为假膜,为本病的特征性病变,成年鸡比雏鸡明显。同时在内脏气管出现尿酸盐沉积,其中最为明显的是肾肿大,颜色变淡,表面有灰白色网状花纹,输尿管变粗,心、肝等脏器的表面也常有白霜样尿酸盐覆盖,雏鸡的尿酸盐沉积通常比成年鸡严重。此外,青年鸡缺乏维生素 A 时,球虫病、蛔虫病往往异乎寻常地严重,在诊断上具有参考意义。

实验室化验血浆和肝脏中维生素 A 和胡萝卜素的含量都有明显变化。正常时每 100 毫升血浆中含维生素 A 10 微克以上,如降到 5 微克则可能出现症状。

4. 诊断

根据临床症状、病理变化和饲料分析等,即可做出诊断。

5. 治疗

(1)金维他,每袋兑水 4000 千克,自由饮用。

(2)科恒多维,每袋兑水 1000 千克,自由饮用。

6. 预防

(1)在采食不到青绿饲料的情况下必须保证添加有足够的维生素 A 预混剂,按维生素 A 最低需要量,雏鸡与育成鸡日粮维生素 A 的含量应为 1500 国际单位/千克,产蛋鸡、种鸡为 4000 国际单位/千克供给。

(2)防止饲料放置时间过久,也不要预先将脂溶性维生素 A 掺入到饲料中或存放于油脂中,以免维生素 A 或胡萝卜素遭受破坏或被氧化。

(3)首先应该查明病因,积极治疗原发病,同时改善饲养管理条件,加强护理。其次要调整日粮组成,增补富含维生素 A 和胡萝卜素的饲料。

(4)治疗时要先消除致病的病因,急性病例必须立即对病鸡用维生素 A 治疗,剂量为日维持需要量的 10～20 倍。

二、维生素 B_1 缺乏症

维生素 B_1 即硫胺素,是鸡体碳水化合物代谢必须的物质,其缺乏会导致碳水化合物代谢障碍和神经系统病变,是以多发性神经炎为典型症状的营养缺乏性疾病。

1. 发病特点

(1)饲料中硫胺素含量不足:通常发生于配方失误,饲料碱化、蒸煮等加工处理;饲料发霉或贮存时间太长等造成维生素 B_1 分解损失。

(2)饲料中含有蕨类植物、抗球虫病、抗生素等对维生素 B_1 有拮抗作用的物质,如氨丙啉、硝胺、磺胺类药物。

(3)鱼粉品质差,硫胺素酶活性太高。大量鱼、虾和软体动物内脏所含硫胺素酶也可破坏硫胺素。

2. 临床症状

鸡缺乏维生素 B_1 的典型症状是多发性神经炎,成年鸡一般在维生素 B_1 缺乏日粮 3 周后发病。发病时食欲废绝,羽毛蓬乱,体重减轻,体弱无力,严重贫血和下痢,鸡冠发蓝,所产种蛋孵化中常有死胚或逾期不出壳。其特征为外周神经发生麻痹,或初为多发性神经炎,进而出现麻痹或痉挛的症状。开始为趾的屈肌发生麻痹,以后向上蔓延到翅、腿、颈的伸肌发生痉挛,这时病鸡瘫痪,坐在屈曲的腿上,角弓反张,头向背后极度弯曲,后仰呈"观星状"。有的鸡呈进行性的瘫痪,不能行动,倒地不起,抽搐死亡。雏鸡症状大体与成鸡相同,但发病突然,多在 2 周龄以前发生。

3. 病理变化

硫胺素缺乏症致死雏鸡的皮肤呈广泛水肿,其水肿的程度决定于肾上腺的肥大程度。肾上腺肥大,雌鸡比雄鸡更为明显,肾上腺皮质部的肥大比髓质部更大一些。肥大的肾上腺内的肾上腺素含量也增加。病死雏的生殖器官却呈现萎缩,睾丸比卵巢的萎缩更明显。心脏轻度萎缩,右心可能扩大,心房比心室较易受害。肉眼可观察到胃和肠壁的萎缩,而十二指肠的肠腺却变得扩张。在显微镜下观察,十二指肠肠腺的上皮细胞有丝分裂明显减少,后期黏膜上皮消失,只留下一个结缔组织的框架。在肿大的肠腺内积集坏死细胞和细胞碎片。胰腺的外分泌细胞的胞浆呈现空泡化,并有透明体形成。这些变化认为是因为细胞缺氧,致使线粒体损害所造成的。

4. 诊断

主要根据鸡发病日龄、流行病学特点、临床上多发性外周神经炎的特征症状和病理变化即可做出诊断。

在生产实际中,应用诊断性的治疗,即给予足够量的维生素 B_1 后,可见到明显的疗效。

5. 治疗

(1)硫胺素片:1 片(5 毫克),口服,每天 1 次,连用 3～5 天。

(2)维生素 B_1 注射液:5 毫克,肌内注射,每日 1 次,连用数天。

(3)复合维生素 B,每袋兑水 1000 千克,自由饮用。

6. 预防

(1)防止饲料发霉,不能饲喂变质、劣质鱼粉。

(2)适当多喂各种谷物、麸皮和青绿饲料。

(3)控制嘧啶环和噻唑药物的使用,必须使用时疗程不宜过长。

(4)注意日粮配合,在饲料中添加维生素 B_1,满足鸡需要,鸡的需要量为每千克饲料 1～2 毫克。

三、维生素 B_2 缺乏症

维生素 B_2 即核黄素,是动物体内十多种酶的辅基,与动物生长和组织修复有密切关系,鸡因体内合成核黄素很少,必须由饲料供应。维生素 B_2 缺乏症的典型症状为卷爪麻痹症。

1. 发病特点

(1)饲料补充核黄素不足,常用的禾谷类饲料中核黄素特别缺乏,又易被紫外线、碱及重金属破坏。

(2)药物的拮抗作用:如氯丙嗪等能影响维生素 B_2 的利用。

(3)动物处于低温等应激状态,需要量增加;胃肠道疾病会影响核黄素转化吸收;饲喂高脂肪、低蛋白饲料时核黄素需要量增加。种鸡需要量比非种鸡需要量多。

2. 临床症状

雏鸡饲喂缺乏核黄素日粮后,多在 1～2 周龄发生腹泻,食欲尚良好,但生长缓慢,消瘦衰弱。其特征性的症状是足趾向内蜷曲,不能行走,以跗关节着地,开展翅膀维持身体的平衡,两腿发生瘫痪。腿部肌肉萎缩和松弛,皮肤干而粗糙。病雏吃不到食物而饿死。

育成鸡病至后期,腿躺开而卧,瘫痪。母鸡的产蛋量下降,蛋白稀薄,蛋的孵化率降低。母鸡日粮中核黄素的含量低,其所生的蛋和出壳雏鸡的核黄素含量也就低。核黄素是胚胎正常发育和孵化所必需的物质。孵化蛋内的核黄素用完,鸡胚就会死亡。死胚呈现皮肤结节状绒毛,颈部弯曲,躯体短小,关节变形,水肿、贫血和肾脏变性等病理变化。有时也能孵出雏,但多数带有先天性麻痹症状,体小、浮肿。

3. 病理变化

病死雏鸡胃肠道黏膜萎缩,肠壁薄,肠内充满泡沫状内容物。有些病例有胸腺充血和成熟前期萎缩。病死成年鸡的坐骨神经和臂神经显著肿大和变软,尤其是坐骨神经的变化更为显著,其直径比正常大 4～5 倍。损害的神经组织学变化是主要的,外周神经干有髓鞘限界性变性,并可能伴有轴索肿胀和断裂,神经鞘细胞增生,髓磷脂(白质)变性,神经胶瘤病,染色质溶解。

另外,病死的产蛋鸡皆有肝脏增大和脂肪量增多。

4. 诊断

通过对发病经过、足趾向内蜷缩、两腿瘫痪等特征症状,以及病理变化和日粮分析等情况的综合分析,可做出诊断。

5. 治疗

发生本病时,可肌注维生素 B_2,雏鸡每天 1～2 毫克/只,成鸡每天 5～6 毫克/只,连用 3 天,同时,在饲料中每千克饲料添加维

生素 B_2 6～9毫克,或在饮水中添加适量的复合维生素 B 溶液,连用数天。

6. 预防

预防本病,应注意在日粮中添加足够的维生素 B_2(每吨饲料中添加 2～3 克核黄素),在饲料加工、贮存、使用过程中避免过量添加碱性物质及避免阳光暴晒。

四、维生素 B_3 缺乏症

维生素 B_3 又称烟酸、维生素 PP,是由烟酸缺乏引起的,以口炎、下痢和跗关节肿大等为特征的一种营养代谢性疾病,本病又称糙皮病。

1. 发病特点

(1)因玉米、高粱中含烟酸较少,鸡长期饲喂以玉米、高粱为主的饲料后,容易引起烟酸的缺乏症。

(2)鸡体内所需的烟酸,既可从饲料中获得,也可由鸡体内的色氨酸转化后获得,转化过程必须有维生素 B_2 和维生素 B_6 的参与。因此,当饲料中色氨酸、维生素 B_2 和维生素 B_6 缺乏时,影响烟酸的合成,如不及时补充,也会引起烟酸缺乏症。

(3)当饲料中胆碱、蛋氨酸缺乏时,鸡对烟酸的需求量也会增加,导致缺乏。

(4)长期使用抗生素或鸡有消化机能障碍时,也可能导致本病的发生。

2. 临床症状

烟酸缺乏时,鸡的能量和物质代谢发生障碍,皮肤、骨骼和消化道出现病理变化,患鸡以口炎、下痢、跗关节肿大为特征。多见于幼雏,均以生长停滞、羽毛稀少和皮肤角化过度而增厚等为特有症状,发生严重化脓性皮炎,皮肤粗糙,舌发黑色暗,口腔、食道发炎,呈深红色,食欲减退,生长受到抑制,并伴有下痢,胫骨变形弯曲,飞节肿大,呈短粗症状,腿弯曲,脚和爪呈痉挛状。成鸡较少发生缺乏症,其症状为羽毛蓬乱无光、甚至脱落。产蛋量下降,孵化率降低。皮肤发炎,可见到足和皮肤有磷状皮炎。

3. 病理变化

病理剖检变化为口腔及食道黏膜有纤维素性坏死性炎症,黏膜表面有干酪样渗出物覆盖。胃肠黏膜充血、出血,十二指肠溃疡,有的病鸡盲肠和结肠黏膜上有豆腐渣样附着物,肠壁增厚,弹性降低。

4. 诊断

根据本病的主要临床症状如皮肤发炎、口腔、食道黏膜发炎,腿骨短粗等,结合病史调查和饲料化验分析,即可做出诊断。

5. 治疗

对病鸡可在每千克饲料中加烟酸 15～20 毫克,连用 1 周,可收到较好的效果。也可给鸡口服烟酸,每只鸡一次 30～40 毫克,连用 3～5 天。

6. 预防

(1)避免饲料原料单一,尽可能使用富含 B 族维生素的酵母、麦麸、米糠和豆饼、鱼粉等,调整日粮中玉米比例。

(2)饲料中添加足量的色氨酸和烟酸,鸡的烟酸需要量雏鸡为每千克饲料 26 毫克,生长鸡 11 毫克,蛋鸡为每天 1 毫克。

五、维生素 B_6 缺乏症

维生素 B_6 又称吡哆醇,是禽体重要辅酶,鸡不能合成维生素 B_6,必须从饲料中摄取。其缺乏症是以食欲下降、骨短粗和神经症状为特征的营养代谢病。

1. 发病特点

当日粮中蛋白质含量很高(31%)而吡哆醇含量极低(每千克饲料 2.2 毫克)时,便会出现神经症状;而若吡哆醇的含量为中等水平(每千克饲料 2.5～2.8 毫克)时,可引起骨粗短症使骨弯曲,而无神经症状。但若蛋白质含量正常,即使吡哆醇的含量极低,也不会引起神经症状或骨粗短症,甚至不使生长速度变慢,说明饲喂高蛋白日粮时容易发生维生素 B_6 缺乏症。

2. 临床症状

维生素 B_6 缺乏时主要引起蛋白质和脂肪代谢障碍,血红蛋白合成受阻以及神经系统的损害,导致鸡生长发育受阻,引起贫血和神经组织变性。

雏鸡在维生素 B_6 缺乏时,生长迟缓,采食量下降,羽毛粗糙,干枯蓬乱,鸡冠苍白,精神兴奋,常痉挛,无目的奔跑,扑翼哀鸣。运动失调,身体向一侧偏倒,头颈和腿脚抽搐,最后衰竭而死。成年鸡产蛋下降,孵化率低,消瘦,贫血,冠和肉垂退化。

3. 病理变化

死亡鸡只皮下水肿,内脏器官肿大,脊髓和外周神经变性,有些出现肝变性。

4. 诊断

根据临床症状、日粮中蛋白质含量过高史及病变,一般可做出诊断。本病与维生素 E 缺乏引起的脑软化症在症状上相似,其区别在于患本病的雏鸡在神经症状发作时运动更为激烈,并可导致衰竭而死。

5. 治疗

(1)发生轻度维生素 B_6 缺乏症时,应调整饲料中的蛋白质含量,在日粮中增加糠麸、酵母等含维生素 B_6 丰富的饲料,或喂服维生素 B_6 4～8 毫克/只,或每千克饲料中加入维生素 B_6 10～20毫克。

(2)病情严重的成年鸡,则需肌内注射维生素 B_6,剂量为每只5～10 毫升。

6. 预防

（1）饲料中添加酵母、麦麸、肝粉等富含维生素 B_6 的饲料，可以防止本病的发生。按标准雏鸡和产蛋鸡是 3 毫克/千克，种母鸡是 4.5 毫克/千克。

（2）在使用高蛋白饲料时应增加维生素 B_6 添加量。

（3）应激状态下应额外添加维生素 B_6。

六、维生素 B_{12} 缺乏症

维生素 B_{12} 缺乏症是由于维生素 B_{12} 或钴缺乏引起的恶性贫血为主要特征的营养缺乏性疾病。

1. 发病特点

（1）饲料中长期缺钴。

（2）长期服用磺胺类抗生素等抗菌药，影响肠道微生物合成维生素 B_{12}。

（3）笼养和网上养鸡不能从环境（垫草等）获得维生素 B_{12}。

（4）长期使用磺胺类药、抗生素等引起肠道菌群失调，鸡体内合成的维生素 B_{12} 减少，引起缺乏。

2. 临床症状

病雏鸡表现症状为食欲减退，精神不振，羽毛稀少，蓬乱无光，生长发育缓慢，饲料利用率降低。贫血的主要症状，如鸡冠、肉髯苍白、血液稀薄等。成年母鸡缺乏维生素 B_{12} 时产蛋量下降，蛋变小，孵化率降低，胚胎在孵化的第 17 天发生死亡。

3. 病理变化

剖检可见肌胃糜烂，肾上腺肿大，鸡胚腿肌萎缩，有出血点，骨短粗。

4. 诊断

根据临床症状、血液变化、饲料分析，一般可做出诊断，用维生素 B_{12} 治疗实验有助于确诊。

5. 治疗

对于发病鸡,可按每吨饲料中添加 10 毫克的剂量添加于饲料中,连用数日。对于病重鸡,可采用肌内注射的方法,每只成年鸡每天 1 次,每次 2~4 微克,连用 7 天。

6. 预防

含维生素的饲料,主要是动物性鱼粉、肉屑、肝粉和酵母粉等。在添加时应注意补入氧化钴制剂,以补充合成 B_{12} 的微量元素。添加量为 10~60 日龄雏鸡为 0.015~0.027 毫克/千克,蛋鸡为 0.007毫克/千克,肉鸡为 0.001~0.007 毫克/千克。

七、维生素 D 缺乏症

维生素 D 缺乏症是鸡的钙、磷吸收和代谢障碍,骨骼、蛋壳形成等受阻,以雏鸡佝偻病和缺钙症状为特征的营养缺乏症。

1. 发病特点

维生素 D 缺乏症的发生不外乎两个原因:体内合成量不足和饲料供给缺乏。机体消化吸收功能障碍,患有肾肝疾病的鸡只也会发生。

2. 临床症状

维生素 D 的缺乏症主要表现为骨骼损害。

雏鸡佝偻病,1 月龄左右雏鸡容易发生,发生时间与雏鸡饲料及种蛋情况有关。最初症状为腿弱,行走不稳,喙和爪软而容易弯曲,以后跗关节着地,常蹲坐,平衡失调。骨骼柔软或肿大,肋骨和肋软骨的结合处可摸到圆形结节(念珠状肿)。胸骨侧弯,胸骨正中内陷,使胸腔变小。脊椎在荐部和尾部向下弯曲。长骨质脆易骨折。生长发育不良,羽毛松乱,无光泽,有时下痢。

产蛋母鸡缺乏维生素 D 时,2~3 个月开始表现缺钙症状。早期表现为薄壳蛋和软壳蛋数量增加,以后产蛋量下降,最后停产。种蛋孵化率下降,胚胎多在 10~16 日龄死亡。喙、爪、龙骨变软,龙骨弯曲,慢性病例则见到明显的骨骼变形,胸廓下陷。胸骨和椎骨结合处内陷,所有肋骨沿胸廓呈向内弧形弯曲的特征。后期关节肿大,母鸡呈现身体坐在腿上"企鹅形"蹲着的特殊姿势,也能观察到缺钙症状的周期性发作。长骨质脆,易骨折,剖检可见骨骼钙化不良。

3. 病理变化

雏鸡特征变化是肋骨和脊柱连接处呈链球状,长骨的骨部分钙化不良。成年母鸡的病理变化是骨软而易碎,肋骨内侧面有小球状的突起。

4. 诊断

根据临床症状如喙、腿骨变软,两腿无力,不愿走动,成年鸡产薄壳蛋、无壳蛋;剖检变化如胸骨弯曲,肋骨与肋软骨连接处有串珠状肿大等,结合实验室化验,血清中的钙明显减少,即可做出诊断。

5. 治疗

(1)已经发生缺乏症的鸡可补充维生素 D_3,饲料中使用维生素 D_3 粉或饮水中使用速溶多维,饲料中剂量可为 1500 国际单位/千克。

(2)雏鸡缺乏维生素 D 时,每只可喂服 2～3 滴鱼肝油,每天 3 次。患佝偻病的雏鸡,每只每次喂给 10 000～20 000 国际单位的维生素 D_3 油或胶囊疗效较好。

(3)如有可能,让鸡多晒太阳,对其具有良好的作用。

6. 预防

(1)要保证饲料中有足够的维生素 D。放养或圈养的鸡,只要有充足的阳光照射,一般不会发生维生素 D 的缺乏。但室内笼养鸡容易缺乏维生素 D,所以在饲料中要补充维生素 D 制剂或维生素 D 添加剂,每千克日粮中,雏鸡、育成鸡需 200 国际单位,产蛋鸡、种鸡需 500 国际单位。

(2)加入维生素 D 的饲料要搅拌均匀,且不宜存放太久,特别是加入含硫酸锰、碳酸钙等的饲料,因它们可以破坏维生素 D,更不宜久放,应尽快用完。

(3)饲料中的钙、磷含量及比例要适当。钙磷比例失调时,维生素 D 的需要量要增加。钙、磷比例雏鸡 1.2：1 为宜,蛋鸡 4：1 较为合适。

八、维生素 E 缺乏症

维生素 E 缺乏症是以脑软化症、渗出性素质、白肌病和成禽繁殖障碍为特征的营养缺乏性疾病。

1. 发病特点

引起维生素 E 缺乏的因素常常有以下几种情况:

(1)饲料中不添加多种维生素,也不喂青绿饲料。

(2)饲料中添加较多的鱼肝油,但储存时间较长,没有现配现用,出现酸败,或者饲料本来就变质,使维生素 E 受到破坏。

(3)饲料缺硒,需要较多的维生素 E 去补偿,但却没有予以补偿,引起缺乏。

(4)球虫病及其他慢性肠道疾病,导致维生素 E 的吸收利用率降低,有时降低一半以上,如不增加则引起缺乏。

(5)种鸡缺乏维生素 E,可造成下一代雏鸡出壳时就缺乏,但这种情况不多见,雏鸡维生素 E 缺乏症主要是其本身饲料问题引起的。

2. 临床症状

成年鸡缺乏维生素 E 时无明显症状,母鸡基本上照常产蛋,只是公鸡睾丸变小,性欲不强,精液中精子减少甚至无精子;种蛋受精率降低,"弱精蛋"增多而引起早期死胚。如果出现这些现象,可根据饲料情况去分析判断是不是缺乏维生素 E,但确诊比较困难。

雏鸡维生素 E 缺乏症主要发生在 15～30 日龄,主要表现为肌肉营养不良,脑软化和渗出性素质。

(1)脑软化症:雏鸡头向下挛缩或向一侧扭转,也有的向后仰,步态不稳,时而向前或向侧面冲击,两腿阵发性痉挛抽搐,不完全麻痹,由于很少采食,最后衰弱死亡。

(2)渗出性素质:常由维生素 E 和硒同时缺乏而引起,发病日龄一般比脑软化症稍晚。其特征是毛细血管的通透性改变,血液成分外渗。病鸡腹部皮下水肿,使两腿向外叉开,水肿部位颜色发青,剪开时流出稍黏稠的蓝绿色液体,剖开体腔,还可见心包积液。

(3)白肌病:由维生素 E 和含硫氨基酸(蛋氨酸、胱氨酸)同时缺乏而引起,多见于 1 月龄前后,病雏鸡消瘦衰弱,行走无力,陆续发生死亡。

3. 病理变化

患脑软化症的病雏可见小脑柔软和肿胀,脑膜水肿,小脑表面出血,脑回展平,脑内可见一种呈现黄绿色混浊的坏死区。患渗出性素质的病雏,皮下可见有大量淡蓝绿色的黏性液体,心包内也积有大量液体。白肌病病例,可见肌肉(尤其是胸肌)呈现灰白色条纹(肌肉凝固性坏死所致)。鸡维生素 E 和硒的缺乏,可导致肌胃和心肌产生严重的肌肉病变。

4. 诊断

维生素 E 缺乏症有多种表现形式,单凭临床症状不易识别,必须多剖检几只病鸡,根据其特征性病变做出诊断。

5. 治疗

(1)雏鸡脑软化症,每只鸡每日 1 次口服维生素 E 5 国际单位;病情较轻的鸡 1～2 天即明显见效,可连续服 3～4 天。

(2)雏鸡渗出性素质病及白肌病,每千克饲料加维生素 E 20 国际单位或植物油 5 克,亚硒酸钠 0.2 毫克,蛋氨酸 2～3 克,连用 2 周。

(3)成年鸡缺乏维生素 E,每千克饲料加维生素 E10～20 国际单位,或植物油 5 克,或大麦芽 30～50 克,连用 2～4 周,并酌喂青饲料。

6. 预防

(1)自己配制饲料时,宜现配现喂,配制无鱼粉饲料应添加充足的亚硒酸钠和维生素 E。全价饲料应添加抗氧化剂以减少对维生素 E 的破坏。饲料不宜长期存放,较长时间存放后,应适当添加亚硒酸钠-维生素 E 粉。

(2)对生长快的大型肉用仔鸡,可在配合料中添加 1 毫克/千克的亚硒酸钠-维生素 E 粉作为预防。

九、维生素 K 缺乏症

维生素 K 缺乏症是以鸡血液凝固过程发生障碍,发生全身出血性素质为特征的营养缺乏疾病。

1. 发病特点

(1)集约化饲养条件下,鸡较少或无法采食到青绿饲料,而且体内肠道微生物合成量不能满足需要。

(2)饲料中存在抗维生素 K 物质,如霉变饲料中真菌毒素等会破坏维生素 K。

(3)长期使用抗菌药物,如抗生素和磺胺类抗球虫药,使肠道中微生物受抑制,维生素 K 合成减少。

(4)疾病及其他因素:如球虫病、腹泻、肝病或胆汁分泌障碍,消化吸收不良,环境条件恶劣等均会影响维生素 K 的吸收利用。

2. 临床症状

维生素 K 缺乏症发病潜伏期长,一般缺乏维生素 K 在 3 周左右出现症状。

雏鸡发病较多,表现为冠、肉垂、皮肤苍白干燥,生长发育迟缓、腹泻、怕冷,常发呆站立或久卧不起,皮下有出血点,尤其胸腿、腹膜、翅膀和胃肠道明显。血液不易凝固,有时因出血过多死亡。种鸡缺乏种蛋孵化率降低,胚胎死亡率较高。

3. 病理变化

剖检可见肌肉苍白、皮下血肿,肺等内脏器官出血,肝有灰白或黄色坏死灶,脑等有出血点。死鸡体内有积血凝固不完全,肌胃内有出血。

4. 诊断

根据本病的临床症状,病理变化特征,结合饲料化验可确诊。

5. 治疗

对病鸡每千克饲料中添加维生素K3～8毫克,或肌注0.5～3毫克/只,一般治疗效果较好,同时,给予钙制剂疗效会更好。应注意维生素K不能过量以免中毒。

6. 预防

应在饲料中添加维生素K,每千克饲料1～2毫克,并配合适量青绿饲料、鱼粉、肝脏等富含维生素K及其他维生素和无机盐的饲料,有预防作用。

十、钙和磷缺乏症

钙、磷在骨骼组成、神经系统、肌肉和心脏正常功能的维持及血液酸碱平衡、促进凝血等方面发挥着重要作用,钙和磷缺乏症是一种以雏禽佝偻病、成禽骨软病为其特征的重要营养代谢症。

1. 发病特点

(1)饲料中钙、磷含量不足:鸡生长发育和产蛋期对钙、磷需要量较大,如果补充不足,则容易产生钙磷缺乏症。

(2)饲料中钙、磷比例失调,会影响两种元素的吸收,雏鸡和产蛋鸡的饲料中钙磷比应为2:1～4:1之间。

(3)维生素D缺乏:维生素D在钙磷吸收和代谢过程中起着重要作用。如果维生素D缺乏,则会引起钙磷缺乏症的发生。

(4)其他因素:如日粮中蛋白质、脂肪、植酸盐含量过多、环境温度过高、运动少、日照不足及疾病、生理状态等都会影响钙、磷代谢和需要量,引起缺乏症。

2. 临床症状

雏鸡典型症状是佝偻病。发病较快,1~4周龄出现症状。早期可见病鸡喜欢蹲伏,不愿走动,食欲不振,病鸡生长发育和羽毛生长不良,以后腿软,站立不稳,步态跛瘸。骨质软化,易骨折,关节肿大,跗关节尤其明显,胸骨畸形,肋骨末端呈念珠状小结节,有时拉稀。成鸡易发生骨软症,主要是在高产鸡的产蛋高峰期。骨质疏松,骨硬度差,骨骼变形。腿软,卧地不起;爪、喙、龙骨弯曲。产蛋下降,最先发生症状为薄壳蛋、软壳蛋增多。蛋壳表面畸形、沙皮、孵化率下降。

3. 病理变化

剖检可见全身骨骼骨密质变薄,骨髓腔变大,易骨折,胸骨和肋骨自然骨折,与脊柱连接处的肋骨局部有珠状突起。肋骨增厚、弯曲,致使胸廓两侧变扁,雏鸡胫骨、股骨头骨骺疏松。

4. 诊断

根据发病日龄、症状和病理变化可以怀疑本病。喙变软和患珠状肋骨,特别是胫骨变软,易折曲,可以确诊本病。

5. 治疗

已经发生缺乏症时,应当即增加饲料中钙、磷水平,调整钙、磷比例,当然最好能够化验饲料。补充钙、磷可用磷酸氢钙、骨粉、贝壳粉等原料。非产蛋鸡缺钙,可将钙水平提高1%,产蛋鸡缺钙,可将钙水平提高3%,并相应提高磷水平。另外,对病鸡加喂鱼肝油或补充维生素D。

6. 预防

预防方面应注意饲料中钙、磷含量要满足鸡的需要,而且要保证比例适当,尤其产蛋鸡和雏鸡日粮中要保证钙、磷的正常量,对舍饲笼养鸡,使之得到足够的日光照射。

十一、氯和钠缺乏症

氯和钠缺乏症是由于氯和钠摄入不足引起的机体代谢紊乱等一系列症状的营养缺乏性疾病,其发病症状主要是禽只生长迟缓,肌肉、神经机能障碍,脱水,蛋产量减少等。

1. 发病特点

饲料中氯和钠主要来源是食盐、鱼粉和肉骨粉中含氯和钠较多,饲料中食盐添加量不足是氯、钠缺乏症的主要病因。

2. 临床症状

缺氯鸡生长停滞,脱水,雏鸡出现特征性神经症状,易受惊吓而倒地,状态表现为两腿向后超伸直,不能站立,恢复后又发作,直至死亡。

3. 病理变化

剖检可见肾上腺肥大。

4. 诊断

根据饲料的配合、临床症状、有无胃肠病等继发病,必要时结合血液学检查,组织学变化和X光检查,饲料成分分析,可确诊。

5. 治疗

鸡发生本病时,在饲料中加入1‰的食盐,搅拌均匀,连用7天左右,鸡群即可康复。

6. 预防

正常情况食盐添加量为0.3‰～0.4‰(但不能过量,以防引起中毒),在鱼粉、肉骨粉用量较大时,应酌情减少,但应注意劣质鱼粉的食盐含量会很高。

十二、锰缺乏症

锰缺乏症是因为锰缺乏引起的以骨形成障碍,骨短粗,滑腱症为特征的营养缺乏病。

1. 发病特点

(1)日粮内缺乏锰,地区性缺锰的土壤上生长的作物籽实,含锰量很低;饲料原料中玉米、大麦的含锰量较少,糠麸中含量较多,在玉米为主原料的饲料中必须添加无机锰满足鸡对锰的需要。配方不当,无机锰补充量不足。

(2)饲料中钙、磷、铁、植酸盐过量降低锰的吸收利用率。

(3)饲料中 B 族维生素不足增加禽对锰的需要量。

(4)其他影响因素,如鸡患球虫病等胃肠道疾病及药物使用不当等时锰的吸收利用受到影响。

2. 临床症状

(1)病幼鸡的特征症状是生长停滞,骨短粗症。胫-跗关节增大,胫骨下端和跗骨上端弯曲扭转,使腓肠肌腱从跗关节的骨槽中滑出而呈现脱腱症状。病鸡腿部变弯曲或扭曲,腿关节扁平而无法支持体重,将身体压在跗关节上。严重病例多因不能行动无法采食而饿死。

(2)成年母鸡产的蛋孵化率显著下降,鸡胚大多数在快要出壳时死亡。胚胎躯体短小,骨骼发育不良,翅短,腿短而粗,头呈圆球样,喙短弯呈特征性的"鹦鹉嘴"。

3. 病理变化

本病死亡鸡的骨骼短粗,管骨变形,骺肥厚,骨板变薄,剖面可见密质骨多孔,在骺端尤其明显。骨骼的硬度尚良好,相对重量未减少或有所增多。

4. 诊断

根据病史、临床症状和病理变化可做出诊断。若要做出确切诊断,可对饲料、禽器官组织的锰含量进行测定。

5. 治疗

发病鸡日粮中每千克添加 0.12～0.24 克硫酸锰,也可用

1：3000高锰酸钾溶液饮水,每日 2~3 次,连用 4 天。

6.预防

为防治雏鸡骨短粗症,可于 100 千克饲料中添加 12~24 克硫酸锰,或用 1：3000 高锰酸钾溶液作饮水,每日更换 2~3 次,连用 2 日,以后再用 2 日。糠麸为含锰丰富的饲料,每千克米糠中含锰量可达 300 毫克左右,用此调整日粮也有良好的预防作用。

另外,注意补锰时防止中毒,高浓度的锰($3×10^{-3}$)可降低血红蛋白和红细胞压积以及肝脏铁离子的水平,导致贫血,影响雏鸡的生长发育。过量的锰对钙和磷的利用有不良影响。

十三、锌缺乏症

锌缺乏症是由于缺乏锌引起以羽毛发育不良,生长发育停滞,骨骼异常,生殖机能下降等为特征的营养缺乏症。

1.发病特点

(1)地方性缺锌:缺锌地区土壤含锌量很少,该地区生长的作物籽实也就缺锌。

(2)配方不当,锌添加量不足以满足鸡的需要,如一般饲料原料如玉米中锌含量很低。

(3)钙、镁、铁、植酸盐过多,含铜量过低,不饱和脂肪酸缺乏,影响锌的吸收。

(4)其他因素,如棉酚可与锌结合,使锌失去生物活性等。

2.临床症状

雏鸡发病后表现为生长缓慢,食欲不佳。消化不良,饲料利用率降低;羽毛发育异常,蓬乱无光,易折断,新羽生长缓慢,以翼羽和翅羽最为明显;皮肤过度角化,产生鳞屑,腿和趾上有坏死性皮炎和渗出物,腿脚短粗,飞节增大僵硬。

成年母鸡缺乏锌时,羽毛也会受损,产蛋率和孵化率降低,蛋的破损率升高,鸡胚死亡率增高。

259

3. 病理变化

鸡胚畸形,骨骼不能正常发育,缺脊柱、腿或翅,无体壁。

4. 诊断

根据本病的症状和病变,结合饲料成分分析、治疗试验以及病鸡组织中锌含量的测定,可做出诊断。

5. 治疗

在饲料中添加氧化锌或硫酸锌,剂量是每千克饲料中加60毫克,同时,采用氧化锌肌内注射,每只鸡一次5毫克。在补锌的同时,适当补充维生素A等各种维生素,有利于患鸡的康复。

6. 预防

注意饲料的合理配比,做到营养全价,保证锌的充足供应,必要时在饲料中添加硫酸锌0.1~0.2克/千克,但应注意不能超量。如果饲料含锌量超过80毫克/千克,就会引起中毒反应,表现为厌食,生长抑制,母鸡产蛋量急剧下降,引起换羽等。其次是积极预防排除可造成锌的吸收和代谢的因素,如防止钙、磷和镁超量过多等。

十四、硒缺乏症

硒缺乏症与维生素E缺乏症有诸多共同之处,也是由于硒和维生素E缺乏引起的以骨骼发育不良、白肌病、渗出性素质为特征的营养缺乏症。

1. 发病特点

(1)地方性缺乏:地方性土壤缺硒(含硒量低于0.5毫克/千克),引起作物籽实缺硒,最终造成饲料缺硒。

(2)实用日粮一般应补充硒(除极少数地区)而未补充。

(3)维生素E缺乏也会造成硒缺乏症发生。

(4)其他因素:在硫对硒的拮抗作用等。

2. 临床症状

硒缺乏症有一定的地区性、季节性，多集中在冬、春两季发生，寒冷多雨是常见发病诱因。

(1)渗出性素质，常以 2～3 周龄的雏鸡发病为多，到 3～6 周龄时发病率高达 80%～90%，多呈急性经过。病雏躯体低垂，胸腹部皮肤出现淡蓝色水肿样变化，可扩展至全身。排稀便或水样便，最后衰竭死亡。

(2)白肌病以 4 周龄幼雏易发，表现为全身软弱无力、贫血、腿麻痹而卧地不起、羽毛松乱、翅下垂，衰竭而亡。病鸡主要病变在骨骼肌、心肌、胸肌、肝脏、胰脏及肌胃肌肉，其次为肾脏和脑。

(3)脑软化症主要表现为平衡失调、运动障碍和神经紊乱症状。

3. 病理变化

剖检的病理变化，主要病变在骨骼肌、心肌、肝脏和胰脏，其次为肾和脑。病变部肌肉变性、色淡、似煮肉样，呈灰黄色、黄白色的点状、条状、片状不等；横断面有灰白色、淡黄色斑纹，质地变脆、变软、钙化。心肌扩张变薄，以左心室为明显，多在乳头肌内膜有出血点，在心内膜、心外膜下有黄白色或灰白色与肌纤维方向平行的条纹斑。肝脏肿大，硬而脆，表面粗糙，断面有槟榔样花纹；有的肝脏由深红色变成灰黄或土黄色。肾脏充血、肿胀，肾实质有出血点和灰色的斑状灶。胰脏变性，腺体萎缩，体积缩小有坚实感，色淡，多呈淡红或淡粉红色，严重的则腺泡坏死、纤维化。

4. 诊断

根据地方缺硒病史、流行病学、饲料分析、特征性的临床症状和病理变化，以及用硒制剂防治可得到良好效果等做出诊断。

5. 治疗

缺乏时，少数患禽可用 0.01% 亚硒酸钠生理盐水肌注，雏鸡为 0.1～0.3 毫升，成鸡 1 毫升，同时，喂维生素 E 油 300 国际单位。饲料中添加 0.1~0.15 毫克/千克亚硒酸钠,或用 0.1%的亚硒酸钠饮水,5~7 天为 1 个疗程,但应严防中毒。

6. 预防

本病以预防为主,在雏禽日粮中添加$(1\sim2)\times10^{-7}$的亚硒酸钠和每千克饲料中加入 20 毫克维生素 E。注意要把添加量算准,搅拌均匀,防止中毒。对小鸡脑软化的病例必须以维生素 E 为主进行防治;对渗出性素质、肌营养性不良等缺硒症则要以硒制剂为主进行防治,效果好又经济。

有些缺硒地区曾经给玉米叶面喷洒亚硒酸钠,测定喷洒后的玉米和秸秆硒含量显著提高,并进行动物饲喂试验取得了良好的预防效果。

十五、啄癖症

鸡的啄癖症是指由于营养代谢机能紊乱、味觉异常及饲养管理不当等引起的一种非常复杂的多种疾病综合征,是禽类生产养殖中危害较严重的恶癖,同时给养殖户带来较大经济损失。

1. 发病特点

啄癖发生的原因很复杂,主要包括环境、日粮和疾病等因素。

(1)环境因素:舍内通风不良、有害气体浓度过高,光照太强或光线不适、鸡舍湿度、温度过高,鸡下痢时易引发啄肛癖。光色不适也易引起啄癖,灯光过亮或黄光、青光下易引起啄羽、啄肛和斗殴。

(2)日粮因素:日粮中蛋白质含量偏低,日粮氨基酸不平衡而引发啄羽、啄蛋;维生素 B_{12} 缺乏时会影响雏鸡的生长发育,使其生长减慢、羽毛生长不良,引起啄毛或自食羽毛;生物素不足时会影响内分泌腺的分泌活动,引起脚上发生皮炎,头部、眼睑、嘴角表皮角质化而诱发啄癖;烟酸缺乏能引起皮炎与趾骨短粗而诱发啄癖。维生素 D 影响钙磷的吸收,缺乏时会引起脱肛;日粮矿物质元素不足或不平衡,尤其是食盐不足造成鸡喜食带咸性的血迹时,若某鸡受外伤或母鸡产蛋、肛门括约肌暴露在外时,其他鸡就会啄食,形成啄肛癖。硫含量不足等均可引起啄羽、啄肛、异食等恶癖;粗纤维缺乏时,鸡肠蠕动不充分,易引起啄羽、啄肛等恶习。

(3)疾病因素:大肠杆菌、白痢等可引起啄羽、啄肛;鸡患慢性肠炎,营养吸收差时会引起互啄;母鸡输卵管或泄殖腔外翻也会引起啄癖;当鸡发生消化不良或患球虫病时,肛门周围羽毛被污物粘连也可引起啄羽;体表创伤、出血或有炎症等均可诱发啄癖。鸡体表有羽虱、刺皮螨、疥癣虫等寄生虫时,寄生虫刺激皮肤,引起自啄,有时自啄造成外伤出血,引发其他鸡追啄。

2. 临床症状

据啄食对象的不同啄癖可分为啄羽癖、啄趾癖、啄肛癖、啄蛋癖及啄食其他异物的异食癖等。

(1)啄羽癖:啄羽有自啄和互啄之分,自啄是维生素、微量元素及饲料钙磷比例失调引起的。互啄是几只鸡围攻一只鸡争。本病冬季和早春多发,一旦发生会广泛传开。严重被啄者肛门羽毛、尾羽、背羽被全部啄光,其皮肤裸露。

(2)啄肉癖:各年龄的鸡均可发生。鸡互啄羽毛或啄脱落的羽毛,被啄鸡皮肉暴露,出血后,发展为啄肉癖,有的鸡因被啄穿肚子,啄出内脏而死。

(3)啄肛癖:育雏期时最易发生,特别是鸡发生白痢病时,能招致少数或一群鸡争啄,常有鸡因直肠、内脏被啄出而死。另外,产蛋鸡在产蛋或交配,泄殖腔外翻时也会被其他母鸡啄食,造成出血、脱肛甚至死亡。

(4)啄蛋癖:产蛋旺季种鸡容易发生啄蛋癖。啄蛋癖主要发生于产蛋鸡群,尤其是高产鸡群。饲料缺钙或蛋白质含量不足,造成鸡产软壳蛋,软壳蛋被踩破或蛋在巢内及地面被碰破后引发啄食。

(5)啄趾癖:雏鸡易发。啄趾癖多见于雏鸡脚部被外寄生虫侵袭时,阳光直射下,脚趾血管极像小虫也会引起鸡群互啄脚趾,引起出血和跛行,有的鸡甚至脚趾被啄光。

(6)异食癖:患各种营养不良时,鸡常啄食一种不能消化的东西,如石灰、粪便、稻草等。鸡消化食物时需要砂粒,如果缺乏,也常引发啄异物癖。

3. 诊断

根据临床表现即可诊断。

4. 治疗

(1)发生啄癖时,立即将被啄的鸡隔离饲养,受伤局部进行消毒处理,可在伤口涂抹机油、煤油、鱼石脂、松节油、樟脑油等具有强烈异味的物质,防止鸡再被啄和鸡群互啄。

(2)在饲料中加入 1.5%～2% 石膏粉可治疗原因不明的啄羽癖。为改变已形成的恶癖,可在笼内放入有颜色的乒乓球或在舍内插入芭蕉叶等物质,使鸡啄之无味或让其分散注意力。

(3)在饲料中添加 1.5%～2% 的食盐,连喂 3～4 天,对食盐缺乏引发的啄癖效果明显,但要供给足够的饮水以防食盐中毒。

(4)鸡患寄生虫时,用胺菊酯、溴氢菊酯、苄呋菊酯等对鸡群进行喷雾或药浴以预防或驱杀体表寄生虫。

(5)用盐霉素、氨丙啉等拌料预防和治疗鸡球虫病,同时注意定期消毒。

5. 预防

防治本病时,应以预防为主,首先应了解发生同类相残的原因并加以排除,进而根据诊断出的病因,采取相应的防治措施。

(1)及时移走互啄倾向较强的鸡只,单独饲养,隔离被啄鸡只,在被啄的部位涂擦甲紫、黄连素和氯霉素等苦味强烈的消炎药物,一方面消炎,一方面使鸡知苦而退。作为预防,可用废机油涂于易被啄部位,利用其难闻气味和难看的颜色使鸡只失去兴趣。

(2)光照不可过强,以每米 3 瓦的白炽灯照明亮度为上限。光照时间严格按饲养管理规程给予,光照过强,鸡啄癖增多。育雏期光照控制不当。

(3)加强通风换气,最大限度地降低舍内有害气体含量。

(4)严格控制温度湿度,避免环境不适而引起的拥挤堆叠,烦躁不安,啄癖增强等。

(5)补喂砂粒,提高消化率。可从河沙中选出坚硬、不易破碎的砂石,雏鸡用小米粒大小,成鸡用玉米粒大小,按日粮 0.5%～1%掺入。

十六、腹水综合征

腹水综合征主要危害快速生长的幼龄肉用仔鸡,以 3～5 周龄多发,发病与肉鸡快速生长有密切的关系,腹水综合征有明显的季节性,冬季发生较多,死亡率也高于其他季节,它的发生与饲养管理环境密切相关,饲养密度过大、通风不良、卫生条件差、舍内二氧化碳、硫化氢、氨气浓度过大,氧气相对不足导致鸡发病。

1. 发病特点

多在 4 周龄以后的肉用仔鸡出现明显症状,最早的 10 多日龄就出现腹部膨大。体况健康、生产快速的鸡发病率高,公鸡比母鸡发病率高,而且症状更为严重,40 日龄以后的鸡发病较少。已发病但未死亡的假定病愈鸡则生长发育受阻,出栏体重比未发病鸡低 0.5～0.7 千克。

2. 临床症状

主要症状是食欲减少,体重下降或突然死亡,最典型的症状是腹部膨大,腹部皮肤变薄发亮,用手触压有波动感,病鸡不愿站立,以腹部着地,喜躺卧,行动缓慢,似企鹅走动,羽毛粗乱,两翅下垂,生长缓慢,严重的鸡冠和肉髯呈紫红色,皮肤发绀,抓鸡时可突然抽搐死亡。

3. 病理变化

剖检的主要病变集中表现为透明清亮的腹水,腹水量可达100～500毫升,有的呈黄褐色或粉红色,还可发现纤维蛋白的凝块,全身瘀血明显,心房和心室明显弛缓、扩张;肝脏肿大或缩小、硬化,表面凸凹不平,有弥漫性白斑,肝脏瘀血水肿。病区位于接近肋的部位,苍白或灰色,并含血块,大多数病鸡的肺部病变都伴有右侧心脏肿大。腹水不含细菌、病毒或其他微生物。

4. 诊断

根据发病情况、症状和病变可诊断。

5. 治疗

发病早、体重小、没有商品价值的腹水鸡及早淘汰为上策。达到上市体重的鸡又不好出售的可采用下列方法治疗。

(1)用碘酊消毒病鸡腹后下部,手术刀切一小口放腹水,切口不缝合,让其自愈。限食不限水,水中加多维抗生素。

(2)三磷酸腺苷针1支、肌苷针1支、速尿针1支混合胸肌注射3～5只鸡,每天2次,连用2～3天。

(3)双氢克尿噻片1片、感冒清片2片、三黄片2片经口填服,每天1～2次,连用2～3天。

总之,肉鸡腹水征原因复杂,治疗困难,应及早动手,从多方面、综合性进行预防,才能把腹水征控制在最低限度,相应地减少经济损失,提高养鸡效益。

6. 预防

肉鸡腹水征一般初期症状不明显,到产生腹水时已是病程后期,治疗困难,故应以防为主,主要从改善饲养环境、科学管理、科学配方等方面考虑。

(1)环境控制:包括鸡舍周围的环境与鸡舍内的环境控制。

①鸡舍周围的环境:建立鸡场或鸡舍时要讲究科学和规范,符合肉鸡的生理要求。选址要求地势高燥,背风向阳,没有空气污

染、噪声及水源污染的地方。

②鸡舍建筑:要求结构合理,保温通风良好,采光面积大。如果用旧住房,要进行改造,在不影响建筑结构的情况下,多开几个窗户,以利通风和采光。

③加温设备:冬春气温低,要想养好鸡,必须准备好加温设备。如果在鸡舍内用煤炉加温一定要把煤烟排到室外,否则鸡腹水发病率较高。

④环境卫生:把鸡舍周围的环境打扫干净,每周消毒1次。鸡舍内勤换垫料,网上养殖及时消粪,带鸡消毒,3天1次。消毒剂要选择2种以上不同类型交替使用,以防止产生耐药性。如甲酚皂、百毒杀、三氯乙酸等。

(2)选择优良健康的雏鸡:雏鸡质量不好很难养活。在实践中发现10日龄前后的雏鸡发生腹水征几乎都有卵黄坏死吸收不良的现象,与雏鸡在孵化阶段或种蛋感染有关。建议养殖者要到正规化、规模化的种鸡场或孵化场购买雏鸡,尽可能地签定购销合同,要求场方出示雏鸡检疫合格证,购雏时认真挑选,不合格的雏鸡予以调换或当场淘汰。

(3)加强饲养管理

①温度与通风:在7日龄以内以温度为主,适当通风。随着鸡的生长,需氧量越来越多,在注意温度不发生急剧变化的前提下逐步增加通风量。肉鸡腹水征的发生与空气质量关系最密切,鸡舍内空气越新鲜,腹水发病率越低。

②光照与采食量的控制:肉鸡生长要求用普通白炽灯泡照明,育雏用40～60瓦,中期25瓦,后期15瓦。适当增加几个蓝色灯泡,节能灯不太适用,并尽可能采用自然光。7日龄以内一般不控制光照和采食,能防止或减少腹水征的发生。具体做法是白天自然光照,根据日龄和鸡数计算出一天的采食量,分2～3次加料,每次吃光后停2小时再添。晚上用一台光控制器,按照所需的光照

与黑暗时间进行调整。如开 1 小时,关 3 小时等。控光的同时也控制了采食,后期育肥阶段不加控制。

(4)建立科学的免疫程序:大型肉鸡常采用 4 次或 5 次免疫法,从 7 日龄开始,每 7 天防疫 1 次。经实践检验,前 3 次防疫逐只防(滴眼、鼻或注射)比饮水防效果好。逐只防能保证密度达到百分之百,每只鸡得到的抗原数量基本相等,免疫整齐度好。21 日龄时鸡个体较大,防疫在晚上进行,用 10 瓦蓝灯照明,1 人保定鸡,1 人防疫。饮水免疫时一定要加疫苗保护剂。建议用 3 倍或 4 倍量疫苗分上、下午 2 次饮用,每次各饮一半。饮前断水时间要够,饮时注意驱赶使每只鸡都能饮到足够量的疫苗。防疫工作做得好,鸡体抵抗力强,腹水发生就少。

(5)预防性用药:介绍几个实践中能有效地防止腹水发生的方剂,供大家选择。

①藿香正气水(每支 10 毫升)4 支加复方阿司匹林片 4 片加庆大霉素 30 万单位(或卡那霉素 200 万单位)加水 1 千克,视鸡大小每壶加这种药水 1~3 千克,每天 1 次,隔 3~5 天再饮 1 次。

②麻黄 30 克,桂枝 15 克,黄芩 30 克,黄柏 30 克,板蓝根 30 克,猪苓 15 克,茯苓 15 克,泽泻 15 克,生姜皮 30 克,大腹皮 30 克,水煎 3 次滤渣后供 50 千克体重鸡一天饮用,连用 3 天。

③腹水消、禽菌灵按治疗量拌料,每天喂 1 桶药料,连用 2~3 天。

参考文献

1. 张中直,林昆华,李庆怀. 鸡群发病诊断与防治. 北京:中国农业大学出版社,1994

2. 王英珍. 鸡群发病防治技术. 北京:中国农业出版社,2000

3. 辛朝安. 禽病学. 北京:中国农业出版社,2003

4. 崔治中. 鸡病. 北京:中国农业出版社,2009

5. 程安春. 鸡病诊治大全. 北京:中国农业出版社,2000

6. 郭玉璞. 鸡病防治. 北京:金盾出版社,2006

7. 张曹民,丁卫星,刘洪云. 鸡病防治诀窍. 上海:上海科学技术文献出版社,2002

8. 刘聚祥,胡维华. 鸡病防治手册. 北京:中国农业出版社,2000

9. 李士祥,赵洪明. 鸡病诊断与防治. 石家庄:河北科学技术出版社,2000

10. 于致茂,梁荣. 最新实用鸡病诊断与防治. 北京:中国农业出版社,2000

11. 温宗震,彭克森. 实用鸡病防治. 北京:北京出版社,2000

12. 王刚等. 鸡病门诊必备. 北京:中国农业科学技术出版社,2001

13. 赵德明. 鸡病诊断与防治手册. 北京:中国农业大学出版社,2000

14. 臧为民. 鸡病防治. 郑州:中原农民出版社,2008

15. 刘安典,庆麦玉. 鸡病防治. 西安:陕西科学技术出版社,2000

16. 席克奇,曲祖一. 鸡病鉴别诊断与防治. 北京:科学技术文献出版社,2005

17. 高波,杨文平. 鸡病防控与治疗技术. 北京:中国农业出版社,2004

18. 范红结,戴建君. 新编鸡场疾病控制技术. 北京:化学工业出版社,2010

内容简介

　　我国规模化养鸡业的迅速发展，已成为广大农民脱贫致富、奔向小康的途径之一。但随着畜禽商品贸易的日益频繁，新的禽病不断出现，使鸡病的种类和数量日益增多，已成为制约规模化养鸡发展的大敌。本书详细讲述了当前我国规模化养鸡中流行面广、危害性大的群发性鸡病的流行或群发特点、临床诊断依据及防治技术，适合鸡场技术人员、鸡场管理者和养鸡（场）户参考，也可供农业领域科研人员和农业院校师生参阅。